DIE STÄDTEHEIZUNG

*Bericht über die vom Verein
Deutscher Heizungs-Ingenieure E. V.
einberufene Tagung vom 23. und
24. Oktober 1925 in Berlin*

*

IM AUFTRAGE
DES ARBEITSAUSSCHUSSES VERFASST VON

J. FICHTL   DR. A. MARX   O. FRÖHLICH
MAG.-BAURAT, DIPL.-ING.   INGENIEUR UND   INGENIEUR
                           PRIVATDOZENT

MÜNCHEN UND BERLIN 1927
VERLAG VON R. OLDENBOURG

Druck der Spamerschen Buchdruckerei in Leipzig

Inhaltsverzeichnis.

A. Verlauf der Tagung.

Schon seit einer Reihe von Jahren ist mehrfach und mit Erfolg versucht worden, die Städteheizung auch in Deutschland einzuführen, was die gesamte Fachwelt den Firmen, die an die Ausführung derartiger Anlagen gegangen sind, dankbar anrechnet. Das Gebiet der Städteheizung ist aber inzwischen zu mächtig, der hierbei auftauchende Fragenkomplex zu umfangreich geworden, als daß einige wenige Firmen allein noch diese schwierige Aufgabe bewältigen könnten. Es bedarf hierzu vielmehr einer planmäßigen Mitarbeit der gesamten Fachwelt, wenn das Gebiet der Städteheizung auch für deutsche Verhältnisse erfolgreich ausgebaut werden soll. Es entstand daher der Gedanke, eine Tagung über Städteheizung einzuberufen, um dieses so wichtige und zeitgemäße Gebiet in erschöpfender Aussprache unter den Fachgenossen zu klären, damit nicht jeder einzelne mit vielem Lehrgeld dieselben Erfahrungen zu erringen hätte, die andere schon vor ihm gemacht hatten.

Diese Tagung fand nun am 23. und 24. Oktober 1925 in der Technischen Hochschule zu Berlin statt. Sie wurde veranstaltet vom Verein Deutscher Heizungs-Ingenieure E. V. Der Arbeitsausschuß bestand aus den Herren: Vorsitzender Dr. Alex. Marx, Ingenieur und Privatdozent; Behrens, Dipl.-Ing., Mag.-Baurat; Borchert, Ingenieur und Fabrikant; Fichtl, Dipl.-Ing., Mag.-Baurat; O. Fröhlich, Ingenieur; Gaertner, Beratender Ingenieur; Manz, Oberingenieur; Metzkow, Oberingenieur; Pasch, Oberingeniur; Puch, Direktor; Rettig, Direktor; Taubert, Oberingenieur; Tilly, Landes-Oberingenieur. Die Verhandlungen dauerten an beiden Tagen von 9 Uhr vormittags bis 4 Uhr nachmittags, je durch eine kleine Frühstückspause im Kasino der Technischen Hochschule unterbrochen.

Von der Abhaltung von Vorträgen wurde der Zeitersparnis wegen ganz abgesehen, dagegen wurde das bisher über Städteheizung Bekanntgewordene sorgfältig zusammengetragen und jedem Teilnehmer nach erfolgter Anmeldung in Form einer kleinen Denkschrift zugestellt, um einem jeden Gelegenheit zu geben, sich eingehend auf die Aussprache vorzubereiten.

Gesellschaftliche Veranstaltungen waren nicht vorgesehen; es fand lediglich nach Schluß der Tagung am Abend des 24. Oktober ein zwangloses Beisammensein im „Rheingold" statt.

Der Vorsitzende des Arbeitsausschusses, Herr Ingenieur und Privatdozent Dr. Alex. Marx eröffnete die Tagung am 23. Oktober um 9 Uhr
früh mit folgender Ansprache:

Meine Herren! Der Verein Deutscher Heizungs-Ingenieure
E. V. hat Sie hierher gebeten! Der Vorsitzende, Herr Geh. Baurat Professor Dr. W. Schleyer-Hannover, ist leider verreist, und so habe ich als
stellvertretender Vorsitzender des Vereins Deutscher Heizungs-Ingenieure
E. V. die hohe Ehre, hiermit die Tagung über Städteheizung zu
eröffnen.

Die Entstehungsgeschichte dieser Tagung und ihr Zweck ist
Ihnen durch unsere Veröffentlichungen hinreichend bekannt geworden.
Ich brauche daher nur noch kurz zu wiederholen: Der Verein Deutscher
Heizungs-Ingenieure E. V., Bezirk Berlin, hatte bereits vor längerer
Zeit, einer wertvollen Anregung seines Vorsitzenden, des Baurats
Dipl.-Ing. J. Fichtl, folgend, einen Ausschuß für die Vorarbeiten
der Städteheizung Berlin-Zentrum gebildet. Hier scheinen nämlich die
Verhältnisse für den Bau einer solchen Anlage ganz besonders günstig
zu liegen, und der Berliner Bezirksverein betrachtete es daher ent-
sprechend seinem Arbeitsprogramm als eine wertvolle fachwissenschaft-
liche Aufgabe, den Bau eines solchen Fernheizwerkes in die Wege zu leiten.

In Ergänzung seiner hierauf bezüglichen Arbeiten hatte dieser Ausschuß nun am 16. Mai 1925 eine Besichtigung der Städteheizung in
Braunschweig unternommen. Bei der Erläuterung dieser Anlage ent-
wickelte sich alsbald zwischen der Bauleitung einerseits und den Berliner
Herren andererseits eine so lebhafte, anregende und lehrreiche Unterhaltung über das Gebiet der Städteheizung, daß der liebenswürdige Führer
der Besichtigung, Herr Dipl.-Ing. I. H. Kloos, Oberingenieur am
Elektrizitätswerk Braunschweig, den Berliner Herren dringend empfahl,
so schnell wie möglich nach Berlin eine Tagung über Städteheizung einzuberufen, damit nicht erst überall mit viel Lehrgeld
ein und dieselben Erfahrungen gesammelt werden müßten, was im
volkswirtschaftlichen Sinne für unser Vaterland durchaus zu vermeiden wäre.

Dieser wertvollen Anregung ist der Verein Deutscher Heizungs-Ingenieure
E. V. sogleich gefolgt, indem er Sie hierher gebeten hat.

Wir wollen nun durch diese Tagung zwei Aufgaben gleichzeitig
erledigen: Einmal wollen wir die breite Öffentlichkeit darauf aufmerksam machen, daß Städteheizungen für die Volkswirtschaft wertvoll
sind, und daß der Bau solcher Anlagen auch trotz der Verarmung unseres
Vaterlandes überall in durchaus ernste Erwägung gezogen werden muß.
Weiter aber ist das Gebiet der Städteheizung inzwischen so mächtig
geworden, daß die Mitarbeit der gesamten Fachwelt nötig ist, um es
für deutsche Verhältnisse erfolgreich auszubauen. Es ist daher der
weitere Zweck dieser Tagung, allen Fachgenossen die bisher gemachten

Erfahrungen zugänglich zu machen, um mit Erfolg solche Anlagen bauen zu können.

Unsere so begründete Einladung scheint großen Anklang gefunden zu haben, fast 500 Teilnehmer aus allen Teilen Deutschlands und dem Auslande haben sich für die Tagung gemeldet, und ich habe das große Vergnügen, Sie alle namens des Vereins Deutscher Heizungs-Ingenieure E. V. hiermit herzlichst willkommen zu heißen.

Im besonderen begrüße ich hier die Herren Vertreter der Reichs- und Staatsbehörden. Es haben

das Reichsfinanzministerium,
die Reichsbauverwaltung,
der Reichskohlenrat,
das Reichspatentamt,
die Reichspost,
das Preußische Finanzministerium,
das Wohlfahrtsministerium,
die Technische Hochschule Charlottenburg,
die Landesbauverwaltung der Provinz Brandenburg,
die der Provinz Sachsen,
die der Rheinprovinz,
die Eisenbahndirektion von Berlin,
die von Köln,
die Regierung in Stettin

usw. die Wichtigkeit dieser Tagung für ihren Aufgabenkreis wohl erkannt und deshalb ihre Vertreter entsandt.

Weiter begrüße ich hier herzlichst die Vertreter der deutschen Städte. Auch sie haben die Wichtigkeit der Tagung über Städteheizung sofort eingesehen und uns durch die Entsendung ihrer Vertreter hoch geehrt, so die Städte:

Aschaffenburg,	Fürth,
Augsburg,	Halle,
Barmen,	Hagen,
Berlin,	Hannover,
Bielefeld,	Herne,
Bonn,	Hindenburg,
Bremen,	Köln,
Breslau,	Leipzig,
Charlottenburg,	Lübeck,
Crefeld,	Mainz,
Danzig,	Potsdam,
Dresden,	Quedlinburg,
Erfurt,	Schöneberg,
Frankfurt a. M.,	Zwickau usw.
Frankfurt a. d. O.,	

Ich darf weiter die große Zahl der technischen Verbände hier begrüßen, die ihre Vertreter zu uns entsandt haben, so den

Verein Deutscher Ingenieure,

die Arbeitsgemeinschaft für Brennstoffersparnis,

den Verband deutscher Architekten- und Ingenieurvereine,

den Bayerischen Revisionsverein,

die Feuerungstechnische Beratungsstelle in Leipzig,

den Innungsverband der Schornsteinfegermeister usw.

An der Lösung der hier gestellten Aufgaben sind ganz besonders auch unsere großen Kraftzentralen beteiligt, ich habe daher die Ehre, auch die Herren Vertreter der großen Elektrizitäswerke Deutschlands hier zu begrüßen, nämlich die Herren aus

Barmen,	Mannheim,
Berlin,	Nürnberg,
Braunschweig,	Plauen,
Crefeld,	Potsdam,
Dortmund,	Stettin,
Harburg,	Zwickau usw.

Weiter hat es auch das Ausland sich nicht nehmen lassen, seine Vertreter zu entsenden und damit die Wichtigkeit unserer Tagung zu unterstreichen. Ich begrüße herzlichst die Herren Vertreter aus

Dänemark, Holland, Österreich, insbesondere die Vertreter der Stadt Wien, der Tschechoslowakei.

Endlich gilt unser Gruß und unser Dank nicht zum mindesten den Herren Vertretern der Presse. Sie, meine Herren, haben den Wert der Tagung über Städteheizung sofort erkannt und durch ihre lehrreichen Mitteilungen an die breite Öffentlichkeit — ja sogar durch den Rundfunk — viel zum Gelingen unserer Veranstaltung beigetragen. Es konnte natürlich nicht ausbleiben, daß bei Ihrem großen Leserkreise hierdurch manche Hoffnungen erweckt worden sind, die wir denn doch nicht erfüllen können, wenigstens vorläufig nicht. So erhielt der Arbeitsausschuß aus Königsberg eine Karte des Inhalts: „Lese eben über Wärmehähne in der Wohnung. In unserm kalten Osten und speziell für uns ältere Damen, die sich der Heizmühe schwer unterziehen können, denen aber die Morgenfrau oft fernbleibt, wäre solche Einrichtung ein Segen und bitte, vor allen Dingen unser schwarzweißes Sibirien zu berücksichtigen."

Meine Herren! Seien Sie also alle nochmals recht herzlich im Namen des Vereins Deutscher Heizungs-Ingenieure E. V. hier begrüßt!

Ich erlaube mir nun noch einige Ausführungen geschäftlicher Natur, um den Verlauf der Tagung glatt durchzuführen. Zunächst ist die Wahl eines Büros notwendig. Der Arbeitsausschuß bittet Sie, um den Zusammenhang mit den Vorarbeiten zu gewährleisten, je drei Herren des Arbeitsausschusses heute und morgen in das Büro zu wählen,

und dann noch je vier Herren aus Ihrer Mitte, und zwar für heute die
Herren:

Dr. Marx, den Prov.-Oberingenieur der Provinz Brandenburg Tilly,
den Direktor der Fa. Rietschel & Henneberg, Rettig,

für morgen die Herren:

Mag.-Baurat Dipl.-Ing. Fichtl, den Oberingenieur Metzkow und den
Ing. und Fabrikanten Borchert.

Ich darf wohl Ihre Zustimmung hierzu annehmen? (Zustimmung.)
Außerdem bittet Sie der Arbeitsausschuß, aus der Mitte der Versammlung noch je vier Beisitzer für heute und morgen zu bestimmen. Ich
bitte um Ihre Vorschläge. (Es werden die Herren

a) Dr. Arnoldt, v. Boehmer, Kloos, Schmidt-Dresden,

b) Ginsberg, Ritter, Schilling, Schindowski

gewählt.)

Weiter mache ich darauf aufmerksam, daß wir neben der Garderobe
eine Auskunftei eingerichtet haben. Die dort sitzenden Herren werden
Ihnen gern jede gewünschte Auskunft erteilen.

Bei der Auskunft liegt auch die Teilnehmerliste gemäß den bei
der Geschäftsstelle eingelaufenen Meldungen aus. Ich bitte Sie, gelegentlich zu prüfen, ob die Eintragung stimmt, genaue Angaben sind notwendig, da die Teilnehmerliste veröffentlicht werden soll.

Ich mache Sie weiter auf die hier eingerichtete kleine Zeichen-
ausstellung aufmerksam, die insbesondere den Herren Vertretern der
Stadtverwaltungen ein lehrreiches Material bieten dürfte.

Ein kleiner Imbiß während der Frühstückspause im Kasino der
Technischen Hochschule wird von manchem der Herren Teilnehmer an-
genehm empfunden werden. Es empfiehlt sich, etwaige telephonische
Verabredungen in dieser Pause zu erledigen.

Für die Erörterung unserer Leitsätze soll nach Möglichkeit keine
Beschränkung der Redezeit eintreten, jeder Punkt der Tagesordnung soll also gründlich erörtert werden. Indessen muß die Besprechung
natürlich andererseits so gefördert werden, daß die Tagesordnung auch
erschöpft wird, und zwar schon deshalb, weil gerade die Herren Vertreter der Stadtverwaltungen hauptsächlich am letzten Teil Interesse
haben werden.

Wie üblich, werden die Herren für Wortmeldungen gebeten, ihren
Namen auf einen Zettel zu schreiben und dem Verhandlungsleiter durch
einen der beiden Botenjungen übergeben zu lassen. Kürzere Mitteilungen
können wohl vom Platze aus gemacht werden, für längere Ausführungen
aber bitten wir, das Rednerpult zu benutzen.

Meine Herren! Mit der Durchführung dieser Tagung hat der Arbeitsausschuß bewußt mit der bisherigen Übung gebrochen und einen neuen
Weg beschritten. Seit einer Reihe von Jahren suchen wir, der Not ge-
horchend, überall den Nutzeffekt zu vergrößern. Mit dem Nutzeffekt

der Verbrennung fing es an, indem wir sparsame Brennstoffwirtschaft einführten, dann kam der Nutzeffekt unserer Dampf- und Kraftanlagen, indem wir Abwärmeausnützung betrieben, und erst in den letzten Wochen hat der Verein Deutscher Ingenieure durch eine Tagung den Nutzeffekt bei dem so wichtigen Güterumschlag zu vergrößern gesucht. Der Arbeitsausschuß war nun der Meinung, ob man nicht unter den jetzigen so schwierigen Verhältnissen in unserem Vaterlande auch bei Kongressen, Tagungen, Wanderversammlungen usw. ebenfalls den Nutzeffekt erhöhen sollte, und zwar dadurch, daß man zunächst noch alles Überflüssige und Nebensächliche wegläßt.

Meine Herren! Sie kommen hier aus allen Teilen Deutschlands zusammen, die entstehenden Kosten sind für viele nicht unbeträchtliche, der nötige Zeitaufwand ist erheblich, und da erscheint es in dieser Hinsicht eigentlich vollkommen unnötig, Vorträge halten zu lassen, wenigstens nicht solche, die man besser zu Hause liest! Wir haben daher von Vorträgen ganz abgesehen, zustatten kam uns dabei allerdings der Umstand, daß es sich bei dem Gegenstande der Tagung ja um ein abgeschlossenes, scharf begrenztes Gebiet handelt.

Wir haben Ihnen nun statt eines Vortrages das bisher über Städteheizung Bekanntgewordene in Form von Leitsätzen zur Verfügung gestellt. Wir sind uns im Arbeitsausschuß vollkommen einig geworden, daß beileibe nicht alles, was in dem kleinen Heftchen niedergelegt ist, über alle Zweifel erhaben ist. Aber die Aussprache soll ja eben auch in dieser Beziehung die nötige Klärung geben, und wir werden das Ergebnis der Tagung dann so schnell als möglich der Öffentlichkeit zur Verfügung stellen.

Hiermit schließe ich meine einleitenden Worte, indem ich der Tagung über Städteheizung einen reichen Erfolg wünsche, zum Wohle der Heizungstechnik, aber auch zum Wohle der Allgemeinheit!

Soviel über Entstehung und Verlauf der Tagung selbst, deren Notwendigkeit allgemein Zustimmung gefunden hat, wie schon daraus hervorgeht, daß nur ein einziges Thema während einer Arbeitszeit von 12 Stunden erörtert wurde, daß hierbei über 100 Wortmeldungen erledigt werden mußten, und daß die Gesamtheit der Teilnehmer in ungetrübter Arbeitsfreude bis zur letzten Stunde der Tagung ausgehalten hat.

Alles in allem war die Tagung über Städteheizung ein großer Erfolg für die Heizungstechnik schon allein dadurch, daß ein ungeheures Material zusammengetragen wurde, wofür die überwiegende Zahl der Fachgenossen nur dankbar sein wird, und zwar im Inlande wie im Auslande. Es schreibt z. B. die Firma N. V. Maatschappij „Stedenverwarming", Amsterdam: „Nachdem unsere Herren von Ihrer Tagung über Städteheizung zurückgekehrt sind und die dort erhaltenen Eindrücke in Ruhe

nochmals verarbeitet haben, fühlen wir uns veranlaßt, Ihrem Verein
mit Gegenwärtigem unseren verbindlichsten Dank zu sagen für die
unseren Herren gebotenen zwei Tage von außerordentlich lehrreicher
Arbeit. Wir können hieran noch hinzufügen unsere Anerkennung für
die wirklich tadellose Organisation dieser Tagung ... Wir wären Ihnen
außerordentlich dankbar, wenn Sie uns auch in der Folge auf der Höhe
halten wollen von allem für uns und unsere Bestrebungen Wissenswertem.
Gern hoffend, daß Sie unsern Dank auch den Mitgliedern des Vereins
und den anderen Herren, welche an dem Wohlgelingen der Tagung beteiligt gewesen sind, überbringen und vielleicht mit einem kurzen Worte
auch in Ihrem demnächst erscheinenden Kongreßbericht erwähnen
wollen, zeichnen wir: Unterschrift". Die Tagung über Städteheizung war
also ein glänzendes Zeugnis für deutsche Arbeitsfreudigkeit, für deutsche
Gründlichkeit!

Über die Ergebnisse der Tagung soll nunmehr ausführlich berichtet
werden.

Leitsätze.

I. Allgemeines.

a) Einleitung.

1. Die Wärme wird auf größere Entfernungen geschickt. Bisherige Entwicklung in dieser Beziehung: Einzelheizung — Zentralheizung — Fernheizung — Städteheizung.

Man kann zur Zeit bis auf etwa 7 km Entfernung gehen.

Überbrückung großer Entfernungen ist aber nicht das einzige beim Begriff Städteheizung.

Hierzu würden nur technische Überlegungen notwendig sein, es kommen aber noch rein kaufmännische in Frage, nämlich

2. Verkauf der Wärme an jedermann.

Die Abnehmer müssen erst durch rein geschäftliche Propaganda gewonnen werden.

Wie im übrigen geschäftlichen Leben Erzeugung und Verkauf der Güter zusammengehören, so kommen auch bei der Städteheizung die Erzeugung der Wärme und ihr Verkauf in Frage.

Die Interessenten sind aber noch nicht da, sie müssen erst durch Werbearbeit gewonnen werden, genau wie im geschäftlichen Leben die Käufer.

Macht man hierbei Fehler, führt man also das Werk aus, ohne daß später die in Aussicht genommenen Interessenten in genügender Zahl beitreten, muß das Werk eingehen.

Diese rein wirtschaftlich-kaufmännischen Überlegungen sind bei einer Städteheizung mindestens so wichtig als die technischen. Von ihnen hängen in erster Linie die Abmessungen und die Führung der Rohrleitung ab.

3. Vorteile der Städteheizung:
1. Die Brennstoffe werden besser ausgenutzt, schon durch die dauernde Überwachung in der Zentrale,
2. minderwertige Brennstoffe können verfeuert werden, man ist also nicht mehr auf teuren Koks angewiesen,
3. Ersparnisse an Bedienung,
4. Ersparnisse durch den Großeinkauf von Kohlen.

4. Bei Vereinigung von Kraft und Wärmeerzeugung wird der Dampf erheblich stärker ausgenutzt, während die Krafterzeugung allein bekanntlich

nur 15—20% ausnützen würde. Aufgabe der Tagung ist es, festzustellen, unter welchen Umständen beim vereinigten Betriebe Vorteile entstehen. Es ist denkbar, und neuere Erfahrungen aus Amerika scheinen das zu bestätigen, daß auch reine Heizungswerke wirtschaftlich sein können.

5. Ein Vorteil der Städteheizung ist endlich die Verringerung der Rauch- und Rußplage.

Die letztere beeinträchtigt die Gesundheit und schädigt Mauerwerk und Eisenkonstruktionen.

6. Für die Abnehmer entstehen im besonderen folgende Vorteile:

1. das Kapital für die Heizkessel wird verfügbar,
2. die Räume für Kessel, Brennstoff, Schlacken werden frei,
3. der Schornstein wird frei,
4. Instandhaltung und Bedienung werden billiger, da die Kesselanlage entfällt,
5. die Feuersgefahr wird geringer, die Feuerversicherung billiger,
6. durch Wärmemesser erfolgt eine Kontrolle des Wärmeverbrauches und damit des Betriebes, wodurch erhebliche Ersparnisse erzielt werden,
7. Kohlen- und Aschetransport fallen weg, das Haus bleibt also sauber, die Ausgaben dafür fallen fort, die Verzinsung des im Sommer eingefahrenen Brennstoffes entfällt,
8. das Anheizen und das Abheizen erfolgen schneller, dadurch Wärmeersparnisse.

7. Demgegenüber müssen die Wärmeverluste in den Straßenleitungen beachtet werden, sie kommen aber bei großen Wärmemengen nicht wesentlich in Frage, da die Wärmelieferung ungefähr mit dem Quadrate der Rohrweite, der Wärmeverlust aber nur mit dem Durchmesser der Rohrweite zunimmt. Daher werden die Wärmeverluste prozentual um so kleiner, je größer die Wärmelieferung ist. Für gewöhnlich rechnet man mit einem Verluste von höchstens 5% bei —20°, also 10% bei 0°.

8. Bei Anlage neuer Stadtteile sollten neben Wasser- und anderen Leitungen auch schon Kanäle für die Aufnahme von Heiz- und Warmwasserleitungen planmäßig vorgesehen werden. Ist eine Stadtheizung erst gründlich ausgebaut, so daß ihr Bestehen nicht mehr zweifelhaft ist, so können auch Kleinwohnungen angeschlossen werden.

Die zentrale Beheizung der Städte ist von ähnlicher Bedeutung wie ihre zentrale Versorgung mit Wasser, Gas, Licht, Energie.

b) Quellen.

1. Ohmes, A. K., Heizungs-, Lüftungs- und Dampfkraftanlagen in den Vereinigten Staaten von Amerika. Verlag von Oldenbourg, München.
2. Henkelmann, Untersuchungen über die Wirtschaftlichkeit einer Ferndampfheizanlage, G.[1] 1913, S. 313.

---

[1] G. bedeutet „Gesundheits-Ingenieur".

3. Schultze, Dresden, G. 1913, Heft 45 v. 8. Nov. 1913.

4. Pfleiderer, Wirtschaftliche Gesichtspunkte bei der Anlage von Fernwarmwasserheizungen, insbesondere wirtschaftliche Ermittelung des Rohrdurchmessers und der Wassermenge, G. 1914, S. 209.

5. Nagel, Fernheizwerke unter Berücksichtigung der Abwärmeverwertung, G. 1914, S. 203.

6. Heilmann, Heizkraftwerke mit Fernrohrversorgung, G. 1923, S. 173, und Archiv für Wärmewirtschaft, 4. Jahrg., Nr. 2, 1923.

7. De Grahl, „Wirtschaftliche Verwertung der Brennstoffe", Verlag Oldenbourg.

8. Rudolf Otto Meyer, Die Städteheizung 1924.

9. Eberle, Die Verwendung von Abwärme für Fern- und Ortsheizungen, Bericht über den 11. Kongreß in Berlin.

10. Pauer, Verbindung von Heizung mit Dampfkraftmaschinen, Bericht über den 11. Kongreß in Berlin.

11. Schilling, Das Fernheizwerk in Barmen, G. 1924, S. 115.

12. Schilling, desgleichen. G. 1925, S. 239.

13. Schilling, Die Kondensschleuse, G. 1925, S. 297.

14. Schilling, Über Städteheizwerke, G. 1925, S. 357.

15. Referat über amerikanische Städteheizung, G. 1925, S. 45.

16. Hencky, Die wirtschaftliche Fortleitung und Verteilung von Dampf auf große Entfernungen, Z. d. V. D. I. 1925, S. 492.

17. Sitzungsbericht des Ausschusses für die Vorarbeiten zum Fernheizwerk Berlin-Zentrum, V. D. H. I.

18. Die Besichtigung der Städteheizung in Braunschweig durch den genannten Verein am 16. Mai 1925.

19. Gramberg, Heizung und Lüftung von Gebäuden, Verlag J. Springer, Berlin.

20. Festschrift, G. 2. Juni 1907, S. 36, Betriebsdaten Fernheizwerk Dresden.

21. Oslender, Ferndampfheizungen.

22. Hüttner-Schmidt, Bericht über die Dienstreise vom 19. bis 27. März 1925.

23. Josse, Die Städteheizung mit besonderer Rücksicht auf die Kraft- und Heizwerke, Vortrag vom 9. Juni 1925 im Verein zur Beförderung des Gewerbefleißes.

24. Trautmann, Das städtische Kraft- und Heizwerk Leipzig-Nord, G. 1925, S. 404.

25. Denicke, Zeitschrift „Die Wärme" 1924, Nr. 39—42, und 1925, Nr. 3—5.

26. Schmidt, Fortleitung von Wärme in Wasser- und Dampfform, Bericht über wärmetechn. Tagung des V. D. I. 29. Oktober bis 1. November 1919, Berlin, Heft 4 der Schriften über sparsame Wärmewirtschaft.

c) Geschichte.

Die ersten bedeutenden amerikanischen Städteheizungen um 1877. Jetzt hat jede größere Stadt dort ein solches Werk, New York sogar vier.

1908 fand eine Rundfrage daselbst statt: schon 57 Werke beantworteten dieselbe, daraus ergab sich ein vorzügliches statistisches Material.

Von diesen Werken hatten 30% Verteilung der Wärme durch Wasser, 26% waren reine Heizungswerke.

Die größte Entfernung betrug 3600 m, durchschnittlich aber nur 1400 m.

New York hat zur Zeit die größte Anlage, 18 000 m Straßenleitungen, 610 mm lichte Weite, 100 Millionen WE.

Dampfdrücke von 0,15—7 at.

Das Kondenswasser fließt in der Regel ab, da billiges und gutes Speisewasser vorhanden ist und der Wärmeinhalt nicht weiter beachtet wird.

Zur Zeit bestehen in Amerika 300—400 solcher Heizungen.

Die erste größere Fernheizung in Deutschland besaß die Technische Hochschule Berlin, wo 1884 der Dampf mit einer Spannung von 3 at aus dem Kesselhause nach dem Hauptgebäude etwa 250 m weit geleitet wurde. Weiter sind zu nennen das Reichstagsgebäude, Bad Elster und verschiedene andere.

Als erste Städteheizung 1900 folgte Dresden, hier wurden 12 öffentliche Gebäude mit etwa 15 Millionen WE von einer Stelle aus mit Wärme versorgt. Größte Entfernung 1050 m, begehbare Kanäle. Im Kesselhause wurde der Energieerzeugung wegen Dampf von 8 at hergestellt, als Heizdampf aber erheblich reduziert. Abdampfausnutzung wurde erst später eingerichtet, indem aus demselben eine große Anzahl in der Nähe des Fernheizwerkes liegender Privatgebäude mit Wärme versorgt wurden.

Es folgten dann eine große Zahl von Krankenanstalten, Irrenanstalten, Technischen Hochschulen usw. Bei allen war aber lediglich die Überbrückung großer Entfernungen das Kennzeichnende. Als Städteheizung im eigentlichen Sinne, bei der also der Verkauf der Wärme an beliebige Interessenten hinzukam, folgten erst vor wenigen Jahren die Anlagen in Hamburg, Kiel, Barmen, Braunschweig, Neukölln und einigen anderen Städten.

Hamburg: Hier haben 6% aller Wohnungen und 25% aller Geschäftsräume Zentralheizungen, was eine sehr günstige Vorbedingung für den Bau einer Städteheizung darstellt.

Herbst 1921 in Betrieb genommen mit 6 Gebäuden, Anschlußwert 7 Mill. WE. Später vergrößert auf 24 Gebäude mit einem Anschlußwert von 10 Mill. WE. Jetzt ist der Anschlußwert 40 Mill. WE, nachdem das Werk Karolinenstraße dazu gekommen und mit dem bisherigen Rohrnetz verbunden worden ist.

1895 wurde das Elektrizitätswerk Poststraße errichtet. Die Dampfmaschinen sind veraltet. Das Werk sollte daher in ein Unterwerk mit Umformern umgebaut, die Maschinen also stillgesetzt werden.

Es sind 3 Dampfmaschinen-Dynamos von je 400 kW Leistung vorhanden. Praktische Versuche ergaben die Eignung der vorhandenen Maschinen für Gegendruckbetrieb. Sie wurden daher wieder in Betrieb gesetzt, wobei der Abdampf in die umliegenden Gebäude geleitet wurde. Dadurch wird der Strom jetzt billiger erzeugt als mit den geplanten Umformern.

Die zu überwindenden Entfernungen sind hier nur klein, die Einheiten aber sehr groß. Es liegen also günstige Verhältnisse vor. Der Abdampf hat nur niedrige Spannung, 0,5 at. Das Kondenswasser wird zurückgeführt und durch die bekannten Trommelwassermesser gemessen. Sie zeigen bis auf 1% genau.

Kiel: Zentrale Humboldstraße, veraltetes Elektrizitätswerk.

Die Städteheizung wurde Januar 1922 in Betrieb genommen, mit 27 Gebäuden und einem Anschlußwerte von 10,2 Mill. WE/h.

Durchschnittlich kommen also 380 000 WE/Gebäude.

Jetzt sind es 40 Gebäude mit einem Anschlußwert von 14 Mill. WE/h.

Durchschnittlich ergeben sich jetzt 290 000 WE/Gebäude.

Die größte Entfernung beträgt 1300 m.

Im Gegensatz zu Hamburg ein weitläufiges Rohrnetz, trotzdem ist es erheblich billiger geworden als in Hamburg, weil dort viele Straßenleitungen umgelegt oder umgangen werden mußten. Eine besonders für diesen Zweck gebaute Gegendruckturbine ist vorhanden, kombiniert mit Niederdruckturbine. Die letztere nimmt auf, was die Heizung an Dampf nicht verbraucht.

Der Abdampf hat etwa 1 at.

Barmen: Reines Heizwerk, 20 Gebäude mit einem Anschlußwert von 6 Mill. WE/h. Es wird Hochdruckdampf von 8 at verteilt. Kombinierter Betrieb würde hier zu große Kosten für Verzinsung und Abschreibung bedingen, da der Kesseldruck zu niedrig und der Anschlußwert zu klein ist.

Braunschweig: Ein veraltetes Elektrizitätswerk in der Wilhelmstraße, es diente als Reserve für das Hauptwerk. 1430 qm Kesselfläche. Tandem-Dampfmaschinen von zusammen 2000 kW Leistung. Es wird billige Rohbraunkohle gefeuert. Es wird Dampf von 1,5 at verteilt. Der Niederdruckkolben läuft leer. Der Anschlußwert beträgt zur Zeit 12 Mill. WE/h.

Neukölln: Ursprünglich geplant für die Benützung des Abdampfes vom Elektrizitätswerk. Jetzt als reines Heizungswerk betrieben. Anschlußwert zur Zeit 9 Mill. WE, ausgeführt ist es für 15 Mill. Die Verhältnisse liegen also ungünstig, trotzdem sind die Kosten gegenüber den einzelnen Zentralheizungen kleiner.

Schwerin: Vergleiche Zeitschrift „Die Wärme" 1925, Nr. 26, S.329.

II. Planung.

a) Mutmaßliche Wärmeleistung.

Unter den mannigfachen Gesichtspunkten, die bei der Planung eines Städteheizwerkes zu beachten sind, sind in erster Linie die beiden folgenden herauszuheben:

1. Man geht aus von der Anzahl der in einem bestimmten Stadtteil vereinigten Interessenten und dem von ihnen repräsentierten Wärmewert oder

2. Man faßt in erster Linie eine vorhandene oder zu schaffende Wärmequelle (Abwärme) ins Auge, für die man eine Verwendungsmöglichkeit sucht.

In beiden Fällen sind folgende Grundsätze zu beachten:

  a) Es dürfen nur ernsthafte Interessenten bei der Planung berücksichtigt werden, insbesondere sind diejenigen unter ihnen in die erste Reihe zu stellen, die mit großer Wahrscheinlichkeit sofortige Wärmeabnehmer werden.

  b) Es ist zweckmäßig, möglichst dicht konzentrierte Wärmemengen, die möglichst nahe der Zentrale abgegeben werden können, zu erfassen.

  c) Hieraus ergibt sich, daß eine gewisse Erweiterungsfähigkeit der Anlage vorgesehen werden muß.

Bei der Berechnung der Verteilungsleitung muß darauf Rücksicht genommen werden, daß ihre anfängliche Gestalt wesentlich verschieden ist von ihrer endgültigen. Aber zu allen Zeiten soll gleichmäßige Verteilung der Wärme gewährt werden. Es genügt also nicht, den Plan der Anlage aufzuzeichnen, wie man ihn sich etwa definitiv denkt, und nun alle Teil- und Abzweigstrecken so zu bestimmen, daß bei dem erwarteten Maximalbedarf gleichmäßiger Druckabfall bis zu allen Endpunkten des Rohrnetzes stattfindet. Man muß vielmehr ausgleichend auf die Betriebsverhältnisse der verschiedenen Zwischenperioden eingehen. Man wird außerdem vorerst alle Teile weglassen, die vielleicht erst nach Jahren ausgenutzt werden.

b) Wahl des Systems.

In dem unter a) betrachteten Falle ist die Wahl des anzuwendenden Systems in weiten Grenzen willkürlich.

In erster Linie hat man sich darnach zu richten, ob die anzuschließenden Gebäude mit Warmwasser oder mit Niederdruckdampfheizung versehen sind. Überwiegt die Zahl der Warmwasserheizungen bedeutend, so wird man eine Warmwasserfernheizung projektieren; in allen anderen Fällen wird man zur Dampfverteilung greifen.

Allgemein ist bezüglich der Wasser- oder der Dampfverteilung zu bemerken:

a) Wasserverteilung. Es entstehen geringere Wärmeverluste, vielleicht wohlfeilere Rohrleitungen. Armaturen und Apparate, die zugänglich angeordnet werden müssen, sind in geringer Zahl vorhanden. Die Rohrführung paßt sich dem Gelände leicht an. Die Überwachung der Rohrleitung ist leicht. Generelle Regelung des ganzen Heizbetriebes ist möglich.

Dagegen ist Anschluß von Dampfheizungen nicht ohne weiteres möglich.

b) Dampfverteilung. Man kann ebenso leicht Warmwasserheizungen wie Dampfheizungen anschließen. Wählt man ein reines Heizwerk, so kann man von diesem auch Arbeitsdampf liefern, sofern man die Dampfspannung entsprechend wählt. Nachteile sind das Vorhandensein der bekannten Apparate und die Frage der Wegschaffung des Kondensates.

Man wird nun vor die Frage gestellt, ob ein reines Heizwerk oder ein Heizkraftwerk (evtl. auch eine andere Kombination eines Heizwerkes mit einem industriellen Betriebe) gewählt werden soll.

Reine Heizwerke sind bei dicht angeordneter Masse der Wärmeabnehmer möglich. Hierbei ist zu bemerken, daß man in Nordamerika neuerdings ganz zur Wahl reiner Heizwerke überzugehen scheint.

Unter den kombinierten Werken denkt man in erster Linie an solche Heizkraftwerke, in denen man Zwischendampf oder Abdampf aus Betriebsmaschinen, namentlich von Elektrizitätswerken zum Heizen verwendet.

Erwägungen, inwiefern vorhandene Maschinen für Anzapfung oder Abdampfentnahme geeignet sind (Beispiel Braunschweig). In dem Fall a) 2. können kombinierte Werke verschiedenster Art in Erwägung kommen. Folgende Arten sind zu unterscheiden:

a) Heizkraftwerk mit Dampfmaschine (Turbine).

b) Abwärmewerk.

a) Ist die Wärme an Abdampf von geringer Spannung gebunden, so kann man eine Fernheizung nur anschließen, wenn man sie mit Warmwasserverteilung vorsieht. Überhitzung des Wassers ist kaum möglich, so daß also für größere Heizanlagen die Verwendung solchen Dampfes kaum möglich ist.

Bei Anzapfung und Gegendruckbetrieb hängt die Ökonomie von dem Verhältnis des Wärmebedarfs zur mechanischen Leistung ab. Nur bei genügend großer Anzapfmenge ist überhaupt an eine Ökonomie zu denken. Aber selbst sehr bedeutende Wärmemengen ergeben nur kleine Aggregate, die vom Standpunkt des Elektrikers von geringem ökonomischem Werte sind. An dieser Frage scheitern leicht die Projekte kombinierter Anlagen mit Anzapfung.

Für Anzapfturbinen muß man bestrebt sein, bei **mittlerem Heizbedarf hohe Entnahmen aus voll belasteter Maschine** zu erzielen, so daß also für den Spitzenbedarf Dampf aus der Kesselanlage zu entnehmen ist.

(Falls man nicht eine Unterteilung der Aggregate vornimmt, die aber zu noch kleineren, unzweckmäßigeren Einheiten führt.)

b) Es entsteht vielleicht die Frage, ob man als Antriebsmaschinen eines Elektrizitätswerkes Diesel- oder Gasmotoren verwenden soll, um die Abgase zu Heizzwecken verwenden zu können. Hierbei ist die Ausnutzung vorwiegend nur während des Winters möglich, die Abhitzekesselanlagen werden teuer, für Spitzendampf ist außerdem Sorge zu tragen.

Überhitzung des Dampfes ist nur insoweit nötig, um trockenen Dampf in den Leitungen zu haben. In Beziehung auf die Wärmeökonomie bietet die Überhitzung keinen Vorteil, eher das Gegenteil; sie ist zu empfehlen zur Einschränkung der Wasserschläge.

Bei Wasser in größeren Werken ist die Überhitzung durchaus erforderlich.

c) Wahl der Kanäle.

Diese lange umstrittene Frage beginnt sich zu klären. Der Erfolg, ja die Möglichkeit der Städteheizung hängt davon ab, daß man technisch so weit vorgeschritten ist, unbedenklich die Rohrleitungen in unbegehbare Kanäle zu verlegen.

Die Kanäle müssen sehr eng, vollständig abgerundet und gut wärmedicht hergestellt sein.

Unter diesen Umständen können auch Dampfleitungen in solchen Kanälen verlegt werden, die dem Gefälle des Geländes angepaßt sind. Das Material für Kanäle dieser Art dürfte Beton (Abdeckungen armiert) sein.

Bei der Kanalanlage wird häufig gesündigt in Beziehung auf die Widerlager der Festschellen. Die verhältnismäßig leichte Berechnung der Beanspruchung dieser Widerlager wird meist versäumt.

d) Grundlage der Betriebskostenberechnung.

Die einzelnen Posten der Betriebskosten, nämlich:

1. Verzinsung,
2. Brennstoffkosten frei Kesselhaus,
3. Abfuhr der Asche,
4. Bedienung und Instandhaltung der Anlage,
5. Verschiedene Kosten, Öl, Licht usw.

beeinflussen die Rentabilität in verschiedener Weise.

Wie sind vorhandene, stillgelegte Maschinen, Apparate, Leitungen, die wieder benutzt werden, zu bewerten?

Werden minderwertige Brennstoffe verwandt, so erhöht sich damit deren Nachfrage. Es ist wahrscheinlich, daß damit der Verkaufswert solcher Brennstoffe steigt. Wie ist dieser Umstand in der Rentabilitäts-berechnung zu berücksichtigen.

Es ist möglich, daß ein reines Heizwerk gegenüber anderen Kombinationen lediglich dadurch in Vorteil kommt, daß die Kosten für Anfuhr der Kohlen gering sind (Nähe eines Flusses u. dgl.).

Andererseits kann vielleicht der geringe Verkaufswert gewisser Brennstoffe, z. B. Rohbraunkohle, Veranlassung zur Errichtung eines Heizwerkes geben, trotz hoher Transportkosten.

Allgemein: Wenn sich ein Hausbesitzer entschließen soll, seine Heizungsanlage an ein Fernsystem anzuschließen, so müssen ihm Vorteile hierfür nachgewiesen werden. Hierzu gehört in erster Linie Verringerung der Heizkosten; aber auf Bequemlichkeit, Sauberkeit usw. ist hierbei ebenfalls hinzuweisen. Sodann soll aber das Fernheizwerk selbst auch einen Nutzen abwerfen.

e) Zentrale.

Im Gegensatz zu den in der Industrie benötigten Wärmemengen ist der Wärmebedarf einer Heizungsanlage stark veränderlich. Für Norddeutschland z. B. ist der Wärmebedarf in den einzelnen Monaten der folgende (vgl. Marx, G. 1917, Nr. 48):

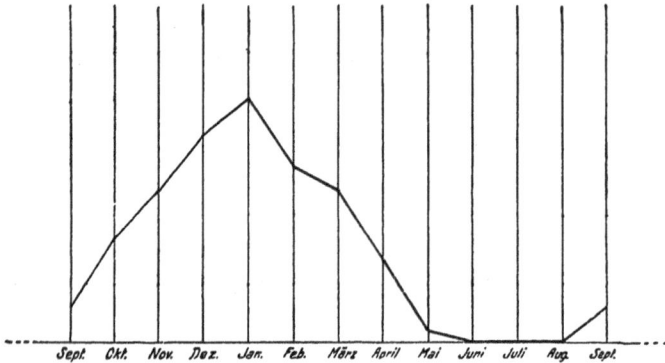

Sept. Okt. Nov. Dez. Jan. Feb. März April Mai Juni Juli Aug. Sept.

Diesem Wärmebedarf muß sich auch jede Städteheizung anschmiegen. Ein reines Heizwerk mit Wasser als Wärmeträger kann dies ohne weiteres, ein reines Heizwerk mit Dampf als Wärmeträger kann es durch Veränderung der Dampfspannung ebenfalls in gewissem Grade, eventuell in Verbindung mit stoßweisem Betrieb, bei einem Heizkraftwerk macht die Erfüllung der obigen Forderung Schwierigkeiten, da der Dampf stets in gleicher Menge angeliefert wird. Und wenn beim Kraftbetrieb

Spitzen entstehen, so fallen sie mit denen des Heizbetriebes nicht zusammen, weder am Tage noch in den einzelnen Monaten, noch in den
einzelnen Jahren. Im Sommer ruht der Heizbetrieb gänzlich. Es entsteht die Frage, wie man sich mit dem Maschinenbetrieb dem wechseln-
den Wärmebedarfe der Heizung anschmiegt.

1. Abdampf- oder Gegendruckmaschine. (Vakuumdampf kommt
wegen der großen Entfernungen nicht in Frage.) Die angeschlossene
Heizung wirkt dann als Luftkondensator, man muß die verschiedenen
Maschineneinheiten entsprechend dem Heizungsbedarfe auf die Heizung
schalten. Man kann auch die Maschinen entsprechend dem Wärme-
bedarfe laufen lassen und das Fehlende an Kraft aus dem öffentlichen
Netze ersetzen. Diese Arbeitsweise ist angebracht wenn nur eine einzige
Maschine vorhanden ist, die Einrichtung kommt aber offenbar nur
für kleinere Anlagen, also im allgemeinen nicht für Städteheizungen in
Frage.

2. Zwischendampfentnahme mit Servomotor oder elektrisch ge-
steuert. Diese Einrichtung hat den Vorteil, daß man über einen höheren
Anfangsdruck verfügt, und daß selbsttätig der überschüssige Dampf in
den Niederdruckzylinder geleitet wird. Etwas Ähnliches ist in Kiel
angewendet worden, wo eine besonders gebaute Gegendruckturbine
aufgestellt worden ist. Was von dem Gegendruck von der Heizung nicht
aufgenommen wird, fließt in eine Niederdruckturbine.

3. Anordnung und sinngemäße Einschaltung von Wärmespeichern
(Dampfspeichern, Warmwasserspeichern), deren Größe durch Berechnung und praktische Erfahrung ermittelt werden muß.

Im allgemeinen ist bei der Verbindung von Kraft- und Heizbetrieb
zu unterscheiden zwischen kleineren und größeren Werken, zwischen
Neubau und Umbau der Maschinen, so daß eigentlich vier Möglichkeiten
entstehen.

1. Kleinere Werke, Neubau der Maschinen: Es kommen nur Dieselmaschinen in Frage, das Kühlwasser erwärmt sich von 55° auf 75°,
höher wollen die Maschinenfabriken nicht gehen, durch die Abgase ergibt sich eine weitere Erwärmung auf 84°, so daß je kWh

$$900 + 450 \text{ WE}$$

erzeugt werden. Besondere Umschaltvorrichtungen für den Sommerbetrieb sind unnötig, man läßt dann das Kühlwasser einfach weglaufen.

2. Kleinere Werke mit Umbau der vorhandenen Maschinen für
Heizungszwecke kommen kaum in Frage.

3. Größere Werke und Neubau der Maschinen: Hier kommt nur
Turbinenbetrieb in Frage. Hierbei entsteht die Frage, ob man hochwertige, also vielstufige Turbinen nehmen soll, mit einem Wirkungsgrad
von 75 bis 85%, oder niederwertige Turbinen mit einem Wirkungsgrad
von 65 bis 75%. Es empfiehlt sich, die letzteren zu nehmen, schon weil

sie ganz erheblich billiger sind. Dieser Gesichtspunkt ist hier entscheidend, weil die Maschine nur an etwa 200 Tagen im Jahre läuft und auch dann nur teilweise.

4. Größere Werke, Umbau vorhandener Maschinen:

a) Kolbenmaschinen. Die Lösung ist verhältnismäßig einfach. Die Maschinen laufen im Sommer mit Kondensation, im Winter mit Auspuff, Gegendruck oder Zwischendampfentnahme. Die Umstellung selbst ist nicht schwierig. In einzelnen Fällen mögen auch noch andere Maßnahmen wirtschaftlich sein, z. B. läßt Braunschweig den Niederdruckzylinder leer laufen.

b) Ein Umbau von Turbinen für solche Zwecke ist nicht möglich, denn eine Kondensationsturbine ist anders gebaut als eine Gegendruckturbine. Man kann also den Betrieb für den Sommer nicht umstellen. Es bleibt dann nichts weiter übrig, als eine oder mehrere Turbinen für Winterbetrieb umzubauen.

Bei Neubau von Dampfmaschinen würde weiter die Frage entstehen, bis zu welchem Dampfdrucke man gehen soll. Hierbei ist zu beachten, daß eine Steigerung der Wirtschaftlichkeit bei Kondensationsmaschinen über 40 at nicht möglich ist, daß bei Auspuff und Gegendruck die Wirtschaftlichkeit allerdings bis 100 at zunimmt. Da aber weiter erst Erfahrungen über Bau und Haltbarkeit der betreffenden Einrichtungen bis 35 at vorliegen, empfiehlt es sich, höhere Drücke nicht anzuwenden.

In allen Fällen muß natürlich Verwendungsmöglichkeit für den erzeugten Strom vorliegen. Er muß also möglichst in das gleiche Netz abgegeben werden können, und die Stromart muß die daselbst verwendete sein. Außerdem ist Zuführung des erzeugten Stromes bei Wechselstrom aus betriebstechnischen Gründen nicht unter 3000 kW möglich.

Im Gegensatz zu Maschinendampf muß Heizdampf gesättigt sein, die Wärmeabgabe soll ja möglichst groß sein. Eine kleine Überhitzung in der Zentrale ist aber von Vorteil, um Niederschlagsbildung in der Rohrleitung zu verringern, die Überhitzung darf aber nur so groß sein, daß sie an der ersten Wärmeverbrauchsstelle bereits zu Ende ist.

Beim Anheizen oder bei sonstigem Stillstand der Maschinen muß das Netz direkt aus den Kesseln gespeist werden. Dem Gesagten nach darf aber dieser Dampf im Gegensatz zu Maschinendampf nur eine mäßige Überhitzung besitzen. In einem solchen Falle die Überhitzer der Kesselanlage stillzusetzen, ist nicht möglich, weil die betreffenden Klappen nicht dicht schließen, die Überhitzer also durchbrennen würden. Meistens aber wird es durch Mischung möglich sein, Dampf der gewünschten Art zu erhalten, eventuell müssen Heißdampfkühler eingebaut werden.

Bei der einen Bauart wird der überhitzte Dampf benutzt, um in einem Rohrkörper Wasser zu erwärmen und zu verdampfen. Er kühlt sich dabei ab und vermischt sich außerdem mit dem entstehenden Sattdampf. Die Abmessungen dieser Bauart sind sehr große. Bei einer zweiten Bauart wird Wasser dem eintretenden Heißdampf brausenartig entgegengespritzt. Der Raumbedarf dieser Bauart ist geringer, es muß aber das entstehende heiße Wasser abgeführt werden. Eine dritte Bauart stammt von Hencky, Leverkusen, die eine große Wirkung auf kleinem Raume vereinigt.

Es empfiehlt sich, die Leitungen für den Wärmebedarf von 0° zu berechnen und bei größerem Wärmebedarf mittels einer Wärmepumpe eine gewisse Drucksteigerung vorzunehmen. Von solchen Wärmepumpen gibt es zwei Arten, Strahlkompressoren und besonders gebaute Dampfmaschinen. Der Strahlkompressor besitzt die Vorteile: Keine beweglichen Teile, gedrängten Bau, keine Wartung, einfache Handhabung, niedere Anschaffungskosten. Allerdings beträgt der Wirkungsgrad nur 10%, was aber bei den kleinen Druckerhöhungen nicht in Frage kommt. In jedem Falle aber muß jeglicher Gegendruck auf die Maschinen vermieden werden. Der Verteiler erhält die übliche Ausführung. Die Leitungen der einzelnen Maschinen sind einzeln an den Verteiler zu führen, Entöler sind einzuschalten, an der Maschine Umschaltschieber auf Sommerbetrieb. Der Verteiler enthält weiter eine Frischdampfleitung, eine Sicherheitsleitung und die Verteilungsleitungen.

f) Hausanschlüsse.

Die Kesselanlage wird abgeschaltet oder entfernt. Erfolgt die Verteilung der Wärme mittels Dampf, so wird ein Kondenswasserbehälter mit Pumpe und Zähler aufgestellt. Weiter wird eine Stichleitung in das betreffende Haus hineingezogen und eine Leitung für die Rückführung des Kondenswassers vorgesehen. An Nebenapparaten sind nötig Entwässerung der Dampfleitung, Manometer, Absperrventil, Standrohr oder Sicherheitsleitung, Reduzierventil.

Die Umformung des Dampfes in Warmwasser erfolgt mittels Gegenstromapparaten.

Die Kondenswasserpumpe wird durch einen Schwimmer betätigt, und zwar durch einen Stangenanstoßschalter mit Kette, Rolle und Gegengewicht.

Zur Überwachung wird empfohlen, Rückschlagklappen, Kondenstöpfe usw. mit Schauglas zu versehen.

Kolbenpumpen sind zu schwerfällig, sie passen sich nicht leicht genug den schwankenden Verhältnissen an, daher Flügelpumpen. Sie laufen nicht dauernd, schon weil sie für —20° Außentemperatur und das Anheizen ausreichen müssen. Die einzelnen Pumpen laufen auch nicht zu gleicher Zeit. Da alle Gebäude mit verschiedenen Drücken in dieselbe Sammelleitung entwässern, sind Rückstauklappen erforderlich, hinter jeder Pumpe im Druckrohr. Berechnung für die 1,5fache Höchstleistung. Für die Berechnung der Pumpen muß die Widerstandshöhe,

2*

die Geschwindigkeitshöhe und die statische Höhe beachtet werden. Geschwindigkeit nicht über 2 m, Gesamtdruck nicht über 50 bis 60 m.

Pumpenbetrieb deswegen, damit das Wasser schnell genug zur Zentrale zurückkommt, und zwar selbsttätig, um Bedienung zu ersparen.

Kleinere Gebäude können in ein Einheitsgefäß entleeren, namentlich wenn natürliches Gefälle zur Verfügung steht. Jedes Gebäude muß aber dann trotzdem einen eigenen Messer erhalten, die Pumpenenergie wird entsprechend den verbrauchten Wärmemengen auf die Anschlüsse verteilt.

Motoren sollen gekapselt sein, weil an solchen am wenigsten passiert.

Wärmemesser: Eigentlich sollte man den Dampf und nicht das Kondenswasser messen, also die Wärme vor dem Verbrauche und nicht hinterher. Dampfmesser sind aber zur Zeit noch zu ungenau und zu unbequem. Zur Kontrolle wird empfohlen, in der Zentrale einen Hauptwassermesser aufzustellen. In Barmen zeigt derselbe nur 2 bis 3% abweichend gegenüber der Summe der Angaben in den einzelnen Häusern.

Natürlich darf Wasser nicht vor dem Messer entnommen werden, die Abnehmer sind auf das Strafbare einer solchen Handlungsweise entsprechend hinzuweisen.

Das Kondenswasser der Straßenleitungen wird zweckmäßig in die Gebäude geführt. In Barmen wird dieses Wasser vor dem Wärmemesser eingeführt, der betreffende Abnehmer zahlt also die Straßenverluste unmittelbar selbst. Eine solche Einrichtung kann nicht empfohlen werden, weil dann die der Zentrale am nächsten liegenden Abnehmer verhältnismäßig viel für Straßenverluste zu zahlen haben. Am besten wird dieses Kondenswasser hinter dem Wärmemesser eingeführt, der entsprechende Betrag also auf die allgemeinen Unkosten geschlagen.

Vor dem Hauptschieber der Dampfleitung jedes Gebäudes wird zweckmäßig eine Einrichtung zur Ent- und Belüftung der Straßenleitung angebracht.

Wesentlich einfacher sind die Hausanschlüsse bei Warmwasserverteilung. Sind in den Gebäuden Schwerkraftheizungen vorhanden, so genügt es, die Fernleitungen an die zu diesem Zwecke vorzusehende Verbindung zwischen Vorlauf und Rücklauf heranzuführen. Ist ein höherer Umtriebsdruck nötig (ehemalige Pumpenheizung), so wird ein Wasserstrahlapparat in den Vorlauf eingebaut.

g) Fernleitungen.

1. Dampfdrücke, Wassertemperaturen und Berechnungen.

Bei Dampfleitungen ist der Anfangsdruck möglichst hoch zu nehmen, bei reinen Heizwerken 12—15 at, bei Heizungskraftwerken nicht unter 2 at bei —20° Außentemperatur. An den Entnahmestellen müssen im letzteren Falle mindestens 0,3 at herrschen. Bei Heizungskraftwerken sollte man daher das Rohrnetz für 1 at Anfangsdruck und den Wärmebedarf bei 0° berechnen, für die wenigen Tage, an denen die Außentemperatur tiefer ist, aber eine Wärmepumpe vorsehen, die den Druck bis auf 2 at steigern kann.

Die in einem Falle durchgeführten Berechnungen haben z. B. ergeben, es muß der Anfangsdruck sein bei

$$
\begin{array}{rl}
+20° & \ldots\ldots 0,00 \text{ at} \\
+15° & \ldots\ldots 0,42 \text{ ,,} \\
+10° & \ldots\ldots 0,56 \text{ ,,} \\
+ \ 5° & \ldots\ldots 0,72 \text{ ,,} \\
0° & \ldots\ldots 0,90 \text{ ,,} \\
- \ 5° & \ldots\ldots 1,12 \text{ ,,} \\
-10° & \ldots\ldots 1,37 \text{ ,,} \\
-15° & \ldots\ldots 1,65 \text{ ,,} \\
-20° & \ldots\ldots 2,00 \text{ ,,}
\end{array}
$$

Bei Verteilung der Wärme durch Wasser kann man offene Systeme wählen, aber auch das geschlossene, also die Temperaturen beliebig über 100° steigern. Im letzteren Falle werden die Rohrleitungen für die gleiche Wärmemenge erheblich kleiner, auch kann man in diesem Falle Dampfheizungen betätigen. Man muß aber andererseits auf den Vorteil der generellen Regelung verzichten, auch ist der Schaden im Falle einer Undichtigkeit der Rohrleitung beträchtlich.

2. Anlage des Rohrnetzes.

Die Rohrleitung ist grundsätzlich so zu führen, daß möglichst viel große Einheiten auf kürzestem Wege erfaßt werden, weiter, daß etwaige Niveaudifferenzen in den Straßen leicht überwunden werden, und endlich, daß größere Umlegungen von Gas-, Wasser- oder Kabelleitungen nicht nötig werden.

In letzterer Beziehung ist zu beachten, daß man derartige Hindernisse meist erst sieht, wenn die Straßen aufgenommen werden. Die betreffenden Pläne sind meistens unvollständig. Ob man bei der Beseitigung eines Hindernisses dieses verlegen soll, oder ob man andererseits mit dem Heizungsrohr dem Hindernisse aus dem Wege geht, muß von Fall zu Fall entschieden werden. Jedenfalls verteuern solche Hindernisse die Ausführung erheblich, wie der Vergleich zwischen Hamburg und Kiel gelehrt hat. Die Frage, ob Verzweigungsleitung oder Ringleitung genommen werden soll, ist wohl dahin zu beantworten, daß am besten die Verzweigungsleitung ist, die an den Enden ringförmig geschlossen wird.

Eine Verlegung unter dem Bürgersteig hat bisweilen Vorteile, weil dann der Straßenverkehr nicht gestört wird, andererseits aber sind Gas-, Wasser- und Kabelleitungen für die Hausanschlüsse sehr im Wege, man hat auch keine Bewegungsfreiheit für die Längenausgleicher.

Wo es möglich ist, soll man die Hauptleitungen durch die Keller der angeschlossenen Gebäude führen. Die Kosten für die Kanäle entfallen dann, die Verlegung der Rohre ist einfacher, sie sind stets zugänglich, die Wärmeverluste kommen dem betreffenden Gebäude zugute. Andererseits sind Gefahren für das Gebäude mit einer solchen Verlegung nicht verbunden. Manche Gebäude, z. B. Banken, dulden indessen Fernleitungen in ihren Kellern nicht.

Doppelleitungen mit Verbindungsstutzen und Straßenschiebern geben eine große Betriebssicherheit, da man einzelne Leitungsstücke ausschalten kann, auch gestattet eine solche Ausführung eine bessere Anpassung an den jeweiligen Wärmeverbrauch. Indessen ist sie sehr teuer, und andererseits ist die Betriebssicherheit hier nicht von so großer Bedeutung, weil es sich nur um verhältnismäßig kleine Drücke handelt, weil die einzelnen Zweigleitungen doch absperrbar sind, weil auftretende Undichtigkeiten zunächst nur wenig Bedeutung haben und noch auf längere Zeit behelfsmäßig gedichtet werden können, und weil endlich die Kanäle schnell aufgenommen werden können.

Mit den Dampfleitungen kann man auch bei ansteigenden Straßen parallel der Straßendecke weitergehen, da in den weiten Rohren der Einfluß des gebildeten Kondenswassers nur gering ist.

Die zugehörige Kondensleitung wird am besten neben die Dampfrohre gelegt.

Bei Warmwasserverteilung ist auf die Lage des Ausdehnungsgefäßes zu achten. Von dieser hängt der Betriebsdruck der Anlage ab.

III. Ausführung.

a) Material und Verbindung der Rohrleitungen.

Bis 340 mm lichte Weite empfiehlt sich das handelsübliche starkwandige Patentrohr mit $7^1/_2$ mm Wandstärke, darüber hinaus geschweißte Rohre von etwa 7 mm Wandstärke. Für diese Rohrweiten gibt es auch nahtlose Rohre, deren Verwendung indessen unnötig verteuert. Genietete Blechrohre sind billiger, halten aber bei der ungleichmäßigen Erwärmung in den weiten Rohren nicht dicht. Die Rohre werden in Längen von 12 m geliefert. Die Verbindung erfolgt durch Schweißen, nachdem die Rohre sachgemäß gelagert sind. Flanschen soll man nur in Ausnahmefällen zulassen, z. B. ist in Barmen nur je ein Flansch im Kesselhaus und an den einzelnen Verbrauchsstellen vorhanden.

Die Kondensleitung sollte man in jedem Falle aus Kupfer herstellen. Die Mehrkosten kommen gegenüber den Gesamtanlagekosten wenig in Frage, die Vorteile sind aber bedeutende.

b) Ausführung der Kanäle und der übrigen Mauerarbeiten.

Begehbare Kanäle verteuern die Anlage viel zu sehr, sind auch völlig unnötig, wegen der großen Wärmeverluste sogar schädlich. Die Kanäle sollen also nur so groß ausgeführt werden, daß die Rohre gerade darin Platz haben, die Bauart muß aber so sein, daß die Rohre leicht montiert und gegebenenfalls bequem ausgebessert werden können. Für gewöhnlich wird es am besten sein, die Kanalsohle an Ort und Stelle in Eisenbeton zu stampfen und bügelförmige Stücke aus Eisenbeton darüber zu stülpen, mit Knaggen an den Seiten, um sie mittels Treibebock leicht ein- und ausbringen zu können. Die Sohle soll nach der einen Seite hin Gefälle haben, so daß hier eine Wasserrinne entsteht, Sohle und Deckel werden mit Nut und Feder verbunden. Die wagerechten Fugen werden außen mit Ton abgedichtet, die senkrechten mit Dachpappe.

Diese Kanäle müssen die größte vorkommende Deckenbelastung aushalten. Die größte Deckenbelastung wird durch das Befahren mit Straßenwalzen gegeben. Eine solche Walze wiegt etwa 23 t, die vordere Walze etwa 11 t. Das Gewicht verteilt sich auf etwa 2 qm, so daß die Bauart mindestens 6 t/qm aushalten muß.

Bei Grundwasser ist der Kanal in Klinkern mit Zementmörtel aufzumauern, eventuell ist während des Baues Wasserhaltung auszuführen.

Als Deckung genügen 40 cm, nämlich 22 cm Kies und 18 cm Kopfsteinpflaster. Ist die Deckung größer, verteilt sich die Last besser, so daß die Decken leichter ausgeführt werden können.

Für die Montage werden die Rohre streckenweise mittels Treibebock auf die Kanalsohle eingelassen, sachgemäß gelagert, geschweißt, abgedrückt und isoliert. Alsdann wird die Haube darüber gesetzt, abgedichtet und die Erde aufgefüllt.

Von den übrigen Maurerarbeiten kommen in Frage die Kammern für die Längenausgleicher, Einsteigeschächte, Schaulöcher, Ventilstuben.

c) Lagerung und Ausdehnung der Rohre.

Kugellager und Rollenlager setzen sich sehr bald durch Rost fest, so daß dann doch gleitende Reibung eintritt. Es werden daher am besten auf der Kanalsohle in geeigneten Abständen gußeiserne Lagerplatten eingelassen, auf denen Schlitten oder Böcke gleiten, die mit dem Rohre verschweißt werden.

Von großer Wichtigkeit ist es, die Ausdehnung der Rohre unschädlich zu machen. Die Ausdehnung beträgt für 1 m und für 100° 1,3 mm. Sie ist daher von Fall zu Fall zu berechnen, die Kanaltemperatur wird angenommen.

Die natürliche Ausgleichung, also die durch geeignete Rohrführung herbeigeführte, ist am besten. Gegebenenfalls kann man sie herbeiführen, indem man mit der Leitung die Straßenseite wechselt. Eine solche Ausführung ist aber teuerer als besondere Längenausgleicher, auch wird während des Baues dann der gesamte Straßenverkehr stillgelegt. Von den besonderen Ausgleichern seien zunächst die Stopfbuchsenausgleicher genannt. Bei bester Ausführung mit Bronzerohr und Metallpackung können sie für größere Rohrdurchmesser verwandt werden. Sie müssen aber beständig unter Aufsicht bleiben, also gut zugänglich angeordnet werden.

Weiter sind die Rohrbogen zu nennen, sei es in Lyraform oder in Hornform. Die ersteren reißen leicht an den Flanschen und im Scheitel des Bogens, die zweiten haben diesen Übelstand nicht, verlieren aber Gefälle von einer Rohrweite. Neuerdings sind Rohrbogenausgleicher aus Faltenrohren auf den Markt gekommen, die eine besonders große Ausdehnungsfähigkeit haben. Rohrbogenausgleicher besitzen eine große Platzbeanspruchung, vielfach sind sie in Straßen überhaupt nicht unterzubringen, die Maurerkosten sind erhebliche.

Weiter kommen die bekannten Stahlschläuche in Frage, ihre Wandstärke ist aber für diesen Verwendungszweck zu dünn, nicht der Drücke wegen, sondern weil sie der Verrostungsgefahr unterliegen.

Günstig scheinen für diesen Zweck Wellenrohre zu sein, sie nehmen sicher einen Schub von 50 mm auf. Die Rostgefahr kann durch einen geeigneten Anstrich gemindert werden, außerdem sollte man sie in jedem Sommer um den Abstand zweier Schraubenlöcher weiterdrehen, weil die Wellen unten durch stehengebliebenes Wasser und oben durch Luft der Rostgefahr besonders ausgesetzt sind.

d) Absperrungen.

Für die Absperrung sind möglichst Ventile von geringem Widerstand benutzen. Es kommen in Frage Schieberventile, die geradlinigen vollen Durchgangsquerschnitt besitzen, weiter das Ideal-Absperrventil von Borsig und endlich die Koswaventile. Die letzteren besitzen einen sehr geringen Widerstand, die Spindel baut aber unter 45% und ist verhältnismäßig lang, so daß die Anordnung mitunter Schwierigkeiten bereitet.

Die früher empfohlenen Selbstschlußventile bei Rohrbrüchen haben sich nicht bewährt und kommen daher nicht in Frage.

e) Wärmeschutz.

Auf einen guten Wärmeschutz ist besonderer Wert zu legen, der Wärmeschutz darf höchstens 10% Verlust bei 0° Außentemperatur, also 5% Verlust bei —20° Außentemperatur zulassen. In den ersten Strecken bei der Zentrale ist gelegentlich mit überhitztem Dampf zu rechnen, so daß der Wärmeschutz hier gegen Verbrennung gesichert sein muß. Filz und Seide kommen für solche Leitungen nicht in Frage, sie sintern zusammen oder faulen, die Rohre bleiben ja nicht zugänglich, und in den Kanälen ist stets mit feuchter Luft zu rechnen. Es muß daher schon mit einem weniger empfindlichen Wärmeschutz gerechnet werden. Für gewöhnlich dürfte ein Unterstrich von Kieselguhr 5 mm oder stärker in Frage kommen, darüber eine Doppellage Kork, je 20 cm stark. Der Kork soll nicht imprägniert sein, weil hier mit großer Feuchtigkeit nicht zu rechnen ist, durch die Imprägnierung aber der Wärmeschutz leidet. Die beiden Lagen werden mit Draht verschnürt und dann mit Kieselguhr abgeglättet. Gips zur Abglättung ist der Feuchtigkeit wegen zu vermeiden, darüber kommt, wie üblich, Bandage und Anstrich. Die Kondensleitung muß in jedem Falle ebenfalls isoliert werden, die Wärmeverluste würden zu groß sein. Es genügt aber eine Lage Kork ohne Unterstrich.

Ventilstöcke, Ventile, Verteiler usw. müssen trotz der verwickelten Oberfläche gegen Wärmeverluste geschützt werden, zumal wenn sie in den Straßenleitungen angebracht sind. Hier haben sich sog. Glasmatten bewährt, nämlich engmaschiges, verzinktes Drahtgewebe außen, innen Messinggewebe, dazwischen 30 mm starkes Glasgespinst, von Fall zu Fall zugeschnitten und mit Haken und Ösen versehen, so daß sie leicht aufgebracht, gegebenenfalls ohne Beschädigung wieder entfernt werden können.

f) Gesetzliche Bestimmungen.

Die bei der Einrichtung und dem Betrieb von Städteheizungen zu beachtenden gesetzlichen Bestimmungen und Vorschriften sind:

Reichsgewerbeordnung vom 1. Juli 1883 § 16 bis 25. — Gesetz vom 3. Mai 1892, die Einrichtung und den Betrieb der Dampfkessel betreffend. — Dampffaßverordnung. — Ausrüstung und Überwachung dampfbeheizter Warmwasserbereiter vom 22 Mai 1925. — Sicherheitsvorschriften für Niederdruckwarmwasserheizungen vom 5. Juni 1925. — Baupolizeiverordnungen der Gemeinden. — Entwässerungspolizeiliche Vorschriften. — Eigentumsvorbehalt. — Sicherung gegen Diebstahl von Wärme — Enteignungsrecht.

IV. Betrieb.

a) Verkauf und Messung der Wärme.

Die gerechteste Festsetzung der Verkaufskosten geschieht an sich durch Messung der verbrauchten Wärme Bei Fernwarmwasserheizungen durch Messung der umlaufenden Wassermengen mittels Wassermessers und gleichzeitiger Temperatur-Differenz-Aufschreibung zwischen Vor- und Rücklauf, bei Ferndampfheizung mittels Dampfmessers oder Kondensatmessers. Schwierigkeiten durch die Messungsmethode entstehen insofern, als eigentliche Wärmemengenmesser, die unmittelbar die Wärmeeinheiten anzeigen, nicht existieren und als zu den Meßergebnissen noch gewisse Erfahrungszuschläge für Verluste in den Fernleitungen, bei Dampfmessern außerdem für Verdunstungsverluste des Kondensats Sicherheitszuschläge zu machen sind. Ferner erfordert die Messung viele Personalunkosten für rechnerische Auswertungen, da mit dem Meßergebnis noch nicht der Verkaufspreis, sondern nur die Verkaufsmenge erfaßt ist. Der Preis ist direkt proportional abhängig zu gestalten von dem schwankenden Kohlenpreis, den Löhnen, dem sich ändernden Zinsendient, sowie indirekt proportional der Höhe der entnommenen Wärme und Dampfmengen, und muß auch einen angemessenen Verdienst enthalten. Überdies ist die Preisgestaltung noch beeinflußt von der Art des Betriebes, ob reines Frischdampfwerk oder kombiniertes Heizkraftwerk. Letzteres ergibt noch mehr Schwierigkeiten, denn die gerechte Verteilung der anfallenden Unkosten für Brennstoffe, Bedienung und Zinsen auf die Wärmebezieher (bzw Abwärmebezieher) und die Strombezieher ist wohl theoretisch leicht durchführbar, praktisch aber sehr kompliziert und unter Umständen anfechtbar. Aus diesen Erwägungen heraus ist man, ähnlich wie früher bei den Elektrizitätswerken, trotz der Gefahr der Wärmeverschwendung zur pauschalen Festlegung der Verkaufskosten übergegangen. Hierbei könnte man von dem Rauminhalt (Kubikmeter) der beheizten Räume (z. B. 40—60 Pf. jährlich) von der Grundfläche (Quadratmeter) der beheizten Räume, von der Zahl der Quadratmeter der angeschlossenen Heizkörper (Cleveland 5 M./qm) oder auch von der Zahl der angeschlossenen Räume ausgehen. Für die Ausbreitung und Einführung der Fernheizwerke bei dem großen Publikum ist die einfache pauschale Festlegung des Verkaufspreises ohne jedwede Schikane von großer Bedeutung. Am meisten dürfte dieser Forderung der Verkauf nach Kubikmeter beheizten Raumes entsprechen, wobei neben den schwankenden Kohlenpreisen, Löhnen und Zinssätzen noch die mittlere Außentemperatur und die wärmetechnischen Eigenheiten des Gebäudes (einfache oder Doppelfenstser, frei stehend oder angebaut usw.), letztere einmalig, Beachtung finden müssen. Auf alle Fälle muß der so festgesetzte pauschale Einheitspreis für den Kubikmeter Heizraum möglichst unter den ortsüblichen Kosten der Ofenheizung und Einzelzentralheizung bleiben, da gerade für den Anfang bei den Laien hierin die Vorteile der Fernheizung am sinnfälligsten in Erscheinung treten. Die Abrechnung und die Zahlung der Wärme erfolgt am besten allmonatlich an Hand einer vorzulegenden Rechnung einfachster Form.

b) Wärmelieferungsverträge.

Der Wärmelieferungsvertrag hat den Zweck, die rechtlichen Verhältnisse zwischen dem Wärmelieferer und dem Wärmebezieher festzulegen. Es darf dabei prinzipiell nicht in den heute vielfach anzutreffenden Fehler verfallen werden, das gegenseitige Verhältnis durch eine Un-

zahl von verklausulierten Paragraphen und allerlei spitzfindigen Hinter-
türen zu einem von vornherein unerquicklichen zu gestalten. Gesundes
Vertrauen muß neben den allernotwendigsten wirtschaftlichen Sicherungen das Leitmotiv für die Grundsätze des Vertrages bilden. Da der
Wärmelieferer sich mit der Gestaltung seiner technischen Einrichtungen
auf einen bestimmten Umfang und für eine bestimmte Zeit festlegen
muß und auch beim Einkauf der Jahresbrennstoffmengen hiervon abhängig ist, so muß er sich im Vertrag mit dem Wärmebezieher den Bezug von Wärme auf eine bestimmte Zeit, etwa 10 Jahre, ausbedingen.
Ferner muß er sich das Recht der Nachkontrolle der angeschlossenen
Heizkörpergrößen oder der Raumkubikmeter sichern, das Recht der Be-
triebsart (Stoßbetrieb) je nach den vorliegenden Betriebsverhältnissen,
das Recht der Absperrung bei Nichterfüllung der festzulegenden Zah-
lungsbedingungen, das Recht der Preiserhöhungen und -minderungen je
nach Marktlage des Kohlen-, Geld- und Lohnpreises, das Recht der Einstellung der Lieferung ohne Schadenersatz bei Fällen höherer Gewalt
(Naturereignissen, Rohrbrüchen, Kriegen, Streik usw.). Andererseits
kann der Wärmebezieher mit Fug und Recht im Vertrage verlangen,
daß die Wärmelieferung anfängt, sobald die Außentemperatur während
der Heizperiode unter das den regelrechten Aufenthalt in Wohnräumen
beeinträchtigende Maß herabsinkt, daß die Wärmelieferung von morgens
5 Uhr bis 11 Uhr abends zur Verfügung steht, und zwar in einer Stärke
(Dampfdruck), die mittels der vorhandenen Heizflächen die dauernde
Innehaltung normaler Zimmertemperatur ($+18$ bis $+20°$ C) gewährleistet, und daß die Kündigung des Vertrages nur innerhalb einer angemessenen Frist möglich ist, die den Wärmebezieher in den Stand
setzt, sich rechtzeitig nach einer anderen Wärmequelle umzusehen.
Streitigkeiten aus dem Vertrag sollen tunlichst nicht durch Juristen,
sondern durch unparteiische technische Sachverständige (Zivilheiz-
ingenieure) geschlichtet werden. Hat die Unternehmerin des Fernheizwerkes die örtliche Heizanlage selbst gebaut und zur Verfügung gestellt
(vgl. Fernheizwerk Dresden), so sind diesbezügliche vertragliche Fest-
legungen erforderlich.

c) Betriebsanweisung.

Bei der Betriebsanweisung wäre zu unterscheiden zwischen derjenigen für den Wärmeabnehmer, die eventuell als Anhang zum Liefe-
rungsvertrag anerkannt werden muß, und zwischen derjenigen für die
technische Betriebsführung des Fernheizwerkes. Erstere müßte An-
weisungen für die Art und die Zeit der Betätigung der Hauptzuführungs-
ventile inner- und außerhalb der Heizperiode, für das Verhalten bei
Nacht und Frost, bei Defekten (Wasserverlusten) und sonstigen Betriebsstörungen enthalten. Das Anheizen der angeschlossenen Gebäude erfolgt zweckmäßig in Gruppen. Termin und Dauer des Anheizens soll

kontraktlich festgesetzt werden. Die Betriebsanweisung für das Werk selber erfordert die bekannten Bestimmungen für Hochdruckdampfkessel und Vorschriften für eine möglichst sparsame Wärmewirtschaft. Bei Wasserheizungen Anpassen der Heiztemperaturen an die Außentemperaturen und atmosphärischen Verhältnissen (Wind, Regen), bei Dampffernheizungen weitgehendste Durchführung des stoßweisen Heizbetriebes, der mit seinen Nachwirkungen ebenfalls dem Wärmeabnehmer bekanntgemacht werden muß. Sind Einzelwasserheizungen und gleichzeitig einzelne Dampfheizungen an das Fernheizwerk angeschlossen, so muß durch zweckentsprechende Verteilung der Betriebsstunden beider Systeme der Vorteil der Wärmespeicherung der Wassersysteme gewährleistet sein. Bei Kraftheizwerken muß die Schaltungsmöglichkeit der Heizung herausgesucht und festgelegt werden, die den Auspuffdampf der Kraftmaschinen soweit wie möglich restlos verwertbar gestaltet. Die beste Gewähr für eine die Wirtschaftlichkeit des Unternehmens sichernde Betriebsführung ist gegeben durch einen verantwortlichen, technisch und praktisch durchgebildeten und erfahrenen Betriebsleiter.

d) Überwachung und Unterhaltung.

Diese hängen in vielen Punkten von der Art der Organisation ab, ob diese rein privatwirtschaftlicher oder gemischtwirtschaftlicher Natur ist unter Beteiligung der Behörden (Gemeindeverwaltungen) und der Wärmebezieher. Am besten dürfte die Form einer Aktiengesellschaft geeignet sein, da eine behördliche Betriebsorganisation hemmend und lähmend wirken würde. Außerdem ist eine Grundforderung für eine rationelle Überwachung und Instandhaltung: zentrale Anordnung aller erforderlichen Meßinstrumente, tägliche Ablesung und Auswertung derselben und systematische Führung einer Betriebsstatistik. Die Überwachung muß sich besonders auch mit eventueller Wärmeverschwendung der Wärmebezieher befassen und auf die dauernde Erhaltung der Fernleitungsisolierungen, der Längenausgleicher und Kondenstöpfe, der Wärmemesser usw. ihr Augenmerk richten. Bei Kraftheizwerken ist die dauernde Überwachung der rationellsten Betriebszeiten für die Kraftmaschinen eine dringende Pflicht.

V. Statistische Zahlen über ausgeführte Fernheizwerke.

Verteilung der Anlagekosten: 2,5% Zentrale — 43,6% Fernleitungen — 24,7% Kanäle (davon 26% Isolierung) — 29,2% Hausanschlüsse.

Fernheizwerk Dresden (Gesundh.-Ing. Festschrift 1907): 3,3 Mill. Mark Anlagekosten (1903/05).

Jährliche Ausgaben ohne Verzinsung und Amortisation: Brennstoffe 40% — Gehälter und Löhne 35% — Instandhaltung und Betriebsmittel 21%. — Geschäftsbedürfnisse 4% der Gesamtausgaben.

Preis für 100 000 WE: 80 Pf., für 1 kWh 40 Pf. Dresden — in Amerika gestaffelt: 2 M. bis 0,75 M.

Preis für 1 t Dampf: Deutschland 5—8 M., Frischdampf bis 15 M. — Amerika 12 M bis 4,50 M. gestaffelt.

Preis für 1 Kubikmeter beheizten Raum pro Jahr 40—60 Pf.

Fernheizwerk Hamburg: Betriebsergebnis 1923/24:

Erzeugt wurden 1,4 Mill. kWh und 21 Milliarden WE. Verbraucht wurden 6500 t Steinkohle. Ohne die Städteheizung würden 8900 t verbraucht worden sein.

Fernheizwerk Braunschweig: Kosten des Wärmebezuges: 10—12 M. für Großabnehmer, 15—18 M. für Kleinabnehmer für 1 Million WE.

Verhandlungen.

Bemerkung der Herausgeber.

Bei der Eigenart des Themas war es nicht angängig, sich in der Aussprache genau an die Folge der Leitsätze zu halten. Auch waren Wiederholungen nicht zu vermeiden. Es entstand nun die Frage, ob es zweckmäßig gewesen wäre, den folgenden Bericht über die Verhandlungen streng an die Leitsätze anzupassen und alle Wiederholungen auszumerzen. Nach genauerer Betrachtung haben wir hiervon Abstand genommen. Abgesehen davon, daß die Reden dann nicht in chronologischer Reihenfolge hätten wiedergegeben werden können, wäre ihr Zusammenhang oft auseinandergerissen worden. Die Lebendigkeit der Aussprache, die oft in einem Frage- und Antwortspiel bestand, wäre nicht in Erscheinung getreten. Vieles, was an sich wertvoll ist, hätte unterdrückt und manches neu redigiert werden müssen.

Wir haben es deshalb vorgezogen, den Text gemäß der Reihenfolge der Reden zu gestalten. An einzelnen Stellen haben wir die uns zugegangenen schriftlichen Äußerungen eingefügt.

1. Tag. Freitag, den 24. 10. 26, Vormittagssitzung.

Nach den einleitenden Worten des Herrn Dr. Marx nahm das Wort:

Magistratsbaurat Schmidt, Charlottenburg: Meine Herren! Nach den trefflichen einleitenden Worten des Herrn Dr. Marx erübrigt sich meines Erachtens jedes weitere Eingehen auf allgemeine Gesichtspunkte. Ich möchte daher sofort in die Besprechung der Einzelheiten der Leitsätze eintreten. Man begegnet oft der Meinung, daß bei Heizkraftwerken die Maschinenanlage billiger werde, und zwar hinsichtlich Anlagekosten und Bedienung, weil der Kondensator wegfallen könne und einfachere Maschinen Verwendung fänden. Ich meine, der Kondensator wird nicht immer wegfallen können, denn wie Sie wissen, fällt die Spitzenleistung der Elektrizitätswerke mit der der Heizwerke zeitlich fast niemals zusammen. Infolgedessen muß das Elektrizitätswerk in der Lage sein, seine Maschinen zum großen Teile mit Kondensation betreiben zu können. Der Kondensator wird also da sein müssen, vielleicht nicht in der Größe, die für die ganze Maschinenanlage von Rechts wegen zuständig wäre, aber wegfallen darf er nicht. Ich habe gerade in der letzten Zeit ein größeres Fernheizwerk durchgerechnet, und zwar ein solches für mehrere 100 Millionen WE, bzw. darüber Verhandlungen gepflogen. Wir sind dabei dazugekommen, die Kondensationsanlagen unter keinen Umständen wegfallen zu lassen. Die Kondensationsanlage wird ja auch schon für die Übergangszeit gebraucht.

In den Leitsätzen steht: „Ein Vorteil der Städteheizung ist endlich die Verringerung der Rauch- und Rußplage." Es ist bekannt, daß gerade durch die Rauch- und Rußentwicklung die eisernen Brücken und sonstigen großen Bauten sehr geschädigt werden. Ich möchte ein Beispiel dafür anführen. Hier in Charlottenburg ist eine Brücke, die eine Überführung über eine Bahnstrecke bildet unter der also beständig Lokomotiven hinwegfahren. Die Brücke besteht vielleicht 10—15 Jahre und ist aus Eisen. Jetzt mußte das ganze Eisengerippe erneuert werden, weil durch den Rauch der Lokomotiven und durch die Abgase der Lokomotivfeuerungen die Träger der Brücke derartig angefressen sind, daß eine direkte Gefahr für den Verkehr besteht.

Nun wird ja die Rauch- und Rußplage bei Anlagen, die mit Koks befeuert werden, nicht so erheblich sein wie bei Anlagen, die mit Braun- oder Steinkohle gefeuert werden. Ich möchte hierbei aber doch erwähnen, daß außerdem für die Allgemeinheit und vor allen Dingen für die Stadtverwaltungen ganz bedeutende Vorteile dadurch entstehen, daß die Anfuhr der Brennstoffe und die Abfuhr der Rückstände nicht mehr in dem Maße bzw. in der Weise bei der Stadtheizung geschehen wird wie bei einzelnen Zentralheizungen. Überlegen Sie sich, wenn Sie ein Stadtheizwerk von ungefähr 50 Mill. WE haben. Dazu gehören im Jahr rund 500 000 Zentner Brennstoff, die sonst durch die Stadt gefahren werden müßten, das sind 5000 Fuhren à 100 Zentner. Wenn die Straßen, und vor allen die Hauptverkehrsstraßen in den großen Städten von derartigen Lastfuhrwerken entlastet werden, so ist dies ein bedeutender Vorteil, der der Allgemeinheit zufließt. Es ist wohl den meisten von Ihnen bekannt, daß die Unterhaltung der Straßen den Städten bedeutend mehr kostet als die Unterhaltung der öffentlichen Gebäude. Infolgedessen muß jedes Mittel begrüßt werden, wodurch die Straßen von den Lastfuhrwerken befreit werden können, und Sie wissen, daß gerade die Brennstoffe und die Aschenfuhrwerke mit zu den schwersten Fuhrwerken gehören, die in den Straßen erscheinen.

Dann auf Seite 9 heißt es: „Bei Anlage neuer Stadtteile müssen neben Wasser und anderen Leitungen auch schon Kanäle für die Aufnahme von Heiz- und Warmwasserleitungen planmäßig vorgesehen werden." Das ist sehr schön, wenn man es machen kann. Aber ob man die Kanäle in der dann vorhandenen Form wird gebrauchen können, wenn sie wirklich mal gebraucht werden sollen, das ist mir etwas zweifelhaft. Jedenfalls müssen dann zum mindesten derartig große Einsteige- (Montage-) Kammern in den Straßen vorgesehen werden, daß man die

Rohrleitungen auch wirklich hineinbringen kann. Wenn man, wie es jetzt modern ist, die Rohrleitungen zusammenschweißt, so wird man doch größere Strecken auf den Straßen sowieso aufreißen müssen, um die Rohrleitungen wirklich in die Kanäle einlegen zu können, oder man wird so lange Montagekammern vorsehen müssen, daß man in ihnen mehrere Rohrleitungen zusammenschweißen, isolieren und auch abdrücken kann. Es genügt ja nicht, die Rohrleitungen in die Kanäle einzulegen und zu isolieren, sondern diese müssen mit 20—25 Atm. und noch mehr Kaltwasserdruck abgedrückt werden. Wenn Sie aber das Rohr nicht wirklich allseitig besehen können, also an alle Schweißstellen nicht herankommen können, dann hat die ganze Abdrückerei nicht viel Zweck. Deswegen wird es wohl meiner Meinung nach nicht ohne weiteres günstig sein, wenn man bei der Anlage von neuen Stadtteilen schon Kanäle für die Aufnahme von Heiz- und Warmwasserleitungen vorsieht. Anders wäre es, wenn es bautechnische Vorschriften gäbe, wonach jeder Hausbesitzer bei jedem Neubau vor dem Hause ein Stück großen Straßenkanals von 2mal 2 m im Querschnitt herstellen müßte, und in diesem Kanal könnten dann nicht nur die Heizleitungen, sondern auch die Wasser- und die elektrischen Leitungen, vielleicht auch die Gasleitungen und die Abflußleitungen von vornherein vorgesehen werden. Es ist Ihnen bekannt, daß man in Hamburg vor Jahren einmal angefangen hat, derartige große Straßenkanäle vorzusehen. Es gibt dort eine sehr lange Straße, die Kaiser-Wilhelm-Straße, die vollkommen unterkellert ist, wo in diesem großen Straßenkanal sämtliche Rohrleitungen, Kabel usw. Platz finden. Das war ein Grund mit, weswegen das Fernheizwerk sich dort so günstig hat herstellen lassen, weil man eben bereits einen vollkommenen Kanal vorgefunden hat (Beifall).

Dipl. Ing. Otto Ginsberg (Beratender Ingenieur, Hannover): Meine Herren! Ich möchte mich nicht mit der Wiederholung von Selbstverständlichkeiten aufhalten. Selbstverständlich ist, daß der Bau von Städteheizungen einen großen kulturellen Fortschritt in jeder Beziehung bedeutet. Es sind hier eine ganze Reihe von Vorteilen angeführt worden, die eine Städteheizung hat. Selbstverständlich können Städteheizungen diese Vorteile haben, aber nicht unbedingt bringt jede Städteheizung tatsächlich diese Vorteile. Unsere Aufgabe ist es, zu untersuchen, inwieweit diese Behauptungen der Leitsätze zutreffen und welche Verhältnisse maßgebend dafür sind, daß sie erreicht oder nicht erzielt worden sind. Ich muß bei der Gelegenheit auf einige spätere Absätze Bezug nehmen, um zu zeigen, daß tatsächlich stellenweise die Vorteile nicht eingetreten sind.

Bei allen Veröffentlichungen über Städteheizungen fehlen bisher leider Betriebsangaben, so daß es uns nicht möglich war, auf Grund authentischer Zahlen irgendwelche Untersuchungen, z. B. über das Braunschweiger Städteheizwerk, anzustellen.

Der Ausschuß für die heutige Tagung hat eine ungeheure Arbeit geleistet und hat das Verdienst, zum ersten Male Material beigebracht zu haben, das von jeder Beschränkung frei kritiert werden kann, und da möchte ich an Hand einiger Zahlen, die hier angegeben sind, zeigen, daß Ersparnisse tatsächlich nicht immer erzielt werden, und ich fürchte, daß sie auf dem bisher beschrittenen Wege auch oft nicht erzielt werden können. Unsere Aufgabe wird es sein, Mittel und Wege zu finden, um die Vorteile tatsächlich zu erzielen. Hier sind zum ersten Male Betriebsergebnisse über das Städteheizwerk Hamburg angegeben, und außerdem sind im letzten Absatz allgemeine statistische Zahlen enthalten, welche eine Gesamtbeurteilung der Erfolge gestatten. Wir haben aus einzelnen Berichten, sagen wir es ruhig, von Interessenten gehört, daß das Städteheizwerk so viel Nutzen abgeworfen habe, daß aus dem Nutzen die Erweiterungen gebaut werden konnten diese also eigentlich kostenlos erfolgt seien, und daß es zu erwarten sei, daß weiterhin ganz ungeheure Vorteile entstehen werden.

Es wird uns angegeben, daß im Betriebswinter, der zugrunde gelegt worden ist, 1,4 Millionen kWh an Strom verkauft worden sind und 21 Milliarden WE in der Zentrale erzeugt wurden (Seite 29 der Leitsätze).

Es ist in den statistischen Zahlen auf Seite 29 angegeben, daß der Durchschnittspreis für eine kWh 80 Pfennig beträgt. Wir wollen annehmen, daß keine großen Abnehmer mit Rabatten vorhanden sind, — dann sind für die 1,4 Millionen kWh 560 000 Mark eingenommen und für die 21 Milliarden WE, die ja, wenn sie auch teilweise unterwegs in irgendeiner Form verlorengehen, dem Abnehmer doch angerechnet werden, die Million WE zu 8 Mark gerechnet, 168 000 Mark, zusammen 728 000 Mark. Davon sind ausgegeben für Kohle 6500 t, pro Tonne 30 M. (Zuruf: zu teuer!), — viel zu teuer ist es nicht, aber Sie können die Zahlen ja mit Leichtigkeit korrigieren, grundsätzlich ergeben sich da keine Verschiebungen. Rechnen wir die Tonne Kohle mit 30 M., so sind für Kohlen ausgegeben worden 195 000 M. Aus den Angaben auf der letzten Seite der Leitsätze sehen wir, daß von den Gesamtkosten für Kohle nur etwa 40% entfallen und die übrigen 60% auf Verwaltung, Instandhaltung usw. (Rufe: Amortisation!) Nein, die Tilgung und Verzinsung ist ausdrücklich von diesen statistischen Zahlen ausgenommen, das kommt noch hinzu und kann unter Umständen ausgeschaltet werden, weil ja immer so gerechnet wird: wir haben so gut wie kein Anlagekapital, die Zentrale ist vorhanden und schon abgeschrieben. Die Rohre und Kanäle sind eine Sache für sich. Wenn wir die Verwaltungskosten entsprechend zuschlagen, so kommen wir auf eine Gesamtausgabe von 485 000 M. Das gibt für die Aktionäre einen Überschuß von 243 000 M., eine ganz ansehnliche Summe, mit welcher man schon arbeiten kann.

Wie würde aber die Sache werden, wenn das Elektrizitätswerk einfach stillgelegt worden wäre, wie ursprünglich beabsichtigt war, und wenn der ganze Strom, der dort erzeugt wird, von der Großzentrale erzeugt würde, mittels moderner Kesselanlagen und hochwertigen Maschinen, die nur einen verhältnismäßig geringen Verbrauch haben, und wenn die ganze Abwärme, — was volkswirtschaftlich übrigens nicht richtig ist, — in den Fluß gejagt würde. Ich glaube kaum, daß Sie in einem neuen Großkraftwerk für 1 kWh mehr als 1 Kilogramm guter Steinkohle mit einem theoretischen Heizwert von 7—7500 WE aufwenden — das wären nur 12% der Wärme, die Sie in Strom überführen. Ich glaube, daß die Betriebsergebnisse in Großkraftwerken eher etwas niedriger werden als höher, wir wollen aber mit diesen Zahlen rechnen. Dann wären für die 1,4 Millionen kWh im ganzen aufzuwenden 1,4 Millionen kg Kohle, und selbst beim gleichen Preise der Kohle im Großkraftwerk hätten Sie für die ganze Stromversorgung nur 42000 M. aufzuwenden. Das Großkraftwerk verträgt die geringe Mehrleistung ohne weiteres, und ich glaube kaum, daß wir einen besonderen Aufschlag für Verwaltungskosten machen müssen, und da sehen wir, daß tatsächlich über 275000 M. an Gewinn entgangen sind, dadurch, daß das alte Kraftwerk weiterbesteht und nicht die Krafterzeugung in die Zentrale hineingelegt worden ist. Der Gewinn beträgt also 560000 — 42000 = 518000 M.

Es lohnte sich wohl, zu untersuchen, worauf das Ergebnis in Hamburg zurückzuführen ist. Ich will aber nur kurz darauf eingehen: wenn wir annehmen, daß in den Maschinen neben den 860 WE, die nutzbar in Strom umgesetzt werden, noch 1400 WE für die kWh verlorengehen, dann würden in den Kesseln für die kWh 17000 WE an Dampf erzeugt werden und wenn wir diese Zahl mit der Leistung multiplizieren, so sind in den Kesseln an Dampf rund 24 Milliarden WE im Betriebswinter erzeugt worden. Aufgewendet wurden 6500 t Kohle, die einen Wert von ungefähr 45$\frac{1}{2}$ Milliarden WE hatten, d. h., wir haben in den Kesseln einen Wirkungsgrad von durchschnittlich rund 50% gehabt. Daß man bei solchem Wirkungsgrad des Kessels eine vorteilhafte Wärmewirtschaft nicht erwarten kann, dürfte ohne weiteres einleuchten. Ich will mich auf diese Zahlen beschränken.

Ich glaube, Ihnen damit bewiesen zu haben, daß tatsächlich bei dem vorhandenen Kraftwerk eine Wirtschaftlichkeit in dem Sinne, wie wir sie verlangen müssen, nicht erzielt wurde. Braunschweig hat noch keinen ganzen Betriebswinter hinter sich, kann also noch keine vollständigen Angaben machen. Auch für Kiel fehlen die Betriebsergebnisse. Ich vermute aber, daß in beiden Fällen die Verhältnisse noch etwas ungünstiger liegen. Ich glaube nicht, daß bei den bisher ausgeführten Anlagen eine bessere Wirtschaftlichkeit herauskommt. In welcher Weise wir es besser machen, das muß einem späteren Abschnitt vorbehalten bleiben (Beifall).

Ober-Ing. Tilly: Herr Ginsberg hat auf Braunschweig exemplifiziert und von einer gewissen Geheimniskrämerei gesprochen. Ich bin auch in

Braunschweig gewesen und habe mir nicht, wie Herr Ginsberg sich aus-
drückte, den Mund verbinden lassen, sondern in unserem Mitteilungsblatt
über die Besichtigung des Städteheizwerkes referiert; in meinem Bericht
sind nachdenkliche Betrachtungen angestellt, die durchaus kritisch ge-
färbt waren, und ich habe alle Veranlassung, Herrn Dipl.-Ing. Kloos vom
Braunschweiger Elektrizitätswerk dankbar zu sein für die Offenherzig-
keit, mit der er uns seine Erfahrungen mitgeteilt hat (lebhafter Beifall).

Baurat Oslender: Meine Herren! Es bleibt nicht aus, daß wir uns
immer unter Bezug auf die Ausführungen der Vorredner äußern. Dadurch werden die Verhandlungen allerdings etwas erschwert, indem die
Tagesordnung nicht ganz eingehalten wird. Aber wir sind hierher gekommen, um uns auszusprechen, und wenn einer der Herren Redner
etwas ausführt, was der andere nicht billigen kann, dann ist es doch
unsere Pflicht, darauf aufmerksam zu machen (sehr richtig!), und so
beginne ich mit dem, was Herr Dipl.-Ing. Ginsberg gesagt hat.

Herr Ginsberg ging davon aus, daß 1 kWh = 1 kg Kohle ist, und daß
das in Großkraftwerken so ist. Meine Herren! Das ist ein Irrtum, in
Großkraftwerken ist das ganz anders. Die Vereinigung deutscher Elektrizitätswerke hat im Juni dieses Jahres eine Versammlung in München
abgehalten, und da hat der geschäftsführende Direktor, Herr Dr. Passa-
vant erklärt, daß wir bei den Großkraftwerken, und zwar bei der Verwendung von Dampfturbinen so weit gekommen sind, daß wir für 1 kWh
0,6 kg Kohle aufwenden (Unruhe).

(Zuruf: In Zukunft rechnen wir damit; aber wir haben jetzt in den
Turbinen noch nicht einen so geringen Dampfverbrauch!)

Ich habe das in dem Bericht gelesen, der in der „Wärme" veröffentlicht worden ist. (Zuruf: Das kommende Kraftwerk, nicht das heutige!)

Meine Herren! Wenn wir nicht weiter kämen bei unseren Kraftheizwerken, dann brauchten wir eine weitere Verhandlung über diese Frage
nicht zu führen, dann wären alle Heizkraftwerke, die wir ausführen wollen,
nicht möglich, sie wären totgeborene Kinder, sie würden sich selber auf-
fressen. Wir müssen erheblich darunter kommen, und wir kommen erheblich darunter (Zurufe). Das sind keine Theorien, das sind Erfahrungen,
die ich Ihnen jeder Zeit nachweisen kann. Wir kommen bei sachgemäßer
Anlage der Heizkraftwerke, — ich lege den Ton auf Kraft, es sind also
solche Werke, die auch Elektrizität abgegen, — bei diesen Werken
kommen wir auf die Hälfte. Wir brauchen für 1 kWh 0,3 kg Kohle; das
ist für Anlagen mit vollständiger Abwärmeverwertung einwandfrei festgestellt worden. Wenn natürlich kein solches da ist, dann steigt der
Kohlenverbrauch entsprechend. Es ist aber unsere Sache, die Werke so
einzurichten, daß immer eine Abwärmeverwertung da ist, wenigstens für
die Zeit, wann geheizt werden muß. Es ist eine Kleinigkeit, das zu machen.

Dann, meine Herren, ist von Herrn Ginsberg gesagt worden, daß
in Hamburg die Kohlen 30 M. pro Tonne kosten. Dieser Preis gilt aber

nur für beste Ruhrkohle. Ich habe auch gerechnet, und zwar an Hand der Denkschrift, der Zahlen, die veröffentlicht worden sind, und ich habe gefunden, daß es sich in Hamburg bei den Betriebsergebnissen des Jahres 1923/24 höchstwahrscheinlich um englische Kohle gehandelt hat. Denn wenn Sie die Ziffern, die hier angegeben worden sind, übersetzen, die 21 Milliarden WE, die 1,4 Milliarden kWh. und die 6500 t Steinkohlen, dann kommen Sie auf eine Kohle, die einen Heizwert von etwa 4000 WE haben muß. Deutsche Steinkohle kann das nicht gewesen sein. Bei der Ruhrkohle liegt der Heizwert zwischen 6—8000 WE, es muß also eine minderwertige Kohle gewesen sein, und da das im Jahre 1923/24 war, so liegt es doch nahe, daß es sich um englische Kohlen gehandelt hat, zumal der Verbrauchsort Hamburg ist, das bekanntlich an der Wasserkante liegt, wo alles mit den Schiffen ankommt, und wo englische Kohle ohnedies verheizt wird. Wir haben in dieser Zeit am Rhein auch englische Kohlen bezogen, die wir untersucht haben auf ihren Heizwert, und wir haben festgestellt, daß diese englische Nußkohle rund 4000 WE theoretischen Heizwert hat. Es wäre doch sehr einfach, in Hamburg anzufragen — vielleicht ist ein Vertreter aus Hamburg hier — ob das so ist. Auf diesem Umstand beruht der geringe Wirkungsgrad der Kesselanlage. Wenn ich es mit einer minderwertigen Kohle zu tun habe, dann geht der Wirkungsgrad natürlich herunter. Daß die Hamburger Herren Kesselanlagen bauen, die nur 50% Wirkungsgrad haben, das kann ich mir nicht vorstellen. — Nun, es ist ja auch gut, wenn man auf andere Elektrizitätswerke und ihre Betriebsergebinisse, die früher veröffentlicht worden sind, zurückgreifen kann. Es wird Sie interessieren, wenn ich Ihnen von Krefeld mitteile, daß da für Verzinsung und Tilgung 40% ausgegeben werden mußten, und zwar im Jahre 1913/14, als der Zinsfuß noch sehr niedrig stand. Für Kohlen sind in diesem Werk damals 31% ausgegeben worden. Das kommt der Ziffer von 49%, die Herr Ginsberg ausgerechnet hat, ziemlich nahe, aber unterschreitet sie doch immer noch um 18%. Ferner sind in Krefeld ausgegeben worden für Putz- und Schmiermaterial 6%, für Gehälter und Löhne 22%. Was unterstrichen werden muß, das ist der hohe Prozentsatz für die Verzinsung und Tilgung in Höhe von 40%. Es handelt sich hier um ein rheinisches Elektrizitätswerk, das viel Geld für die Anlage ausgeben und verzinsen muß, weil es reich ausgestattet worden ist, u. a. auch mit großen Kühltürmen. Wir brauchen uns nicht zu genieren, mehr Geld in die Fernleitungen und Kanäle zu legen. Wir können schon einen ganzen Posten hineinstecken und bleiben immer noch konkurrenzfähig gegenüber diesen Elektrizitätswerken. Nur was die Verzinsung und Tilgung angeht, liegen heute die Verhältnisse anders. Sie wissen alle, daß der Zinsfuß heute sehr hoch ist und wir glatt erschossen sind, wenn noch eine hohe Tilgung dazukommt, z. B. wenn verlangt wird, daß in 5 Jahren das Anlagekapital bei dem Kraftheizwerk getilgt werden soll. Wir müssen zunächst einmal die Sache in dieser Hinsicht richtigstellen; denn das ist besonders nötig. Wir müssen einfach sagen: wenn ihr das Geld nicht zu den früheren Bedingungen hergebt, d. h. mit Rücksicht auf den heutigen hohen Zinsfuß, bei Tilgung innerhalb 13 Jahren, dann kann nicht gebaut werden. Früher schrieb man in jedem Jahre ein Zehntel des Anlagekapitals ab — es war das bei 4prozentigen Zinsen — und nach 10 Jahren war dann das Werk auf Null abgeschrieben; 13 Jahre Tilgungsfrist, m. H. müssen wir heute verlangen; denn 13 Jahre ist immer noch eine angemessene Frist. Die Werke stehen länger als 13 Jahre, und zwar müssen wir für diese 13 Jahre einen Durchschnittszinsfuß finden, der etwa bei 8% liegt. Heute ist ja der Zinsfuß höher. Aber er ist bereits ganz erheblich herunter gegangen. Wenn Sie das beachten, dann kommen Sie auf eine Konkurrenzmöglichkeit der Kraftheizwerke infolge des geringeren Kohlenverbrauchs bei der Herstellung des Stromes. — Alle diese Bedingungen des Zinssatzes von 8% und der Tilgung in 13 Jahren entsprechen einer Belastung des Betriebsergebnisses mit 50%. 50% sind also aufzuwenden lediglich für Verzinsung und Tilgung. Dann bleibt aber immer noch so viel übrig, daß Sie mit dem Kraftheizwerk konkurrenzfähig sind gegenüber benachbarten Elektrizitätswerken, und damit ist die Lieferung des Stromes an sich gesichert. Die betreffenden Werke müsen einsehen, daß es besser ist, sich der Zeit anzupassen, als in der Opposition zu bleiben. Ich möchte sehen — ich habe das schon früher gesagt — ob eine Stadtverwaltung, die ein Schreiben bekommt: „Wir liefern Ihnen den Strom einen Pfennig billiger, wie Sie ihn in dem Elektrizitätswerk erzeugen; wir sind bereit, ihnen so und soviel Millionen Kilowattstunden im Jahr zu liefern und bitten um die Erlaubnis, das zu tun." — ob eine derartig angegangene Stadtverwaltung dann auch noch dieses Anerbieten ablehnt und mit welchen Gründen!? (Großer Beifall.)

Vorsitzender: Es wird gebeten, daß die Redner auch ihren Heimatsort nennen möchten. Dann wird gewünscht, die Kritik über die Städteheizung zurückzustellen und das Gebiet der Planung und Ausführung vorwegzunehmen. — Ein weiterer Wunsch geht dahin, die Redezeit zu beschränken. Ich bitte aber zunächst in der bisherigen Weise fortzufahren. Das Wort hat Herr Kloos-Braunschweig.

Obering. Kloos-Braunschweig: Ich möchte mir gestatten, Ihnen die maschinentechnische Anlage unserer Stadtheizung in Braunschweig zu beschreiben.

Wir sind bei unserer Planung von gewissen Voraussetzungen ausgegangen, die sich nachträglich in der Praxis als richtig erwiesen haben. Dadurch haben wir erreicht, was in der hiesigen Aussprache z. T. als nicht erreichbar bezeichnet worden ist, nämlich: daß die Anheizspitzenzeiten mit den Strombelastungszeiten zusammenfallen. Dazu, meine Herren, haben wir die wirtschaftliche Grundlage gefunden. Wie Ihnen bekannt, haben wir in Braunschweig ein altes Werk. Wir würden ein Heizkraftwerk heute anders machen in Anbetracht der maschinentechnischen Fragen. Deshalb bat ich Sie seinerzeit, eine milde Kritik anzulegen, denn wir mußten mit den vorhandenen Mitteln rechnen. Jetzt aber hat sich ergeben, daß wir mit den alten Anlagen, die einfach wertlos waren, die abgeschrieben waren, noch sehr schöne wirtschaftliche Ergebnisse erzielen, die nicht allein trotz der hohen Kapitaldienstziffer, sondern auch trotz der hohen Anlagekosten uns gestattet haben, nicht allein im vorigen Jahre den Heizpreis um 10% zu ermäßigen, sondern wir sind jetzt in diesen Tagen sogar auf einen Grundpreis von 12 M. gekommen, während wir früher 15 M. hatten[1]). — Dadurch, daß wir die Maschinenleistung so weit gefördert haben, haben wir eine gleichmäßige Belastung erreicht und haben weiter erreicht, daß wir die Maschinen, welche früher noch mit Kondensator arbeiteten, ganz einfach ohne Kondensator arbeiten lassen und infolgedessen tatsächlich sagen können: „Die Maschinenanlage wird billiger, und zwar hinsichtlich Anlagekosten und Bedienung, weil der Kondensator wegfällt und einfachere Maschinen Verwendung finden können."

Wir planen jetzt, weil wir so gute Ergebnisse mit den Abnehmern erzielt haben, die vorhandene alte Maschinenanlage neuzeitlich auszubauen, und haben eine zweckmäßige maschinentechnische Lösung, die Ihnen später einmal vorgetragen werden wird, gefunden. Es muß bei dem Entwurf solcher Werke ein enges Zusammenarbeiten zwischen dem Heizungs- und dem Maschineningenieur erfolgen (Sehr richtig!). Was hat es für einen Zweck, wenn eine solche für die deutsche Volkswirtschaft wichtige Anlage, die viel Geld kostet, hier und da gemacht wird, und jede Stadt macht ihre besonderen Erfahrungen und zahlt ihr besonderes Lehrgeld. (Sehr richtig!) Bei diesen Planungen ist es leider eine bekannte Tatsache, daß wir bei den Behörden nicht die nötige Unterstützung finden, und daß wir bei den meisten, in wirtschaftlicher Beziehung nicht gut unterrichteten Beamten nicht das Verständnis finden, das bei solchen Anlagen vorausgesetzt werden muß. Bedenken Sie, daß wir z. B. in der kleinen Stadt Braunschweig beinahe 500 000 M. im vorigen und in diesem Jahr an Löhnen bezahlt haben. — Was bedeutet dieses? Eine Entlastung des Fonds für die Arbeitslosenunterstützung! In solchem Falle müßte eine Stadt oder die Regierung hohe Beiträge à fonds perdu zahlen, damit überhaupt solche Arbeiten ausgeführt werden. Aber nein, Behörden wollen möglichst in Ruhe gelassen werden. Sie empfinden es als „unangenehme Störung", wenn man ihnen mit solchen Plänen kommt. (Sehr richtig!) Die eine der Behörden verlangt diese, die andere jene Gesichtspunkte, nach denen die Pläne, deren

---

[1]) Jetzt im Winter 1926/27. RM. 11,00.

Bedeutung sie gar nicht kennen und verstehen, geändert werden sollen. Ein Hand-in-Hand-arbeiten kann man nur schwer erreichen. Deshalb müssen wir danach streben, zum Besten der Allgemeinheit diese Gegensätze zu vermitteln. Aus diesem Grunde sage ich heute zu Ihnen: Kommen Sie zu uns, wir stellen Ihnen unsere Erfahrungen zur Verfügung. Und auch heute habe ich Ihnen die Ergebnisse mitgebracht, die ich Ihnen auf Wunsch zur Verfügung stelle.

Bei der Umstellung unserer alten Maschinen auf die neue Betriebsweise haben wir natürlich erst auf die Zukunft gerechnet. Zuerst, bei der Planung der Anlage, wurde eine Reihe guter Abnehmer gewonnen und dann, auf diesen Beispielen fußend, weitere Abnehmer bearbeitet.

Während wir vorher bei der Bevölkerung auf großen Widerstand stießen, sogar Kaffeehausbesitzer und Hoteliers öffentlich gegen die „fixe Idee des Fernheizwerks" auftraten, haben wir sie jetzt so weit, daß sie nicht mehr davon ab wollen, trotzdem das wirtschaftliche Ergebnis im Anfang nicht so gut war, wie es im Laufe der Zeit geworden ist und werden wird.

Lassen Sie sich also, wenn Sie eine Planung machen, nicht davon abhalten, alle Möglichkeiten des Anschlusses von vornherein mit zu berücksichtigen. Und vor allen Dingen streben Sie danach, die hohen Anschlußkosten zu vermindern. Wenn Sie eine Anlage mit einer gewissen Kesselgröße anzuschließen haben, rechnen Sie damit, daß diese Anschlußkosten vom Fernheizwerk zum Abnehmer, mit Apparaten u. dgl. meistens teurer kommen als die Kosten der Kessel. Deswegen ist es nicht richtig, wenn man sagt: „Das Kapital für die Heizkessel wird verfügbar", es muß doch wieder verwendet werden für Ausgaben der Anschlußkosten.

Die Anschlußkosten an das Fernheizwerk werden bei Dampfheizung und besonders beim Anschluß von Warmwasserheizungen oft teurer als die Kessel selbst. Man muß deswegen Interessenten sagen: Euer Vorteil liegt auch in der Bequemlichkeit, Sauberkeit und unbedingten Zuverlässigkeit, ganz abgesehen vom Fortfall jeder Feuersgefahr. Meine Herren! Diese Punkte dürfen Sie nicht außer acht lassen! Das Fehlen jeder Feuersgefahr wird gewöhnlich unterschätzt. Ich bin überzeugt, daß die Feuerversicherungsprämie beim Fehlen der Kesselfeuerung kleiner werden kann. Ich habe mit Vertretern von Feuerversicherungsgesellschaften gesprochen. Diese sind nicht abgeneigt, z. B. beim Anschluß von Warenhäusern, ihre Versicherungsprämien zu ermäßigen, wenn der eigene Zentralheizungsbetrieb fortfällt. Das ist ein wesentlicher Punkt in der Werbung.

Auch die Bequemlichkeit der Bedienung ist besonders hervorzuheben. Es ist ein Unterschied, ob man bis spät abends, ja, die Nacht durch und schon wieder am frühen Morgen nach der Feuerung sehen muß. Jetzt wird einfach das Hauptventil des Fernheizwerks aufgedreht.

Ich möchte die Herren, die in Braunschweig gewesen sind und noch ergänzende Äußerungen wünschen, bitten, nachher noch Fragen zu stellen. Wenn wir eine gewisse Kritik in Braunschweig nicht haben wollten, so bezog sich dies darauf, daß wir moralische Bedenken hatten bezüglich der ausführenden Firma; wir wollen nicht, daß eine Kritik das Geschäftsleben dieser Firma schädigen könnte. Aber in der gegenseitigen fachmännischen Aussprache sind wir vollständig unbeschränkt in der Kritik.

Ganz wichtig ist noch bei den allgemeinen Punkten das Zusammenarbeiten mit den Elektrizitätswerken. Glauben Sie mir, die Elektrizitätswerke sind gar nicht so abgeneigt, sich mit einem etwaigen Fernheizbetrieb zu vereinigen.

Die bisherigen Erfahrungen ergeben, daß ein reiner Heizbetrieb gewisse Vorteile bringt, aber nicht die höchsten, welche erreichbar sind. Diese liegen im Heizkraftbetrieb, d. h. in der Kupplung einer Krafterzeugungs- mit einer Wärmeverwertungsanlage. Mit den Elektrizitätswerken muß man sich einigen über die Frage, was mit der überschüssigen Energie, der sog. Abfallenergie, geschehen soll, wenn der Heizbetrieb als Hauptbetrieb arbeitet.

Es ist eine Tatsache, daß sich bisher Elektrizitätswerke oft geweigert haben, Abfallenergie der Industrie in ihr Netz aufzunehmen. Daraus schließt man leicht, daß die Elektrizitätswerke sich auch weigern würden, von einem Heizwerke die überschüssige Energie abzunehmen. Zwischen beiden Abfallenergien ist aber zu unterscheiden.

Denken Sie sich ein Elektrizitätswerk von sechs-, acht- oder zehntausend Kilowatt-Leistung, und in der Stadt noch eine Papierfabrik, welche aus ihrer Heizkraftanlage noch Abfallenergie von nur 6 bis 700 Kilowatt zur Verfügung hat. Bei Verhandlungen über Aufnahme dieser Abfallenergie in das Netz des Elektrizitätswerks tauchen in der Regel sofort 3 Fragen auf:

1. Bekommt das Elektrizitätswerk diese Abfallenergie auch sicher und unter allen Umständen, so daß man mit ihr rechnen kann?

2. Zu welcher Zeit bekommt man sie?

Denn Sie können sich denken, daß ein Elektrizitätswerk mit seinen unausbleiblichen Spitzen derartige Abfallenergie eigentlich nur in der Spitzenzeit gebrauchen und dementsprechend bezahlen könnte. Außerhalb seiner Spitzenzeit hat das Elektrizitätswerk Energie aus eigenen Maschinen genug zur Verfügung, kann deswegen derartige Abfallenergie außer seiner Spitzenzeit nur ganz gering bezahlen.

Von seiten der Papierfabrik würde die 3. Frage aufgeworfen werden: Ich muß, da ich ja selbst für die Kilowattstunde den und den Preis bezahlen muß, auch einen entsprechenden Preis fordern! Weil die Papierfabrik ja den Wert der Kilowattstunde zu den verschiedenen Tageszeiten nicht kennt.

Bei einem gekuppelten Heiz-Kraftwerk ist aber das Zusammenfallen der Heizspitzen mit den elektrischen Belastungsspitzen erreichbar. Infolge davon würde sich bei der Kupplung eines gesonderten Heiz-Kraftwerkes mit einem gesonderten Elektrizitätswerk die Grundlage zu Verhandlungen für diese Abfallenergie wohl finden lassen. Soweit ich die Leiter der Elektrizitätswerke kenne, ist man gern bereit, auf dieser Grundlage mit Vertretern von Heiz-Kraftwerken zu sprechen über die Frage des Preises der als Abfallenergie aus den Heizwerken zur Verfügung gestellten Kilowattstunden. Dieses für den Fall, daß man nicht vorziehen sollte, in unmittelbarem organischen Zusammenhang mit dem Elektrizitätswerk das Fernheizwerk zu errichten.

Adomeit-Leipzig: Nur zwei kurze Bemerkungen. Herr Oberingenieur Ginsberg hat ausgeführt, daß die modernen Kraftanlagen mit einem Kilo Kohle für eine Kilowattstunde auskommen. Sehr richtig! Wir haben heute Anlagen, die mit 0,7 kg Kohle auskommen. Aber da handelt es sich um moderne Kesselanlagen und in erster Linie um Kondensationsmaschinen. In dem Augenblick aber, wo wir Wärme abgeben, steigt natürlich der Dampfverbrauch der Maschinen, und die Steigerung ist vielfach mit 200% anzunehmen. Hiernach ist die Rechnung, die Herr Ginsberg uns aufgemacht hat, falsch und seine Kritik unberechtigt. Weiter: Der Gedanke der Kuppelung von Kraft und Wärme marschiert und ist durch nichts mehr aufzuhalten. (Sehr richtig!) Ich glaube, es ist gut, wir stellen uns, wenn wir praktische Arbeit leisten wollen, auf diesen Grundgedanken ein. An Einzelheiten Kritik üben und in nicht sinngemäßer Verwendung gegebener Zahlen auszurechnen: das stimmt und das stimmt nicht, — das führt im Rahmen einer so großen Versammlung wie dieser hier ins Uferlose. (Sehr richtig!) Wir kommen damit nicht weiter. Glauben Sie aber, diese Kritik weiterspinnen zu müssen, dann würde ich vorschlagen, einen Ausschuß aus der Versammlung heraus zu wählen, der sich mit den einzelnen jetzt bestehenden Werken in Verbindung setzt und nun auf Herz und Nieren prüft: Was ist bei euch los? Wie sieht die Sache aus? Und das, was dabei herauskommt, kann dann als Material auf späteren Tagungen vorgelegt werden. Das ist meiner Meinung nach der einzig mögliche praktische Weg. (Großer Beifall.)

Ritter-Hannover. Es erscheint mir nicht richtig, daß wir die Aufgabe der Tagung lediglich darin erblicken sollen, nur die günstigen Seiten der Städteheizungen zur Erörterung zu stellen. Gerade der Verein Deutscher Heizungs-Ingenieure, welcher die Ehre hat, kein Interessenverband zu sein, muß sich als solcher der Aufgabe unterziehen, die Gesamtfrage kritisch zu beleuchten. Mit der bloßen Behauptung, daß die Stadtheizungen diese und jene Vorteile aufweisen und für die Zukunft die gegebene Lösung der Heizfrage darstellen, ist höchstens einigen Unternehmern gedient, die mit ihnen Geschäfte machen wollen. Die meisten Veröffentlichungen über diesen Gegenstand kranken an dem Übelstande, daß sie als fertige Tatsache hinstellen, daß die Stadtheizungen im Betriebe billiger sind als die Einzelzentralheizungen.

Es läßt sich z. B. nicht bestreiten, daß die Wirtschaftlichkeit der Fernheizungen zum großen Teil von den zu überwindenden Entfernungen und von der Größe des Wärmebedarfs abhängig ist, so daß sich schon aus diesem Grunde Verschiedenheiten ergeben, die eine sofortige Prüfung des Einzelfalles erheischen.

In den Leitsätzen ist unter „Statistik" u. a. zum Ausdruck gebracht, daß die Verwaltungskosten eines Werks 60% betragen, die Brennstoffkosten dagegen nur 40%. Derartige Zahlen beleuchten schlaglichtartig die ganze Situation. Wenn nun diese Zahlen auch nicht ganz richtig sein mögen, so geben sie doch im höchsten Maße zu denken, denn von welcher Seite sollen dann die großen Ersparnisse herkommen, von welchen so gerne gesprochen wird? Dann ferner der Satz in den Leitsätzen (ebenfalls unter Statistik), daß die Hausanschlußkosten 30% der Anlagekosten des ganzen Werks ausmachen. Dieses in Betracht gezogene Werk leistet 15 Millionen WE bei 3,3 Millionen M. Anlagekosten. Auf 1 Million WE Anschlußkosten würden dann 0,3 × 3,3 gleich rund 73000 M. entfallen, die sich auf über 100000 M. steigern, wenn die heutigen um mindestens 50% höheren Herstellungskosten in Betracht gezogen werden. Demgegenüber würde eine Kesselanlage für 1 Million WE mit etwa 15000 M. anzusetzen sein, woraus doch wohl deutlich genug hervorgeht, daß noch eingehende Klarstellungen notwendig sind, ehe an eine allgemeine Empfehlung der Stadtheizungen zu denken ist.

Beratender Ingenieur Baurat S c h m i d t - Dresden. Ich wollte einige Erfahrungen bei der Gründung von Städteheizungen mitteilen, möchte aber, da darüber schon gesprochen worden ist, vorher anfragen, ob diese Mitteilungen noch interessieren. (Rufe: Ja!)

Sie werden heute noch viel hören über den Kampf der Techniker:

Hie Hochdruckfernleitungen!

Hie Abdampffernleitungen!

Hie Warmwasserübertragung!

Ich halte die Finanzierung einer Städteheizung eigentlich für eine schwierigere Aufgabe als den Bau derselben. Die großen Fragen der technischen Ausführung und die Rentabilität sind durch die ausgeführten Anlagen praktisch gelöst. Die technischen Einzelheiten einer Städteheizung können wir mehr oder weniger vielleicht unter uns Ingenieuren besprechen. Heute aber, wo ich so viele Vertreter der Stadtverwaltungen und Leiter von großen Elektrizitätswerken hier als Teilnehmer sehe, glaube ich, über einige Erfahrungen aus langjähriger Praxis sprechen zu müssen.

Eine Städteheizung muß von langer Hand vorbereitet werden. Kürzlich erfuhr ich aus einem Artikel des Herrn Prof. Hüttig im Dresdner Anzeiger, daß ich selbst die erste Vorlage über eine Stadtheizung für

Dresden im Jahre 1903 bearbeitet und damals den städtischen Kollegien unterbreitet habe. Jetzt erst, nach etwa 22 Jahren, ist das Dresdner Stadtheizwerk in Bau genommen worden. Man sieht jetzt, wie die dicken, gewaltigen Dampfrohre das städtische Elektrizitätswerk verlassen.

Die Städte können sich bei der Gründung von Stadtheizwerken mit einem niedrigeren Zinsfuß für ihre Rentabilität als die Privatunternehmer begnügen. Denn für die Städte kommen außer der Wirtschaftlichkeit Momente in Frage, die für den Privatunternehmer wegfallen. Herr Kollege Schmidt-Charlottenburg hat schon berichtet, welche enormen wirtschaftlichen Nachteile infolge der Zerstörung durch Rauchgase an Fassaden, Brücken usw. entstehen. Ich erinnere nur an die Zerstörung der herrlichen, berühmten Fassade des Dredner Zwingers, die zur Zeit mit erheblichen Kosten restauriert werden muß. Was aber steinerne Fassaden, eiserne Brücken usw. nicht aushalten, sollen unsere menschlichen Lungen vertragen.

Aber auch von den Baukosten kommen etwa 40—50% auf eigentliche Tiefbauarbeiten. An diesen wiederum kann eine große Zahl Arbeitsloser beschäftigt werden, wodurch dann der Stadt abermals ein großer Vorteil entsteht. Alle diese wirtschaftlichen und gesundheitlichen Momente kommen bei Städten in irgendeiner Weise in der Steuerkraft der Bevölkerung wieder zum Ausdruck.

Für viele Städte, die an die Planung solcher Werke gehen, kommt jetzt, besonders in Mitteldeutschland und dem Osten Deutschlands, als bedeutsam in Frage, daß die Wanderung einiger Industrien von Westen nach Osten geht. Die industriellen Werke fragen nun bei den Stadtverwaltungen an: „Was könnt ihr uns bieten?" „Ist genügend Wasser vorhanden?" „Sind die Transportverhältnisse usw. günstig?" „Wie steht es mit Strom und Licht?" Kann einem solchen Fabrikanten gesagt werden, daß außer Wasser, Gas, elektrischem Strom noch Wärme in beliebiger Menge geliefert werden kann, dann benötigt das Unternehmen bei der Errichtung der Fabriken überhaupt keine Kessel- und Dampfkraftanlage.

Übernimmt ein Privatunternehmer das Risiko, so muß das investierte Kapital absolut gesichert und die Verzinsung den Zeitverhältnissen entsprechend sein. Die Stadt bzw. das städtische oder private Elektrizitätswerk muß dann den Stadtheizunternehmer mit allen Mitteln unterstützen und besonders das Bauen möglichst erleichtern. Einige dieser fördernden Maßnahmen, wie sie mir bei den letzten Verhandlungen zur Kenntnis gekommen sind, möchte ich hier kurz andeuten.

Ich beginne gleich bei dem brennendsten Punkt, der Kapitalbeschaffung. Hier kann die Stadt oft leichter als der Privatunternehmer eine 1. Hypothek zu billigem Zinsfuß zur Verfügung stellen. In vielen Städten arbeiten die Elektrizitätswerke als selbständige oder gemischt wirtschaftliche Aktiengesellschaften, die nach einer gewissen Konzessionszeit in den Besitz der Stadt übergehen. Will ein derartiges Elektrizitätswerk eine Städteheizung an seine Zentrale anschließen, so kann es dies nur, wenn seine Konzessionszeit noch so lang ist, daß in dieser Zeit eine Abschreibung dieses Anlagekapitals möglich ist. Hier können die Städte entgegenkommen durch **Verlängerung der Konzessionszeiten.** Ein anderer Vorschlag ist der, **daß nach Ablauf der zu kurzen Konzessionszeit die Stadt bei Übernahme des Heizwerkes die Baukosten in ganzer oder teilweiser Höhe zurückerstattet.**

Außer dem, daß das Heizwerk an sich eine genügende Rentabilität ergeben muß, **müssen aber auch die Vorteile, die durch Kombination von Elektrizitäts- und Heizwerk entstehen, in der Rentabilität gewertet werden.** Die meisten städtischen Elektrizitätswerke gehen immer mehr und mehr auf Bezug von Fremdstrom über. Die Überlandwerke übernehmen aber nicht die Gewähr für ständige und absolut sichere Stromlieferung. Es können sich daher verschiedene Fabrikunternehmen in der Stadt, die ein Aussetzen der Stromlieferung, selbst für ganz kurze Zeiten, in ihrer Fabrikation nicht vertragen, an das städtische Elektrizitätswerk nicht anschließen. Wenn aber die Zentrale des alten E-Werkes, welche jetzt durch den Anschluß an das Überlandwerk frei wird, **mit einem Stadtheizwerk kombiniert und als Reservewerk betrieben wird,** so kann die Verwaltung der Elektrizitätswerke alle diese Interessenten gewinnen; **denn ihre Zentrale steht jetzt für die lebensnotwendigen Betriebe und für die Fabriken, mit denen besondere Verträge abgeschlossen sind, stets als Reservewerk bereit.** Durch diesen Ausbau bekommt das Elektrizitätswerk wiederum eine Menge Anschlüsse, auf die es verzichten muß, wenn es kein Reservewerk besitzt. Dafür, **daß das Heizwerk die Verpflichtung übernimmt, nun stets sämtliche Kessel zu temperieren, muß** natürlich das Elektrizitätswerk einen gewissen Beitrag, der etwas niedriger ist als die Selbstkosten, an das Heizwerk zahlen. Durch diese Einnahmen des Heizwerkes kommt ein ganz neues Moment in die Rentabilitätsberechnung, das sie sehr vorteilhaft verbessert. Zum Schluß fasse ich nochmals die drei Hauptmomente der Rentabilität zusammen:

1. muß die gewöhnliche Rentabilität gesichert sein,
2. kann diese verbessert werden durch Zugeständnisse der Stadt, und
3. steigert sie sich durch den Gewinn des Elekrizitätswerkes infolge Erlangung neuer Abnehmer bei Lieferung von Wärme und Strom und durch Schaffung des Reservewerkes, dessen Kessel vom Heizwerk Tag und Nacht auf Druck gehalten werden.

Schließlich möchte ich nochmals auf die starke Beschäftigung von Arbeitslosen in der heutigen Zeit der Arbeitslosigkeit hinweisen.

Hoffentlich regen meine Mitteilungen die Vertreter der Stadtverwaltungen und die Leiter der Überlandwerke und der Einzel-Elektrizitätswerke an, neues Material für die Gründung von Städteheizwerken beizubringen; denn, meine Herren, in der Gründung liegen heute noch die Schwierigkeiten, bauen können wir die Städteheizwerke schon. (Bravo!).

Ing. Fröhlich - Berlin: Wir sind dem eigentlichen Thema schon etwas vorausgeeilt. Wir wollten zunächst zur Einleitung sprechen. Es ist hierzu zwar nicht viel zu sagen, aber wir müssen doch die Ordnung einhalten. Zur Einleitung wäre zu bemerken, daß die von den Herren Kloos und Baurat Schmidt-Dresden erwähnten Imponderabilien sehr wohl neben dem rein ökonomischen Moment zu erwägen sind, wenn dieses auch in erster Linie ausschlaggebend ist für die Gründung von Werken technischer Art. Ich möchte nur noch darauf hinweisen, daß die Aufrechterhaltung der Bequemlichkeit im Hausstand unter möglichster Verminderung der Dienstboten eine wesentliche Aufgabe der Technik der kommenden Zeit ist. Da überhaupt aus den Haushaltungen die Dienstboten mehr und mehr verschwinden, so werden wir dahin geführt, auch die jetzigen Heizmethoden durch neuere zu ersetzen, und das ist wohl der Grund, weswegen z. B. in Amerika (wie S. 9 der Leitsätze gesagt ist), das reine Fernheizwerk immer mehr in Aufnahme kommt. Wir hatten geglaubt, die richtige Formel für Städteheizwerke gefunden zu haben; es war die der Verbindung des Heizwerkes mit dem Kraftwerk. Das war für uns schon ziemlich ein Dogma geworden. Nun lesen wir auf Seite 14: In Amerika macht man ganz etwas anderes. In dem Moment, wo wir diese Formel gefunden haben, scheinen die Amerikaner sie schon wieder zu verlassen. Sollte diese Entwicklung nicht damit zusammenhängen, daß sich der amerikanische Hausstand umgestaltet? Von bloßen ökonomischen Grundsätzen geht man dort offenbar nicht aus.

Vorsitzender: Es ist abermals der Wunsch ausgesprochen worden, die Redezeit zu beschränken. Zunächst möchte ich aber hierauf noch nicht eingehen. Bei solchen Veranstaltungen kommt immer zuerst die allgemeine Debatte, da platzen die Gemüter aufeinander, sehr bald aber klärt sich alles, und dann kommen wir schon in das richtige Fahrwasser hinein. Die letzten Redner haben die sogenannten Imponderabilien angeführt, die vielleicht für den Bau von Stadtheizungen sprechen könnten. Darüber brauchen wir in einer Versammlung von Ingenieuren wohl nicht zu debattieren. Denken Sie in dieser Beziehung nur an den Weg, den die Beleuchtungstechnik gegangen ist. Es hat damals, als das elektrische Licht aufkam, auch kein Mensch daran gedacht, wieviel weniger bezahlst du jetzt für Petroleum gegenüber der elektrischen Energie (Widerspruch und Zustimmung), sondern die Bequemlichkeit und die Gesundheit hat bei der Wahl eine große Rolle gespielt. (Sehr richtig!)

Dipl.-Ing. Otto Ginsberg: Ganz kurz. Zunächst eine Berichtigung gegenüber Herrn Oslender. Ich habe nicht gesagt, daß unter allen Umständen 1 kg Kohle erforderlich ist für eine kWh, sondern ich habe gesagt, daß wir in großen Kraftwerken, wo wir mit Kondensationsmaschinen arbeiten, höchstens 1 kg Kohle für 1 kWh aufzuwenden haben, und wenn Sie geringere Zahlen einsetzen, so werden die Ergebnisse, die ich Ihnen vorgerechnet habe, für die wirkliche Rentabilität oder für den entgangenen Gewinn noch viel krasser werden. — Das, was Herr Oslender gesagt hat, unterstreiche ich nur noch in kräftiger Weise.

Dann eine kurze Anfrage: Hier wird die Entlastung der Arbeitslosenfürsorge erwähnt. Ja, wenn die Arbeitslosenfürsorge dadurch entlastet wird, wie stimmt denn das zusammen mit Punkt 4 auf Seite 9, wo es heißt: „Instandhaltung und Bedienung wird billiger, da die Kesselanlage entfällt?"

Kloss-Braunschweig: Ich wiederhole meine Worte. Wir haben im vorigen und diesem Jahre bei dem Ausbau unseres Fernheizwerkes ungefähr 450—500 000 M. an Arbeitslöhnen bezahlt. Das hat nichts mit den Bedienungskosten zu tun!

Mag.-Baurat Fichtl-Berlin: Als Mitarbeiter an den Leitsätzen fühle ich mich verpflichtet, auf die ersten Ausführungen des Herrn Kollegen Ginsberg einiges zu erwidern. — Ich glaube, seine Berechnungen, die er uns vorgeführt hat, können nicht stimmen, und zwar aus dem Grunde nicht, weil wir die auf Seite 28 der Leitsätze eingesetzten Prozentzahlen abgeleitet haben von der Veröffentlichung in der Festschrift des „Gesundheits-Ingenieur" von 1907, betreffend die Daten des Fernheizwerkes Dresden. Herr Kollege Ginsberg hat nun die Verbrauchszahlen an Brennstoff und an Kilowattstunden des Fernheizwerkes Hamburg genommen — so vermute ich — und hat die seinerzeitigen Prozentzahlen eingesetzt, die sich auf Dresden bezogen haben, und zwar eigentlich schon auf die Dresdener Betriebszahlen aus den Jahren 1903—05. Ich glaube, wenn Herr Kollege Ginsberg diese damaligen Prozentzahlen korrigiert auf die heutigen Verhältnisse hin, dann wird das Resultat ein ganz anderes werden; ich vermute es wenigstens und glaube auch, daß dann der verhältnismäßig ungünstige Eindruck, der erweckt worden ist gleich bei Eröffnung unserer Städteheiztagung, indem man gesagt hat, hier sind Beispiele, die dafür sprechen, daß die Stadtheizung nicht wirtschaftlich ist, — daß sich der wieder in einen günstigen Eindruck verwandelt.

Stadtbaudirektor Dr. Ing. Krob-Aussig (Böhmen): Ich möchte Ihnen nur ganz kurz die Betriebsergebnisse des Fernheizwerkes Aussig in Böhmen mitteilen. Das Werk ist im Jahre 1922 erbaut worden mit einem Kostenaufwand von 800 000 Kr. und hat sich zur Aufgabe gestellt, das Stadttheater, das Stadtbad und eine Doppelvolksschule zu beheizen, und zwar in der ersten Etappe. Den Dampf bezieht das Fernheizwerk vom städtischen Elektrizitätswerk, und zwar Zwischendampf aus der

Anzapfturbine, und bezahlt dem Elektrizitätswerk für diese Dampflieferung einen Preis, der sich in der Höhe hält eines Preises für Frischdampf. Aus den Betriebsergebnissen für das Jahr 1923 erhellt ganz
deutlich, daß die Rentabilität der Anlage gesichert ist. Als Einnahmen
werden bei dieser Rentabilität jene Beträge gebucht, welche die Beheizung der angeschlossenen Objekte erfordert hatte, unter Voraussetzung
der früher an Ort und Stelle erfolgten Wärmeerzeugung. Es wurde die
Anzahl der Zentner Kohlen zu dem jeweiligen Preise eingesetzt, und da
ergab sich nun, daß im Jahre 1923 die Beheizung der vorhin genannten
Objekte einen Betrag von rund 366000 Kr. erfordert hätte. Demgegenüber stehen die Ausgaben in diesem Jahre: für Dampflieferung, für Wartung und Verzinsung der Anlage mit zusammen 106000 Kr. Es ist
also eine Differenz von 200 000 Kr. Von diesen 200 000 Kr. sind allerdings noch abzurechnen 10% für Amortisation des Anlagekapitals
gleich 80 000 Kr., so daß also ein Überschuß von 120 000 Kr. bleibt.
Das ist ungefähr ein Drittel dessen, was die Beheizung der Objekte früher
gekostet hat.

Die Rentabilitätsberechnung für die folgenden Jahre stellt sich
ähnlich, so daß das Fernheizwerk, das im Jahre 1922 800 000 Kr. gekostet hat, Ende des Jahres 1924 nur noch mit 210 000 Kr. zu Buch
steht, und nachdem die Rentabilität im Jahre 1925 in ähnlicher Weise
vor sich gegangen ist, ist zu erwarten, daß am Schluß des heurigen Jahres
die Ferheizung nur noch mit einem kleinen Betrage, etwa 50 000 Kr., zu
Buche stehen wird.

Diese glänzenden Erfolge haben die Stadt Aussig veranlaßt, das Werk
ganz bedeutend auszubauen, und zwar sowohl hinsichtlich der Länge
der Leitung als in Hinsicht der Lieferung des Dampfes. Das Werk ist
jetzt jedenfalls in dreifachem Umfange der früheren Anlage im Betriebe
und bewährt sich in gleicher Weise. Der Anschlußwert ist jetzt ungefähr 10 Mill. WE.

Ich möchte zu einem anderen Kapitel noch erwähnen, daß tatsächlich bezüglich der Feuerversicherung Rabatte eingeräumt werden; so
ist z. B. bei unserem Stadttheater die Feuerversicherungsprämie —
und die ist dort ziemlich hoch — aus Anlaß der Einrichtung der Fernheizung um 50% ermäßigt worden. (Hört! Hört! Bravo!)

Baurat Oslender-Düsseldorf: Beim Abschnitt „Gründung der Fern-
kraftheizwerke", der als besonders wichtig betont worden ist, wurde ganz
richtig gesagt, man möge sich besonders mit der Stadtverwaltung in Verbindung setzen, damit die Stadt sich daran beteilige. Ich halte das auch
als im Interesse der Stadt liegend, und möchte hierbei daran erinnern,
daß manche Städte in dieser Hinsicht bereits Erfahrungen gemacht haben
mit den Gas-, Wasser- und Elektrizitätswerken und mit den Straßen-
bahnen. Diese Unternehmen waren vielfach Privatunternehmen, und
dann haben die Städte, weil das überhaupt nicht mehr anders ging, sie

mit ziemlich großem Kostenaufwand ankaufen müssen. Deshalb ist es wichtig, daß die Städte von vornherein darauf aufmerksam gemacht werden, daß es sich hier voraussichtlich um eine rentable Kapitalsanlage handelt, und daß sie sich diese Gelegenheit nicht wieder entgehen lassen sollten, sondern sich mindestens bei Gründung der Kraftheizwerke stark beteiligen. Es braucht nicht gerade, wie Sie ja auch hier in dieser Denkschrift gesagt haben, durchaus ein städtisches Werk zu werden. Nein, so denke ich nicht! Denn das würde vielleicht eine gewisse Erschwerung in dem Fortkommen des Kraftheizwerkes bedeuten, sondern man kann solche Anlagen auch als Aktiengesellschaft betreiben. Aber die Städte müssen mindestens die Hälfte der Aktien in ihrer Hand behalten, damit sie Herr in ihrem Gebiete bleiben; denn das Werk liegt meist zum großen Teil in den Straßen und Plätzen der Stadt.

Noch eins: Es ist darauf aufmerksam gemacht worden, daß ein günstiger Kohlenverbrauch bei den Elektrizitätswerken nur dann erzielt wird, wenn Kondensationsanlagen benutzt werden. Wenn man ein Heizwerk mit dem Kraft- oder Elektrizitätswerk verbindet, dann brauchen die Maschinen allerdings viel mehr Kohlen, aber trotzdem sie das tun, wird die ganze Anlage, das Elektrizitäts- und Heizwerk zusammen betrachtet, sehr viel rentabler werden, vielleicht um 40—60% rentabler als das jetzige Elektrizitätswerk mit seinem niedrigen Kohlenverbrauch und ohne Verkoppelung mit einem Heizwerk.

Dr.-Ing. Heller-Berlin: Ich möchte zu den Wärmequellen Stellung nehmen. Es wurde bisher immer davon gesprochen, daß die Kupplung einer Fernheizanlage mit einem Elektrizitätswerk erfolgen solle. Es gibt in den städtischen Betrieben auch andere Wärmequellen, und zwar in den Gasanstalten.

Auch in Industriezentren, wo Kokereien vorhanden sind, können die Überschußwärmemengen derselben für Fernheizwerke Verwendung finden.

Ich möchte nun auf einige Möglichkeiten hinweisen, aus denen Sie ersehen werden, daß der Dampf bzw. die Wärme, die als Abfallwärme in den Gaswerken bzw. Kokereien gewonnen werden kann, sehr billig ist und auch in sehr großer Menge zur Verfügung steht.

Als Beispiel will ich ein Gaswerk einer großen Stadt mit einer täglichen Gasabgabe von ca. 135 000 cbm zugrunde legen. (Zuruf: Kammeröfen!)

Die verschiedenen Ofensysteme haben auf die von mir angeschnittene Frage gar keinen Einfluß. Ich will aber meine Ausführungen erst beenden, bevor ich auf Einzelheiten eingehe. Aber wenn schon der Zwischenruf erfolgt ist, um welche Art von Öfen es sich handele, so möchte ich vorweg bemerken, daß das Ofensystem auf die zu gewinnende Gesamtwärmemenge einen nur geringen Einfluß hat. (Widerspruch.)

In den meisten Werken gehen bei Gaswerken und Kokereien die Rauchgase mit Temperaturen ab, die bei ca. 400—500° C liegen, so daß man bei einer Leistung des Gaswerkes von ca. 135 000 cbm täglich eine Dampfmenge von ca. 70—100 t Dampf täglich erzielen kann. Bei Öfen mit niedrigen Abgastemperaturen ist eine Abhitzeverwertung unrationell. Die aus der Rauchgasabwärme gewonnene Dampfmenge bildet jedoch nur einen Bruchteil der zu gewinnenden Gesamtwärmemenge. In einem Gaswerk hat man bei der Kokserzeugung einen gewissen Prozentsatz Grusanfall, und der Preis dieses Koksgruses ist infolge seiner schlechten Verfeuerungsmöglichkeit sehr niedrig, so daß er keine hohen Transportkosten verträgt. Es muß also dieser Koksgrus, der an und für sich einen hohen Heizwert hat, nach Möglichkeit an Ort und Stelle verfeuert werden. Wenn man einen Koksgrusanfall von 8—10% pro Tag annimmt, so kann man hieraus pro Tag 140 t Dampf von jeder beliebigen Spannung erzeugen, vorausgesetzt, daß die Feuerungen entsprechend ausgebildet sind.

Eine weitere Wärmequelle, die in Gaswerken vorhanden ist, ist die Wärme des glühenden Kokses. Es gibt moderne Ausführungen zur Ausnutzung derselben, wie die von Sulzer oder wie die neueste Ausführung von der Bamag-Meguin A.-G. Bei der Ausführung der Bamag-Meguin A.-G. werden nicht nur große Mengen von hochgespanntem Dampf erzeugt, sondern auch sehr beträchtliche Mengen Wassergas gewonnen. Die angeführten Verfahren haben als weiteren Vorteil eine verbesserte Koksqualität gemeinsam. Bei einem Gaswerk von 135 000 cbm, wie ich es als Beispiel gewählt habe, ergibt sich pro Tag ein Anfall von 350 t glühendem Koks, aus dem man ca. 122 t Dampf erzeugen kann. Nebenbei ergeben sich bei der Bamag-Anlage ca. 17 500 cbm Wassergas.

Wenn ich nun die einzelnen Wärmequellen, die in einem Gaswerk vorhanden sind, zusammenfasse, so ergeben sich 70—100 t Dampf pro Tag aus der Abwärme der Öfen; diese Dampfmenge fällt während der 24 Stunden des Tages gleichmäßig an. Aus dem Koksgrus lassen sich bei gleichmäßiger Verheizung desselben während des Jahres 140 t Dampf pro Tag erzeugen. Wenn man die Heizperiode jedoch nur mit 6 Monaten annimmt und den Grus während dieser Zeit verbrennt, so läßt sich für die Wintermonate die Erzeugung der Dampfmenge verdoppeln, so daß man statt mit 140 t mit 280 t Dampf pro Tag rechnen kann. Die Abfallwärme, die aus dem glühenden Koks gewonnen werden kann, entspricht 122 t Dampf pro Tag, so daß bei gleichmäßiger Verteilung des Dampfes während eines Jahres ungefähr 330 t Dampf pro Tag erzeugt werden können, bzw. wenn man den gesamten Koksgrus für den Winter aufspeichert, erhöht sich diese Dampfmenge während der Wintermonate auf 140 t pro Tag, das sind also 470 t Dampf täglich.

Sie sehen, meine Herren, daß es sich hier um ganz gewaltige Wärmemengen handelt. Der erzeugte Dampf wird in der Regel nicht als Niederdruckdampf, sondern als hochgespannter Dampf gewonnen, so daß man in Gaswerken auch erst die innere Energie des Dampfes zur Erzeugung von Elektrizität verwenden kann und den Niederdruckdampf entweder als solchen in eine Fernheizung leitet, oder unmittelbar in Warmwasser umsetzt und die Fernheizung als Warmwasserheizung betreibt.

Ich bin gern bereit, falls Sie über die einzelnen Ausführungen der von mir erwähnten Anlagen Auskunft wünschen, Jhnen diese, soweit ich dazu in der Lage bin, zu geben.

Geheimrat v. Boehmer: Wenn wir über die Wirtschaftlichkeit der Stadtheizung sprechen, so werden wir zwischen der Privatwirtschaft und der Volkswirtschaft unterscheiden müssen, denn was für den Unternehmer, der das Fernheizwerk baut, oder für die Stadtverwaltung, die es bauen will, privatwirtschaftlich sehr vorteilhaft sein kann, braucht noch nicht allgemein volkswirtschaftlich wertvoll zu sein, und umgekehrt. (Sehr richtig!). Das wird auch zu beachten sein, wenn es sich um die Frage handelt, ob in einer Stadt ein bloßes Stadtheizwerk gebaut werden soll oder ein Stadtheizkraftwerk. Ich nehme im Gegensatz zu einem der Herren Vorredner an, daß die Amerikaner, wenn sie sich für bloße Heizwerke entscheiden, lediglich ihren privatwirtschaftlichen Vorteil und Nutzen im Auge haben; sie haben herausgerechnet, um wieviel sie das Rohrleitungsnetz für Hochdruckdampf billiger herstellen können als für Abdampf und daß diese Ersparnis an Anlagekosten für sie vorteilhafter ist, als es der durch ein Heizkraftwerk zu erzielende Gewinn an elektrischer Energie wäre. Wir müssen aber auch die allgemeinen volkswirtschaftlichen Interessen im Auge behalten. Für den einzelnen Unternehmer wird es schwer sein, sie stets genügend zu wahren, aber es gehört zu den Aufgaben einer solchen Körperschaft, wie sie der Verein Deutscher Heizungs-Ingenieure ist, durch Aufklärungs- und Werbearbeit den Unternehmern die Wege dazu zu ebnen, daß sie auch volkswirtschaftlich wertvolle Anlagen schaffen können. Es ist ja sündhafte Energievergeudung, wie jetzt geheizt wird. (Sehr richtig!)

Zur Beheizung von Gebäuderäumen wird jetzt fast überall ohne weiteres die mit einer Temperatur von weit über 1000° aus dem Brennstoff gewonnene Wärme verbraucht, während doch für diesen Zweck die Wärme ebensogut verwendet werden könnte, nachdem man zunächst ihr Temperaturgefälle bis zu einer sehr viel tieferen Temperatur hinab zur Erzeugung von mechanischer und elektrischer Energie ausgenutzt hätte. Dieser Forderung entspricht bisher in der Praxis fast nur die Abdampfheizung. Dagegen verfährt man bei den meisten anderen Heizungsarten, sowohl bei der Ofenheizung als auch bei den gewöhnlichen Warmwasser- oder Niederdruckdampfheizungen, so unvernünftig, wie es wäre, wenn man bei der Erbauung eines Wasserwerkes, für das eine Wasserkraft von 100 m Gefälle und einer Million PS Leistungsfähigkeit zur Verfügung stände, nur 20 m des Gefälles benutzte und deshalb nur ein Fünftel der erreichbaren Leistung erzielte.

Es ist eine Rückständigkeit schlimmster Art, daß von einem so gewaltigen Wärmestrom von stündlich vielen Millionen Wärmeeinheiten unnötig hoher Temperatur, wie er in jeder Großstadt, wie z. B. in Berlin, zur Beheizung der Gebäude erzeugt und benutzt wird, jahraus, jahrein das Temperaturgefälle der höheren Wärmegrade nicht in gehöriger Weise ausgenutzt wird. Darin liegt ein schmählicher Verstoß gegen Ostwalds energetischen Imperativ: „Vergeude keine Energie, nutze sie!" Ein Heizkraftwerk würde der Erfüllung dieser Aufgabe dienen, und zwar oft auch dann, wenn es, vom privatwirtschaftlichen Standpunkt aus betrachtet, vielleicht für den Unternehmer nicht so vorteilhaft wäre wie ein bloßes Stadtheizwerk. Damit in solchen Fällen im allgemeinen volkswirtschaftlichen Interesse die sonst verloren gehenden ungeheuer großen Energiemengen gewonnen werden können, wäre es gut, daß der Verein Deutscher Heizungs-Ingenieure die Stadtverwaltungen und die Regierungen des Reiches und der Länder darüber aufzuklären versuchte, daß sie die Schaffung großen volkswirtschaftlichen Nutzens fördern können, wenn sie Unterstützungen dazu gewähren, daß Heizkraftwerke gebaut werden. Das wäre z. B. möglich, wenn dem Unternehmer zur Deckung der Anlagekosten einer Stadt- oder Städteheizung solcher Art ein Kapital zu einem mäßigen Zinsfuß geliehen oder ihm Baugelände unentgeltlich überlassen würde.

Es ist von hohem moralischen Werte, daß sich die Heizungsingenieure, wenn sie für die Errichtung solcher Heizkraftwerke sorgen, darauf berufen können, daß sie damit auch dem allgemeinen Wohl dienen, nicht bloß, weil diese Werke viele hygienische Vorteile und Annehmlichkeiten bringen, sondern auch, weil sie die wegen der Energievergeudung verwerflichen bisherigen Arten der Gebäudeheizung durch eine bessere ersetzen. (Lebh. Bravo!)

Ober-Ing. Krämer: Meine Herren! Ich wollte eigentlich zu Punkt: Wahl des Systems sprechen. Von dem, was ich dazu zu sagen habe, hat mir mein Herr Vorredner bereits einen Teil vorweggenommen. Es ist von außerordentlicher Wichtigkeit, daß wir nach den Vereinigten Staaten sehen, denn Amerika hat in den 10 Jahren, in denen wir sehr wenig haben arbeiten können, sehr viel geleistet. Ich bin eigentlich einer etwas anderen Ansicht als der Herr Vorredner. Ich glaube, daß sich im allgemeinen ein Gegensatz zwischen Privatwirtschaft und Allgemeinwirtschaft nicht herausbilden wird. (Sehr richtig!) Ich glaube sogar, daß das, was sich privatwirtschaftlich als vorteilhaft erweist, auch allgemeinwirtschaftlich am vorteilhaftesten ist. Ich möchte da auf einen Passus hinweisen, den ich in einem Buche von Klingenberg gelesen habe über den Bau von großen Elektrizitätswerken. Klingenberg sagt, daß die Kohle bei dem voraussichtlichen Bedarf noch 500 Jahre reichen wird; wir haben also gar keine Ursache, Kohlen zu sparen, denn was in 500 Jahren passiert, darum brauchen wir uns noch nicht zu kümmern. (Heiterkeit.) Der Wert der Kohle ist, solange sie in der Erde liegt, gleich null. Jedes Produkt erhält seinen Wert erst dadurch, daß es mit Arbeit behaftet ist. So ist es auch mit der Kohle, und ich glaube, daß es für die Erzeugung der Wärme für Heizung nur darauf ankommt, wie ich mir die Wärme am billigsten verschaffen kann. Daraus folgernd möchte ich rein gefühlsmäßig sagen, daß wohl das Kraftheizwerk nicht das sein wird, was sich endgültig durchsetzen wird. Doch glaube ich, daß für die gegenwärtige Einstellung es nicht unvorteilhaft sein dürfte, mit Heizkraftwerken, im Anschluß an veraltete Anlagen, die bei den verschiedenen Elektrizitätswerken noch vorhanden sind, zu arbeiten. Wir haben uns in Stettin auch mit der Frage beschäftigt, wir haben uns zunächst rein privatwirtschaftlich eingestellt, und es würde uns schwer fallen, auf eine Rentablität zu kommen, wenn wir unsere vorhandenen Anlagen noch abschreiben bzw. verzinsen wollten, bzw. Rücklagen für einige Erneuerungen machen wollten. Wir haben das Werk vorläufig zurückgestellt wegen Mangel an Mitteln, aber wenn wir Geld bekommen, dann wird auch bei uns ein Heizkraftwerk errichtet. Es wäre für mich sehr interessant, gerade über die Wahl des Systems, ob ein reines Heizwerk oder ein Kraftheizwerk das Gegebene ist, die Ausführungen von verschiedenen Herren zu hören.

Mag.-Baurat Drexler-Frankfurt a. M.: Aus den abweichenden Ansichten der Herren Ginsberg und Osslender über den Kohlenverbrauch der Elektrizitätswerke, und insbesondere aus der Stellungnahme des Herrn Schmidt zu der Frage der Gegendruckmaschinen glaube ich feststellen zu müssen, daß über unsere öffentlichen Elektrizitätswerke, wenigstens soweit diese für eine Kupplung mit Fernheizwerken in Frage kommen, auch in diesem Kreise doch noch so manche Unklarheiten bestehen; sollen aber unsere Bestrebungen, dem Heizkraftwerk eine möglichst weitgehende Verbreitung zu verschaffen, besseren Erfolg haben als bisher, so muß meines Erachtens auch der Wärmetechniker sich mehr als bisher in das Wesen unserer Elektrizitätswerke einleben und sich mit der Eigenart derselben vertraut machen. Ich glaube, und ich spreche hier aus Erfahrung, daß nicht selten ein zu geringes Verständnis von seiten der Wärmefachleute für die betrieblichen und kraftwirtschaftlichen Bedürfnisse der Elektrizitätswerke einen guten Teil dazu beigetragen hat, wenn wir keine oder doch nur geringe Gegenliebe bei den verantwortlichen Leitern der Eltwerke gefunden haben.

Was nun den Kohlenverbrauch unserer Eltwerke betrifft, so ist hier wohl zu unterscheiden zwischen den kleineren, alten Werken, die heute wohl kaum noch als selbständige Betriebswerke, sondern meist nur noch als Unterwerke in Frage kommen, ferner den mittleren Hauptbetriebswerken mit Leistungen von 30—50 000 kW, sowie den modernen Großkraftwerken, die mit allen Hilfsmitteln der neuzeitlichen Technik ausgestattet sind. Für die beiden ersteren Werkarten kann ich Ihnen mit praktischen Betriebszahlen dienen, während mir die Zahlen für ein modernes Großkraftwerk aus der Bearbeitung eines diesbezüglichen Projektes gegenwärtig sind. Bei der Verfeuerung von rheinisch-westfälischer Fettnußkohle mit einem Heizwert von 7 200 WE beträgt der Kohlenverbrauch bei dem Unterwerk 1,7 bis 1,8 kg pro erzeugte kWh, während das Hauptwerk mit einer st. Leistung von 34 000 kW 1,0 bis 1,1 kg Kohle verbraucht. Diese Zahlen erscheinen im Vergleich mit anderen Werken gleicher Größe vielleicht etwas hoch, doch ist dies auf den relativ niederen Belastungsfaktor der fraglichen Werke zurückzuführen. Wesentlich günstiger stellen sich die Zahlen bei einem modernen Großkraftwerk. Unter Zugrundelegung einer Spitzenlast von 40 000 kW und einem Lastfaktor von 0,35 konnten wir bei der Projektierung einer solchen Anlage einen Kohlenverbrauch von 0,62 kg im Jahresmittel errechnen. Es handelt sich dabei allerdings um ein Werk, bei dem alle durch den technischen Fortschritt gebotenen Hilfsmittel, die zur Verbilligung der Anlagekosten und Verminderung des Kohlenverbrauches beitragen, in Anwendung kommen sollten. So war z. B. eine Maschinengröße von 20 000 kW vorgesehen, eine Einheit, die bekanntlich noch für 3000 Umdrehungen gebaut werden kann, und so in bezug auf Anlagekosten und Wärmeausnutzung ein Optimum erzielen läßt; ferner wurde das bekannte Regenerativverfahren für die Speisewasservorwärmung, dann Hochdruckkessel mit reiner Kohlenstaubfeuerung für 35 Atm., 420° Überhitzung, 1200 qm Heizfläche, künstlicher Saugzug, Frischlufterhitzer usw. zugrunde gelegt. Wenn man heute schon anderweitig bei modernen Großkraftwerken einen Kohlenverbrauch von 0,5 kg annimmt, so dürfte es sich hier kaum um einen praktisch erzielbaren Wert handeln. Diese Zahl steht vorerst nur auf dem Papier (Widerspruch). Ja, meine Herren, mir ist weder in Deutschland noch im Auslande ein Werk bekannt, das ein so günstiges Ergebnis aufzuweisen hat. Ich verweise hier auf die mit dem 31. März ds. Js. abschließende Jahresstatistik der englischen öffentlichen Kraftwerke, wonach das Werk Barton der Manchester Corporation den günstigsten Kohlenverbrauch der englischen Elektrizitätsunternehmungen mit 0,685 kg erzielt hat. Ein Kohlenverbrauch von 0,5 kg kann praktisch vielleicht dann erreicht werden, wenn das Werk mit einem ganz außergewöhnlich günstigen Ausnutzungsfaktor arbeitet, was jedoch gerade bei öffentlichen Elektrizitätswerken mit ihren hohen Lichtspitzen und den geringen Nachtbelastungen kaum oder doch nur in Ausnahmefällen möglich sein dürfte. Soviel über den Kohlenverbrauch der öffentlichen Eltwerke.

Wenn man an die Projektierung eines Heizkraftwerkes herantritt, so ist es, wie bereits kurz gestreift, meines Erachtens eine der wichtigsten Aufgaben, sich zunächst über die technischen und betrieblichen Verhältnisse des Eltwerkes, das mit dem Fernheizwerk gekuppelt werden soll, genau zu unterrichten und sich vor allem völlige Klarheit über die kraftwirtschaftliche Bedeutung des Werkes zu verschaffen. Es eignet sich nicht jedes Eltwerk ohne weiteres zur Umstellung auf ein Heizkraftwerk, selbst auch wenn seine Lage hinsichtlich der thermischen Reichweite oder der Wärmedichte des betreffenden Bezirkes noch so großen Anreiz hierzu bietet. Meines Erachtens ist bei der Planung eines Heizkraftwerkes wohl zu unterscheiden, ob es sich hier nur um ein elektrisches Unterwerk oder um ein Hauptwerk, dem die verantwortliche Strombelieferung für das gesamte Versorgungsgebiet obliegt, handelt. Unsere normalen Hauptwerke arbeiten fast durchwegs mit Kondensationsturbinen. Nun ist es bekanntlich gerade die Dampfturbine, die im Gegensatz zur Dampfmaschine das Vakuum im Kondensator kraftwirtschaftlich vorzüglich auswertet; die Wegnahme der Kondensation bzw. die Umstellung auf Gegendruck würde eine Leistungsverminderung herbeiführen, wie sie wohl nur in den seltenstens Fällen von einem Eltwerk vertragen werden könnte. Unsere Hauptelektrizitätswerke mit ihren Turbodynamos und Kondensationsanlagen kommen somit für Heizkraftwerke nur dann in Frage, wenn die Notwendigkeit einer Leistungserweiterung oder eines Neubaues die Möglichkeit zur Beschaffung von neuen Maschinen bietet. Da die Größe dieser Maschinen nach dem jeweiligen Leistungsbedürfnis des Werkes bestimmt werden muß und der Wärmeverbrauch des Heizwerkes mit der Belastung der Maschinen weder zeitlich noch mengenmäßig übereinstimmt, so kommen nur Maschinen in Frage, die über den ganzen Belastungsbereich sowohl als Gegendruck — wie auch als Kondensationsmaschinen laufen. Es handelt sich also um Spezialausführungen, die nicht unerheblich teurer sind als reine Kondensationsmaschinen. Rechnet man dann noch die Kosten für den Mehrbedarf an Kesselleistung für den höheren Dampfverbrauch hinzu, so können die Gesamtkosten für das Heizkraftwerk eine Höhe erreichen, die bei dem heutigen hohen Kapitaldienst die Rentabilität des Unternehmens unter Umständen in Frage stellt. Jedenfalls bedürfen solche Projekte der sorgfältigsten Überprüfung nach der finanzwirtschaftlichen Seite. Herr Kollege Schmidt hat also mit seinem Einwand vollkommen recht, doch darf er dabei nicht unerwähnt lassen, daß dies nur bei den eben skizzierten Heizkraftwerken, also bei einer Kuppelung mit einem Hauptelektrizitätswerk, zutrifft. Bei einem in Frankfurt bearbeiteten Projekt dieser Art errechneten sich für einen Wärmeanschlußwert von 82 Mill. WE die auf die Zentrale entfallenden Mehrkosten auf rund $1^1/_2$ Millionen Mark. Die Anlagekosten für die reine Fernheizanlage wurden zu 3 Millionen Mark kalkuliert. Trotz dieses hohen Anlagekapitals konnte in diesem Falle unter Zugrundelegung eines Wärmeverkaufspreises von 13 M. immerhin noch eine angemessene Rente errechnet werden. Wenn auch der rein privatwirtschaftliche Nutzen nur mäßig ist, so erwachsen durch die Kohlen- und Koksersparnis in der Zentrale und bei den angeschlossenen Wärmeverbrauchern doch so bedeutende volkswirtschaftliche Vorteile, daß den Inhabern öffentlicher Elektrizitätswerke die Pflicht erwächst, die Heizkraftwerke mehr wie bisher tatkräftig zu fördern, zumal sich hierzu gerade in der Jetztzeit, wo durch das sprunghafte Anwachsen des Stromabsatzes die öffentlichen Eltwerke fast durchwegs erweitert oder erneuert werden müssen, eine selten günstige Gelegenheit bietet.

Technisch und betrieblich und nicht zuletzt auch finanzwirtschaftlich weitaus günstiger liegen die Verhältnisse bei einem Heizkraftwerk, das eine Verbindung zwischen einer Fernheizanlage und einem bestehenden elektrischen Unterwerk darstellt. Es handelt sich hier meist um kleinere, in ihrer Maschinenausrüstung veraltete Anlagen, die für die öffentliche Elektrizitätsversorgung heute kaum noch eine Bedeutung haben. Durch die meist günstige Relativlage dieser kleinen Werke zu den Wärmeverbrauchszentren, besonders aber auch, da die Umstellung der vorhandenen Maschinen — es handelt sich meist noch um Kolbenmaschinen — auf Gegendruck ohne technische Schwierigkeiten und größere Auslagen vorgenommen werden kann, sind sie für den Betrieb als Heizkraftwerke ganz besonders geeignet. Nicht die Krafterzeugung, sondern die Abwärmegewinnung ist bei diesem System Hauptzweck des Betriebes. Hier besteht die Möglichkeit, die Stromerzeugung auf den Wärmebedarf des Heizwerkes einzustellen, wodurch eine überaus günstige Dampfausbeute gewährleistet ist. So können die kraftwirtschaftlich bedeutungslos gewordenen elektrischen Unterwerke durch Kuppelung mit einem Heizwerk wieder lebensfähig und rentabel gestaltet werden, wie die Heizkraftwerke in Hamburg, Kiel, Braunschwweig usw. zeigen.

Sie sehen, meine Herren, daß die von mir geschilderten beiden Heizkraftsysteme in technischer Hinsicht, in ihrer Betriebs- und Arbeitsweise und nicht zuletzt in ihrem wirtschaftlichen Ergebnis sich wesentlich voneinander unterscheiden. Bei der Planung eines Heizkraftwerkes scheint es mir daher ein unbedingtes Erfordernis zu sein, daß man sich in erster Linie über die Art und die kraftwirtschaftliche Bedeutung des für das Heizkraftwerk in Frage kommenden Elektrizitätswerkes klar wird; nur so vermag man den berechtigten Forderungen der verantwortlichen Elektrizitätswerksleiter in zulässigen Grenzen Rechnung zu tragen, wodurch ich mir allein ein reibungsloses Zusammenarbeiten mit diesen und eine bessere Förderung der Heizkraftsache wie bisher verspreche.

· Noch kurz ein paar Worte über Heizwerke in Verbindung mit Gasanstalten.

Ich freue mich, daß einer der Herren Vorredner dieses Thema angeschnitten hat, denn ich glaube, daß sich für den Wärmewirtschaftler gerade nach dieser Richtung noch ein überaus fruchtbares Arbeitsgebiet eröffnen wird. Die neueren Bestrebungen der Gasfabriken, an Stelle der bisherigen Retortenöfen Großkammeröfen zu setzen, also Zechenkoksanlagen einzuführen, sind bekannt. Bei diesem Verfahren fallen durch die trockene Kokskühlung, durch die Auswertung des Wärmeinhaltes der von den Wassergasgeneratoren abziehenden Blasgase, ferner aus den Dampfmänteln der Heizgasgeneratoren Dampfmengen an, die nicht nur den Eigenbedarf des Gaswerkes decken, sondern auch noch in beträchtlichen Mengen für Heizzwecke zur Verfügung stehen. So lassen sich z. B. bei einem täglichen Kohlendurchsatz von 600 t aus den verschiedenen Arbeitsgängen rund 300 t Dampf mit einer Spannung von 20 und mehr Atmosphären gewinnen. Für den Gebrauchsdampf in der Gasanstalt selbst, also in der Nebenproduktiongewinnung, in der Wassergasanlage, in den Koksgeneratoren usw. genügt aber eine Spannung von 4 Atm., für Fernheizzwecke im allgemeinen von 2—3 Atm., so daß es ganz selbstverständlich ist, daß der als Nebenprodukt bei den genannten Arbeitsgängen gewonnene Betriebsdampf erst zur Arbeitsleistung in Kraftmaschinen herangezogen wird, ehe er als Abfallprodukt im Eigenbetrieb und im Heizwerk Verwendung findet. Hierzu kommen noch erhebliche Mengen Betriebsdampf, die durch Auswertung der Abgase der Gasmaschinen in Abhitzekesseln erzeugt werden. Bekanntlich tritt bei gleicher Starkgaserzeugung in Zechenkoksanlagen gegenüber dem bisherigen Verfahren ein wesentlich höherer Koksanfall ein. Ein Überangebot auf dem Koksmarkt und damit eine ungesunde Preissenkung, die sich wiederum auf den Gaspreis auswirken würde, wäre die Folge. Man muß einen Regulator für Angebot und Nachfrage einschalten. Dieser liegt in der Vergasung des Koksüberschusses in Drehrostgeneratoren zu Kraftgas und dessen Verwendung in Gaskraftmaschinen für elektrische Energieerzeugung. So gelangen wir zu einer Kombination von Gas-, Elektrizitäts- und Heizwerk, ein System, das in wirtschaftlicher Hinsicht selbst vom modernsten Großkraftwerk nicht übertroffen werden kann. Ich könnte dies mit Zahlen belegen, doch würde dies hier wohl zu weit führen. Ich glaube auf Grund eines eingehenden Studiums dieser Materie bestimmt annehmen zu dürfen, daß gerade dieses Problem in der großstädtischen Wärme- und Elektrizitätsversorgung noch eine recht bedeutende Rolle spielen wird.

Obering. Rheineck-Barmen: Wärmewirtschaftlich und auch volkswirtschaftlich ist es natürlich das einzig Richtige, wenn Kraft und Wärme zusammen erzeugt werden. Ob das privatwirtschaftlich richtig ist, das ist eine andere Frage. Das muß von Zeit zu Zeit in dem einzelnen Fall durch die Rentabilitätsberechnung geprüft werden und hängt sehr viel von der Lage der Verbrauchszentren zum Werke ab. Wir werden in Barmen in nächster Zeit zwei Werke haben, eins mit direktem Heizbetrieb und eins mit Abdampfverwertung. Unser erstes Werk hat sich aus einer Heizungsanlage für das Rathaus entwickelt und hat sich bisher sehr gut bewährt. Unsere zweite Anlage, die wir jetzt im Bau haben, geht von anderen Gesichtspunkten aus und wird an das Elektrizitätswerk angeschlossen. Wir haben hierbei folgende Erwägungen in Betracht ziehen müssen: Die Barmer Industrie setzt sich teilweise aus Betrieben zusammen, die sehr viel Dampf benötigen, andererseits sind auch wieder Merzerisieranstalten vorhanden, die Strom und Dampf benötigen. Es sind uns große Betriebe infolge Ausbaues ihrer eigenen Anlagen auf den Grundlagen der Wärmewirtschaft als Stromabnehmer verlorengegangen. Sie haben sich selbst Anlagen gebaut mit Krafterzeugung und Abdampfverwertung. Früher bezogen sie den Strom von uns, jetzt erzeugen sie ihn selbst. Wir sahen uns deshalb genötigt, um hier in Konkurrenz treten zu können, auch ein hochwertiges Werk zu schaffen, und haben unser Elektrizitätswerk für Abdampfverwertung umgebaut; dadurch können wir mit diesen Werken konkurrieren. Wir wollen ihnen nicht nur den Strom, sondern auch den Dampf liefern. — Es ist selbstverständlich, daß wir bei der Rentabilitätsberechnung den Strompreis nicht höher einsetzen können, als er uns tatsächlich wert ist. In unserem großen Überlandwerk in Hattingen kostet uns der Strom $3^1/_2$ Pf. inkl. Arbeit, Verzinsung und Amortisation, das entspricht ungefähr 2 kg Kohlen. Mehr können wir auch nicht einsetzen bei unserem neuen Heizkraftwerk, und wenn wir mehr einsetzen würden, so würden wir uns selbst betrügen. Es ist uns außerdem eine Beruhigung, daß wir unser verhältnismäßig kleines Elektrizitätswerk beibehalten können, denn es dient uns als Reserve, weil die Überlandzentralen öfters versagen. Es sind das Gesichtspunkte, die heute noch nicht erwähnt worden sind. Die verkaufte Wärme darf natürlich nicht wesentlich teurer kommen, als sie der Abnehmer selbst erzeugt; wenn auch die Bequemlichkeit eine große Rolle bei den Heizungsbesitzern spielt, so will doch der Abnehmer nicht mehr bezahlen, und man darf auch hier nicht mit unverhältnismäßig hohen Wärmepreisen rechnen. Der Wärmepreis richtet sich nach dem Brennmaterial, das die Betriebe bisher verheizt haben. Wenn sie bisher Koks verheizt haben, so kann man, wenn man im Heizkraftwerk Steinkohle verwendet, verhältnismäßig günstige Wärmepreise erzielen, weil der Kokspreis ungefähr das $1^3/_4$fache des Kohlenpreises ausmacht. Dadurch läßt sich natürlich auch ein guter Preis erzielen. Wenn man für die Industrie Dampf abgibt, so wird man selbstverständlich diesen Preis nicht bekommen können. Wir wollen z. B. den Industriedampf — das Werk ist noch nicht im Betrieb — für etwa $4^1/_2$ M. abgeben, und wir kommen damit auf unsere Rechnung, während Heizdampf etwa zu 7 M. pro Tonne abgegeben wird für kleinere Abnehmer. Bei größeren Abnehmern gewähren wir auch bei Heizdampfentnahme Rabatt, der allerdings nicht sehr erheblich ist.

Noch ein paar Worte über Konsumentenwerbung. Wir haben unser neues Werk angefangen, ohne daß wir irgendeinen festen Abnehmer hatten. Wir hatten uns allerdings nach der Stimmung in den in Frage

kommenden Kreisen erkundigt. Das bisherige Werk hat sich sehr gut
bewährt und man drängte sich nach den Anschlüssen. Das bestehende
Werk hat etwa 8—9 Millionen WE angeschlossen. Mit unserem neuen
Werk haben wir bisher Verträge fest abgeschlossen über 15 MillionenWE,
und sind noch wegen Anschlüssen von etwa 10 Millionen WE in Unter-
handlungen. Wir haben nur durch Zeitungspropaganda, wobei uns die
Zeitungen unterstützten und wir auf die Vorteile hingewiesen haben,
diese Abnehmer bekommen.

Eine Schwierigkeit des Zusammenarbeitens zwischen dem Elektrizitätswerk und Heizbetriebe wird wohl nicht stattfinden, denn der Strombedarf ist so groß, daß, wenn mit Auspuff gearbeitet wird, gegenwärtig
die Stromerzeugung zu jeder Zeit restlos im Netz wird aufgenommen
werden können. Ein erheblicher Teil des Strombedarfs muß also noch
immer, wie bisher, im Kondensationsbetrieb dazu erzeugt werden. Von
der Entwicklung der Heizwerke hängt es ab, ob dies so bleiben wird,
denn die für Heizzwecke verfeuerte Kohlenmenge macht bekanntlich ein
Vielfaches von der für Krafterzeugung benötigten Menge aus, und es
ist nicht unmöglich, daß in Zukunft die Elektrizitätswerke als Anhängsel
an Heizwerke betrieben werden, während bis jetzt der umgekehrte Weg
beschritten wird.

Stadtbaumeister Schilling: Ich komme zu den Ausführungen, die
ich machen möchte, etwas spät. — Gestatten Sie mir, der ich sozusagen
bei der Geburt der deutschen Städteheizungen zugegen gewesen bin,
dem Verein Deutscher Heizungs-Ingenieure ein paar Worte des Dankes
zu sagen, und ich glaube damit auch im Namen derjenigen Herren zu
sprechen, die nicht Mitglieder des Vereins Deutscher Heizungs-Ingenieure
sind. Der Verein Deutscher Heizungs-Ingenieure hat mit der Einbe-
rufung der heutigen Tagung eine Tat vollbracht, deren ganze Tragweite
und Notwendigkeit der nur voll und ganz zu ermessen vermag, der seit
geraumer Zeit mitten in der Entwicklung steht. Der schlagendste Beweis für die Notwendigkeit ist die gewaltige Teilnehmerzahl aus allen
Teilen des Vaterlandes und darüber hinaus. Sollte nun nach dieser
bestens vorbereiteten Tagung der eine oder andere etwas unbefriedigt
nach Hause gehen, weil er immer noch kein Städteheizwerk zu bauen
vermag oder es nicht mit einem Optimum der Wirtschaftlichkeit zu
leiten vermag, so lasse er sich folgendes gesagt sein: Ich betrachte die
heutige Tagung nicht so, als wenn hier die letzten Fragen über Systemarten, Ausführungsmethoden oder Betriebsführung geklärt werden sollten oder könnten. Diese Fragen kann eine Versammlung von 500 Köp-
fen in zwei halben Tagen nicht klären, sondern nur einige ganz wenige
in längerer ausdauernder Arbeit, denen bereits die entsprechenden Erfahrungen zur Seite stehen und denen sich rückhaltlos die Betriebs-
und Wirtschaftsbücher unserer sowie amerikanischer Werke öffnen.
Die heutige Versammlung mag das nun bereits einige Jahre alte und

jüngste Kind unseres Heizfaches hier in Berlin aus der Taufe heben. Die Patenschaft ist in stattlicher Zahl erschienen, und diese stattliche Zahl erst vermag dem Verlangen nach kräftiger Weiterentwicklung Rechnung zu tragen und den Männern, die der Verein mit der gründlichen Bearbeitung von Richtlinien für den Bau wie für den Betrieb betrauen wird, auch nach außen hin den Rücken zu stärken. Ich wünsche, daß dieses Fest der Taufe gedeihlich und ersprießlich verlaufen möge, und daß der Verein den nun einmal auf Anregung von Herrn Obering. Kloos beschrittenen Weg tatkräftig und mit Erfolg weiter verfolgen möge.

Nun noch ein paar Worte zu den Systemarten. Es ist von verschiedenen Rednern gewünscht worden, hierüber noch einiges zu hören.

In den vorliegenden Leitsätzen sowie in allen meinen gedruckten Ausführungen ist stets betont worden, daß die Frage der Wärmequellen von Fernheizwerken — gleichgültig, ob es sich um reine Frischdampfheizwerke oder Abwärmeheizwerke handelt — sich nur von Fall zu Fall erörtern läßt, und ich betrachte es als Zeitvergeudung, wenn wir uns hier in lange diesbezügliche Debatten einlassen. (Sehr richtig!) Allgemein möchte ich zur Systemwahl noch folgendes sagen: Noch vor einem Jahr wies man das Frischdampfheizwerk als einfach unwirtschaftlich zurück. Es liegt aber sehr nahe — und gefühlsmäßig möchte man nach den Erfahrungen, welche wir in Deutschland beim Bau von Fernheizwerken für Krankenhäuser und für große Industrieunternehmungen gesammelt haben, sagen, daß solche Heizwerke, bei denen die Kraft- und die Heizspitze zusammenfallen, als kombinierter Betrieb allein wirtschaftlich sind. Nun aber berichtet die amerikanische Literatur, daß in Amerika Frischdampfheizwerke aus wirtschaftlichen Erwägungen heraus heute vorzugsweise gebaut werden, und unser Barmer Heizwerk, das keineswegs so klein ist, wie die Angaben in den Richtlinien besagen, denn es beheizt heute 62 Gebäude mit 11 Millionen WE, bestätigt die amerikanischen Erfahrungen. Es ist nämlich bei uns während mehrerer Jahre nacheinander erwiesen worden, daß wir mit einem Nettoüberschuß von 30%, auf das Anlagekapital bezogen, wirtschaften, dabei betone ich ausdrücklich, daß das Kapital des in der Inflationszeit gebauten Werkes auf Goldmark umgewertet ist.

Ich kann mir nun nicht denken, daß ein kombiniertes Werk wesentlich günstiger zu arbeiten in der Lage ist.

Zugunsten des Frischdampfheizwerkes spricht noch der Umstand, daß ein solches Werk in der heutigen Zeit der Kapitalnot viel leichter zu erstellen ist als ein Abwärmeheizwerk, und es ist tief bedauerlich, daß in manchen Fällen die Errichtung von Fernheizwerken unterbleibt, weil die Kosten für ein Abwärmeheizwerk heute nicht erschwinglich sind; hätte man dabei den Bau eines Frischdampfheizwerkes erwogen, so wäre man vielleicht zu der Überzeugung gekommen, daß die Ausgaben für dieses Werk erschwinglich sind, ohne daß der Reingewinn des Unternehmens sich nennenswert verkleinert.

Im Zusammenhang hiermit möchte ich noch einige Worte über die Kapitalnot allgemein sprechen. Während wir bisher unter dem Druck der Kohlennot ein Optimum der Wärmewirtschaft anstrebten, ist diese Kohlennot heute behoben und wir haben nur noch eine Kapitalnot, die es uns zur patriotischen Pflicht macht, so billig wie möglich zu bauen, also zu versuchen, ohne Auslandsanleihen unsere Werke zu einem möglichst geringen Preise zu erstellen. Tun wir das nicht, so laufen wir Gefahr, in eine neue Inflation hineinzukommen.

Vorsitzender: Es liegen noch 5 Wortmeldungen vor. Nehmen Sie es mir aber nicht übel, wenn ich nach den herzlichen und anerkennenden Worten des Herrn Stadtbaumeisters Schilling den ersten Teil hiermit schließe und die Frühstückspause eintreten lasse.

Pause von 12—1 Uhr.

Nachmittagssitzung.

Vorsitzender Obering. Tilly: Wir gehen weiter in der Tagesordnung. Es liegen noch verschiedene Wortmeldungen vor zum ersten Teil. Zuerst von Herrn Baurat Schmidt.

Baurat Schmidt-Charlottenburg: Es herrscht teilweise die falsche Meinung, daß ein Heizwerk im Sommer ganz ruhen müsse. Stellen Sie sich nun vor, daß ein großer Stadtteil beheizt werden soll, in dem große, bessere Wohnhäuser liegen, wo sämtliche Mieter nicht nur Zentralheizung haben, sondern auch Warmwasserversorgung. Diese Warmwasserversorgung muß unter allen Umständen auch im Sommer gewährleistet werden. Es ist nicht angängig, daß man den Hausbesitzern sagt: im Winter, für 7 Monate, werden wir euch die Wärme für das Warmwasser liefern, aber im Sommer macht es euch allein. Das wäre so, als wenn das Elektrizitätswerk sagen würde: im Winter werden wir euch die Beleuchtung liefern, aber im Sommer steckt hübsch die Petroleumlampe an. (Sehr richtig!) Ich kenne auch Industriebauten, die sehr gute Abnehmer einer Stadtheizung sind und denke ferner an Badeanstalten, Färbereien und Wäschereien. Diese alle müssen auch im Sommer unbedingt von der Stadtheizung die Wärme erhalten können. Man kann diesen guten Abnehmern nicht zumuten, im Sommer die Wärme durch eigene Kesselanlagen herzustellen oder dann ihre alten Kesselanlagen wieder in Betrieb zu nehmen und neues Personal dafür einzustellen.

Direktor Rettig: Herr Dr. Marx hat schon einleitend erwähnt, daß der Verein Deutscher Heizungs-Ingenieure den Gedanken gefaßt hat, die Behörden Groß-Berlins für die Errichtung eines Städteheizwerkes Berlin-Zentrum besonders zu interessieren.

In dem hier ausgehängten Lageplan, den die Firma Rietschel & Hennerberg G. m. b. H., Berlin, zur Verfügung gestellt hat, ist der dafür zunächst in Aussicht genommene Stadtteil gekennzeichnet, und daraus ist leicht zu ersehen, daß es sich hierbei um einen Stadtteil handelt, für den ein Fernheizwerk in der heutigen Zeit des Verkehrs zu einer zwingenden Notwendigkeit wird. Denn dieser Stadtteil weist eine derartig günstige Wärmedichte auf, wie sie in Groß-Berlin nirgends mehr erreicht wird.

Das geplante Stadtheizwerk Berlin-Zentrum soll zunächst im Westen bis zur Friedrichstraße, im Norden bis zur Oranienburger Straße, im Süden bis zur Leipziger Straße und im Osten bis zum Schlesischen Bahnhofe reichen, kann aber später noch weiter ausgedehnt werden, wenn die Heizzentrale etwa am sogenannten Inselspeicher erbaut wird.

In dem vorstehend begrenzten Stadtteil befinden sich etwa 200 zentral geheizte Gebäude mit einem Wärmebedarf von etwa über 100 Millionen WE je Stunde, zu denen eine große Anzahl behördlicher Monumentalbauten zählen, wie z. B. Rathaus, Stadthaus, Finanzamt, Landgericht, Polizeipräsidium, Oberpostdirektion, Börse, Dom, Schloß, Marstall sowie die großen Waren- und Kaufhäuser der Firmen Wertheim, Tietz, Israel, Hertzog u. a. m.

Durch die Lage der Heizzentrale an der Spree würde sich die Brennstoffzufuhr zu Wasser äußerst günstig gestalten und eine große Entlastung der Straßen in dem dichten Verkehrsviertel infolge Fortfallens der Kohlenfuhrwerke für die derzeitigen Einzelzentralheizungen zur Folge haben. Schon bei einem Ausbau dieses Werkes für eine Wärmelieferung bis zu 100 Mill. WE würden etwa 9200 Lastautos zu je 5 t, oder 18 400 Pferdegespanne zu je $2^1/_2$ t für die Anfuhr von Brennstoffen der Einzelzentralheizungsanlagen fortfallen, wobei etwa 8% dieser Zahlen für die Fortschaffung von Asche und Schlacke aus den Einzelanlagen noch gar nicht berücksichtigt sind. Wird z. B. die Anfuhr dieser gewaltigen Brennstoffmengen auf je 4 Tage jeder Woche über das ganze Jahr verteilt, so sind täglich 92 Fuhrwerke in den Straßen unterwegs, und wer den Verkehr in diesem Stadtteil Berlins kennt, kann sich ein Bild von der Erleichterung machen, die durch das Verschwinden dieser Fuhrwerke von den Straßen entstehen würde. Denn in Wirklichkeit verteilt sich die Brennstoffzufuhr nicht über das ganze Jahr, sondern sie drängt sich für gewöhnlich auf die Herbst- und Wintermonate zusammen, also auf eine Zeit, in der die Straßenbeschaffenheit durch Regen und Schnee zu Verkehrsstockungen ohnehin mehr Veranlassung gibt wie im Sommer, und in der auch infolge der kurzen Tage und der damit bedingten künstlichen Straßenbeleuchtung die Verkehrsschwierigkeiten erheblich größer sind. Aber auch die Frage der Rauch- und Rußplage in diesem so dichtbebauten Stadtteil würde mit einem Schlage durch dieses Stadtheizwerk in hygienischer Beziehung gelöst werden, die für die Berliner Bevölkerung im Cityviertel eine wichtige Lebensfrage geworden ist.

Wohl in keiner deutschen Großstadt im allgemeinen und in keinem Stadtteil Groß-Berlins im besonderen können sämtliche Vorteile eines Fernheizwerkes gegenüber den bestehenden Einzelzentralheizungen besser zur Auswirkung kommen als im Zentrum Berlins.

Nach alledem gewinnt man die Überzeugung, daß hier die Verhältnisse für ein Stadtheizwerk auch ohne Kuppelung mit einem Kraftwerk so günstig wie nur möglich liegen und denen in Amerika nahezu gleichkommen, wo sich die reinen Heizwerke in der Mehrzahl befinden.

Da sich in diesem Stadtgebiete auch Fabrikationsbetriebe befinden, die auch Dampf für Industriezwecke benötigen, so könnte den betreffenden Fabriken von dem Stadtheizwerk auch der erforderliche Betriebsdampf geliefert werden.

Es ist daher dringend zu wünschen, daß dieser großzügige Plan in allen beteiligten Kreisen die nötige Unterstützung findet, damit alsbald das erste große Stadtheizwerk Berlin-Zentrum erbaut und in Betrieb gesetzt werden kann.

Dipl.-Ing. Hugo Wendt-Bielefeld: Es ist sehr viel über die wirtschaftliche Seite gesprochen worden. Es wurde vorhin behauptet, die Kohlenvorräte würden noch 500 Jahre reichen. Ich möchte einen anderen Gesichtspunkt hineinbringen. Es ist möglich, daß die Kohlen für 500 Jahre den Bedarf decken werden und wir uns mit der Kohlenbeschaffung hier nicht weiter zu beschäftigen brauchen; es besteht aber die Möglichkeit, daß durch die Verflüssigung der Kohle der feste Brennstoff so wertvoll wird, daß wir seinen Wert bedeutend höher einschätzen müssen als bisher.

Dann möchte ich Ihnen die Zahlen des Kohlenverbrauches im Jahre 1924 in dem Stadtgebiet Bielefeld angeben:

Bevor wir uns mit dem Plan der Städteheizung befaßten, haben wir uns überlegt: Wieviel Brennstoffe, seien es flüssige oder feste, werden in Bielefeld verbrannt bzw. wirtschaftlich ausgenutzt? Es ergaben sich folgende Daten: Von den ankommenden 320 000 t Kohlen im Werte von 9,6 Mill. Goldmark (die Tonne zu 30 M. frei Kesselhaus gerechnet) verarbeitet die Industrie für Kraft- und Wärmezwecke in eigenen Anlagen für etwa 5,5 Mill. M. Es folgt der Hausbrand mit 2 Mill. M. und das Kleingewerbe mit rund 450 000 M. Das Elektrizitätswerk hatte einen Brennstoffverbrauch für etwa 800 000 M., um den geforderten Licht- und Kraftstrom des ganzen Versorgungsgebietes erzeugen zu können. Fast die gleiche Menge wanderte in das Gaswerk für die Gas-, Koks- und Teerproduktion. Man bedenke, daß von den 9,6 Mill. M. der jährlich wiederkehrenden Kohlenausgaben nur etwa 2,6 Mill. M. nutzbringend angelegt werden. Die übrigen 7 Mill. M., eine Summe, die unter Umständen noch größer sein kann, sind verlorengehende Wärmemengen, deren Vernichtung weitere Ausgaben erfordert. Wenn man sich überlegt, was macht die Kohle in Bielefeld? Sie wird benötigt einmal für Kraftzwecke und das andere Mal für Wärmezwecke. Betrachten wir den Hausbrand mit seinem Jahresbedarf von 2 Mill. M. Von diesen 2 Mill. M. werden nur die minderwertigen Teile des Brennstoffes ausgenutzt; minderwertig in bezug auf Temperatur, d. h. die Arbeitswerte, durch die die Kohle gerade so wertvoll ist, werden nicht ausgenutzt.

Es werden aus dem Brennstoff, dessen Kosten 2 Mill. M betragen, nur die Wärmemengen verwertet, die unter der Temperaturgrenze von 100° frei werden. Beispielsweise könnten mit den Hausbrandkohlen Bielefelds im Werte von 2 Mill. M. jährlich neben der Raumheizung elektrische Energien erzeugt werden, die den Strombedarf sämtlicher Abnehmer für mindestens 2—3 Jahre decken würden. Dabei rechne ich den Kohlenverbrauch für die Kilowattstunde mit 3 kg. Es fehlen selbstverständlich zum Teil die hierfür nötigen Einrichtungen. Man sollte jedoch das Ziel anstreben, diese Arbeitswerte der Hausbrandkohle auszunutzen, und von diesem Gesichtspunkte aus an die Projektierung der Städteheizung herantreten. In den Elektrizitätswerken ist es nicht so wichtig, die Wärme bis zur untersten Temperaturgrenze auszubeuten, da diese eine hohe Ausnutzungsziffer besitzen. Sie verwandeln die Arbeitswerte der Kohle in hochwertige elektrische Energie, bei Dampfanlagen bis zu 15%, bei Dieselanlagen vielleicht bis zu 25%, in einzelnen Fällen bis 32% und im Idealfall bis zu 48%. Diese Prozentsätze der Arbeitswerte der Brennstoffe bringen dem Kaufmann den großen Gewinn. Bei der Hausbrandkohle verzichtet man sonderbarererweise auf die Ausnutzung dieser Arbeitswerte. Man sollte deshalb die Wärme für Raumheizzwecke den Abwärmemengen der Schornsteinabgase, der Färbereien usw. entnehmen.

Dr.-Ing. Arnoldt: An die Erörterung der Wirtschaftlichkeit hat der Herr Koll. Schilling die Bemerkung geknüpft, daß viele Werke, die als Kraftheizwerke nicht rentabel seien, doch rentabel sein würden, wenn sie als reine Heizwerke gebaut würden. (Rufe: Mißverstanden!) Er hat gesagt, daß in vielen Fällen die großen Anlagekosten eine Rentabilität der Heizkraftwerke verhindern, und daß die Rentabilität da sein würde, wenn man solche Werke bauen würde als reine Heizwerke.

Stadtbaumeister Schilling: (Zur Richtigstellung.): Ich habe gesagt, daß die hohen Anlagekosten für die kombinierten Werke in vielen Fällen nicht aufzubringen sind, und demzufolge der Bau der kombinierten Werke oder überhaupt der Heizwerke unterbleibe, während man unter Umständen das geringere Kapital für ein reines Heizwerk aufbringen könnte.

Dr.-Ing. Arnoldt (fortfahrend): Ich möchte im Anschluß hieran auf etwas hinweisen, was mir das Wichtigste zu sein scheint bei der Planung eines Fernheizwerkes. Dieser wichtige Punkt ist in den Leitsätzen zwar enthalten, aber versteckt, und das ist, daß eine Wirtschaftlichkeit nur dann da sein wird, wenn eine gewisse Dichte der Wärmeabnahme in der betreffenden Stadt vorhanden ist. Ich war neulich als Gutachter von einer Gemeinde berufen und hatte da sagen sollen, ob sich eine Städteheizung dort lohne. Die betreffende Stadt war Feuer und Flamme für eine derartige Planung, aber, meine Herren, es hat sich herausgestellt, daß die Entfernung der Wärmebezieher der großen Heizanlagen, die dort angeschlossen werden sollten, eine so große war, daß eine Wirtschaftlichkeit nicht zu erzielen war, weil die Leitungen zu lang und dementsprechend zu teuer waren. Und daher meine ich, daß alle diese Fälle im einzelnen von einem Ingenieur genau durchgeprüft werden müssen, daß festgestellt werden muß durch genaue Kostenanschläge, durch positive Zahlen, ob eine Rentabilität vorhanden ist oder nicht. Denn darüber sind wir uns einig, daß solche Sachen nicht zum Schlagwort erhoben werden dürfen. (Sehr richtig!) Es macht jetzt manchmal den Eindruck, als ob jede Stadt ein Stadtheizwerk haben muß. (Sehr richtig!) Davor kann man nicht genug warnen, gerade weil ein so guter Gedanke in der Stadtheizung drinsteckt und gerade weil die kolossale Anregung, die dem Erwerbsleben geboten wird, zunichte gemacht werden könnte durch fehlerhafte und falsche Ausführungen.

Direktor L. B. Huygen (Holland): In Groningen ist nach den Ideen des Herrn van der Wonde eine Fernheizung ausgeführt, welche in mancher Hinsicht unsere Aufmerksamkeit verdient. Hier ist gebrochen mit dem geschlossenen System, und das Warmwasser wird nach den einzelnen Stellen gedrückt in derselben Weise, wie dies mit Kaltwasser geschieht. Es fließt unter eigener Schwerkraft in die Zentrale zurück. — Dieses Schema hat seine eigenen Vor- und Nachteile, scheint aber nach allen gemachten Erfahrungen überall dort am Platze zu sein, wo es sich handelt um Anschluß von vielen Einzelwohnungen. — Der Begriff der Städteheizung ist m. E. noch zu stark verknüpft mit dem Anschluß der sehr großen, günstig gelegenen Gebäude. — Ich glaube, daß die Ideen des Herrn van der Wonde in bezug auf die Beheizung sehr vieler kleiner Wohnungen vielversprechend sind. Der Einzelbewohner ist nicht der Besitzer des Bankhauses, auch nicht derjenige des Warenhauses oder Hotels, sondern es ist der Alltagsmensch. — Wir wollen Städte beheizen und müssen acht geben auf die Bewohner, und dürfen nicht zu sehr festhalten an den Grundgedanken, auf denen in den letzten Jahrzehnten die Anlage größerer Gebäude aufgebaut ist. Wie in jeder Geschäftsbranche, so bringt auch hier der Massenmann den Umsatz, und den müssen wir haben. Der Massenmann wohnt in bestehenden Häusern und besitzt nur in sehr geringem Maße Zentralheizung. Die zu bauenden Hausinstallationen müssen also sehr einfach und sehr billig sein, sie dürfen nicht eingreifen in die Wohnungseinrichtung. Wir müssen uns dabei richten nach den elektrischen Lichtinstallationen, die ohne Beschwerden in ein paar Tagen eingebaut und ohne jeden Anstand sofort betriebssicher fertig gemacht werden.

Es ist in dem vorgeschlagenen System besonders notwendig, acht zu geben auf Entlüftung der Rohrleitungen und auf die damit zusammenhängende gezwungene Rohrführung. Auch können wir uns nicht ein nachheriges Einregeln der Heizkörper erlauben. Bei Warmwasserheizung wird jedoch das Einregeln der in der Ferne angeschlossenen Einzelanlagen überhaupt stets schwieriger, je nachdem sich der Wirkungskreis erweitert. Es gibt Umstände, unter denen der Dampf als Heizmittel nicht zu vermeiden ist, und wir spüren eine unbewußte Tendenz nach dem Dampfsystem, weil die Fernwasserheizung für sehr große Abstände Schwierigkeiten bietet in bezug auf Einregeln der Heizkörper. Erklärlich ist diese Tendenz auch dadurch, weil in erster Linie · der Anschluß größerer Gebäude bezweckt wird und nicht derjenige von Wohnungen der Masse. Für die eigentliche Städteheizung im Sinne der Allgemeinheit besitzt die Fernwarmwasserheizung sicher die meisten Vorteile und hat gerade die deutsche Wissenschaft uns solches gelehrt. Der Kleinbürger verlangt 2—4 Radiatoren, angeschlossen an ein Hausleitungsnetz, weil letzteres nicht mehr Beschwerden und Kosten verursacht wie seine Kaltwasserleitung. Das Groninger System gibt jeder Wohnung ein eigenes Druckbehälterchen. Das Warmwasser wird geliefert aus der Druckleitung der Zentrale so, wie es geschieht für das Kaltwasser von der Gemeinde. Das Wasser wird in die Radiatoren gezapft, nimmt etwaige Luft mit und erfordert nur einen geringen Querschnitt der Röhren. Der Warmwasserdruck vor jedem Heizkörperventil bleibt konstant, unabhängig davon, ob der Heizkörper unmittelbar neben der Zentrale oder in einer Distanz von Kilometern liegt. Aus demselben Grunde wird die Wärmemessung mittels sehr normaler und billiger Wassermesser außerordentlich genau ausfallen können. — Die Hauptleitung der Einzelwohnungen fällt sehr dünn aus und wird meistens nicht größer als $^1/_2$—$^3/_4$''. Sie kann mit beliebigen Bogen und Säcken verlegt werden.

Das Groninger Beispiel hat uns gelehrt, daß es möglich ist, mit sehr geringen Mitteln die wirkliche Stadtheizung, d. h. diejenige für die normalen Massenwohnungen durchzuführen. — Die Hochdruckfernheizung kann in dieser Beziehung sicher nicht die angemessene sein. Das Groninger Verfahren liefert eine Möglichkeit, auf sehr weite Distanzen kleine Gebäude anzuschließen ohne Mithilfe des Elektrizitätswerkes. (Großer Beifall!)

Direktor W a r r e l m a n n (Märkisches Elektrizitätswerk): Meine Herren! Gestatten Sie mir vom Standpunkte der Kraftwirtschaft einige Worte zu der Frage: Ist das Problem der Fernheizung durch Heizwerke oder durch Kraftheizwerke zu lösen? Die Kraftwirtschaft verdankt ihre großen Erfolge in erster Linie der mit Konsequenz durchgeführten Zentralisation der Krafterzeugung, und zwar unter Ausnutzung der Reichweite eines einzelnen Kraftwerkes bis zu einigen 100 km. Da im allgemeinen der Verbrauch innerhalb des von einem Werke zu versorgenden Gebietes mit dem Quadrate der Reichweite des Werkes zunimmt, so ist die Reichweite für eine möglichst umfangreiche Zusammenfassung und Verbilligung der Produktion von ausschlaggebender Bedeutung.

Wie steht es nun mit der Reichweite der Fernheizwerke? Sie ist außerordentlich gering im Vergleich zur Reichweite elektrischer Kraftwerke, so daß, abgesehen von Sonderfällen, die Krafterzeugung in Heizkraftwerken das Aufgeben der wesentlichsten Vorteile zur Folge haben muß, die für die Entwicklung der zentralen Kraftwirtschaft ausschlaggebend waren. Diese Vorteile bestehen bekanntlich in der Verwendung großer, für die Leistungseinheit billig zu erstellender, vorzüglich ausgenutzter und billig zu bedienender Anlagen für die Krafterzeugung, die dank ihrer großen Reichweite vorteilhaft dort errichtet werden, wo die Betriebsstoffe am billigsten zu beschaffen und auszunutzen sind.

Außerdem müssen Fernheizwerke bei der Erzeugung ihres Wärmebedarfs in Heizkraftwerken sich mit geringeren Reichweiten begnügen, als sie bei Anwendung von Heizwerken dank höherer Dampfspannung erzielt werden können. Heizkraftwerke führen daher zu einer weiteren Verringerung der an und für sich geringen Zentralisationsmöglichkeit der Wärmeerzeugung mit allen ihren Nachteilen, vor allen Dingen jedoch zu einer wesentlichen Beeinträchtigung der wirtschaftlichen Wärmeverteilung.

Diese nicht zu unterschätzenden Nachteile eines Heizkraftwerkes müssen durch Ersparnisse im Brennstoffverbrauch einen Ausgleich finden. Ich gebe ohne weiteres zu, daß Fälle möglich sind, bei denen infolge günstiger zeitlicher Überdeckung des Kraft- und Wärmebedarfs die Nachteile eines Heizkraftwerkbetriebes durch Brennstoffkostenersparnisse reichlich ausgeglichen werden können. Im allgemeinen jedoch — insbesondere bei der heute hier zur Erörterung stehenden Städteheizung — werden die wirtschaftlichen Vorteile der Brennstoffkostenersparnis keinen ausreichenden Ausgleich für die Mehrkosten bieten, die naturnotwendig die Aufgabe der Krafterzeugung in großen Kraftwerken mit sich bringen muß. Verschiedene Rechnungen, die ich über die Rentabilität von Heizkraftwerken durchführte oder durchführen ließ, führten zu dem Ergebnis, daß in der Regel nur mit einer Brennstoffkostenersparnis von 10—15% gerechnet werden darf. Dieses Ergebnis wird vielfach überraschen, ist aber wohl begründet, wenn man berücksichtigt, daß die Verbrauchskurven von Kraft und Wärme sich in der Regel recht unvollkommen überdecken, und daß der Belastungsfaktor von Heizwerken sehr viel ungünstiger als derjenige von Großkraftwerken ist, der heute bei Werken, die über ein großes Versorgungsgebiet verfügen, bereits 35—50% erreicht gegenüber 10—15% bei Heizkraftwerken. Die mangelhafte Überdeckung von Kraft- und Wärmeverbrauch führt dazu, daß zu Zeiten großen Wärmebedarfs vielfach keine Verwendung für die durch die Entspannung des Dampfes gewinnbare Arbeit vorliegt, während umgekehrt zu Zeiten höheren Kraftbedarfs sogenannte Zwischenentnahmemaschinen verwendet werden müssen, die nicht so vorteilhaft arbeiten, wie reine Kondensationsmaschinen. Darüber hinaus bedingt die Verschlechterung des Belastungsfaktors eine erhebliche Verschlechterung des thermischen Wirkungsgrades der Kraftanlage.

Ausschlaggebende Bedeutung erhält jedoch die Verschlechterung des Belastungsfaktors für die Kapitalkosten, deren Anteil an den Gesamtkosten der Krafterzeugung in der Regel unterschätzt wird.

Das Problem der zentralen Wärmeversorgung der Städte stellt eine außerordentlich interessante und zukunftsreiche Aufgabe dar, die zweifellos mit der Zeit eine ähnlich befriedigende Lösung wie die zentrale Versorgung mit Gas, Wasser und Elektrizität finden wird. Meines Erachtens erschweren Sie sich jedoch die Lösung dieser an sich nicht leichten Aufgabe unnötig, wenn Sie grundsätzlich die Fernheizung mit Heizkraftwerken betreiben wollen. Ich bitte zu bedenken, daß das Gebiet einer Stadt von beispielsweise 100 000 Einwohnern wahrscheinlich zu groß ist, um von einem Heizkraftwerk einheitlich versorgt werden zu können, während es für eine rationelle Kraftversorgung aus eigenem Kraftwerk viel zu klein ist. Aus diesem Grunde geht das Ziel der zentralen Kraftversorgung weit über den Bereich einer Stadt hinaus. Sie erstrebt die Zusammenfassung des Verbrauchs ganzer Provinzen und Länder, um die bestmöglichsten Produktionsbedingungen in einem günstig gelegenen Großkraftwerk zu erreichen. In der Regel ist es möglich, die Krafterzeugung an den Fundstätten billiger, sonst nicht verwertbarer Brennstoffe vorzunehmen, wobei die durch das Versailler Diktat stark verminderten Vorräte hochwertiger Brennstoffe weit mehr geschont werden können als durch die Kuppelung von Kraft- und Heizbetrieben. Hierdurch können tatsächlich volkswirtschaftliche Vorteile erreicht werden, während ich im übrigen auch auf dem Standpunkte stehe, daß ein Gegensatz zwischen Volks- und Privatwirtschaft in der Regel nicht besteht, wenn der Begriff der Privatwirtschaft nicht zu eng gefaßt wird. Der Ruf nach öffentlichen Mitteln zur Unterstützung von Projekten, die wirtschaftlichen Aufgaben dienen sollen, erfolgt nur allzu häufig, wenn die wirtschaftliche Berechtigung der Anlagen zweifelhaft ist. Die wirtschaftliche Bedeutung von Heizkraftwerken wird meines Erachtens von vielen Vertretern des Heizfaches überschätzt; und ich glaube, viele von Ihnen werden erstaunt oder ungläubig sein, wenn ich Ihnen sage, wie wenige zehntel Pfennige pro kWh überhaupt erspart werden können. (Zuruf: Wieviele?) Etwa $2/10$ Pf./kWh. Andererseits ist jedoch zu bedenken, daß für die Dampferzeugung im Heizkraftwerk eine teuere Hochdruckkesselanlage von fast doppeltem Umfang wie für ein Kraftwerk notwendig wird (Widerspruch). Meine Ausführungen sind selbstverständlich nur generell. Doch können Sie sich von der Richtigkeit eines erheblichen Mehrbedarfs an Kesselleistung an Hand der Erwägung überzeugen, daß nach dem Entropie-Diagramm der Hauptkraftgewinn im Niederdruckgebiet erzielt wird, d. h. in dem Gebiet, welches zum größten Teil für die Heizzwecke ebenfalls benötigt wird. Unbestreitbar erfordern Heizkraftwerke ganz erhebliche Mehrkosten an Anlagekapital gegenüber reinen Kraftwerken, ganz besonders, wenn die Kosten der Leistungseinheit von Kleinheizkraftwerken mit den Anlagekosten der Leistungseinheit von Großkraftwerken in Vergleich gezogen werden.

Ihre Pläne sind offenbar aus der Kohlennot geboren oder durch die Kohlennot zu neuem Leben angefacht worden. Die Kohlennot der letzten Jahre hat sich jedoch inzwischen in einen Kohlenüberfluß verwandelt, während an die Stelle der Kohlennot eine Finanznot getreten ist, die wahrscheinlich intensiver und nachhaltiger als die erstere wirken wird. Alle technischen und wirtschaftlichen Probleme in heutiger Zeit erfordern daher eine Lösung, die bei annähernd gleichem wirtschaftlichem Effekt den geringsten Bedarf an Kapital erfordert.

Baurat Stiegler-Dortmund: Meine Herren! Wir sind bei der Behandlung, ob reine Heizwerke oder Heizkraftwerke zu empfehlen sind. Ich möchte dabei an die Worte meines Herrn Vorredners anschließen, der ausgeführt hat, daß es bei der Kraftversorgung im großen und ganzen gelungen ist, große Verbrauchszentren durch den diesen eigenen recht großen, aber noch wirtschaftlichen Radius zu schaffen. Ich möchte bei dieser Gelegenheit auf ein Bestreben hinweisen, das zur Zeit im Ruhrgebiet tiefe Wurzel gefaßt hat. Wie Sie wissen, sind dort außerordentlich viele Kokereien; das Schlagwort von der Verflüssigung der Kohle ist heute wohl Allgemeingut geworden. Man plant — und die Finanznot wird natürlich den Ausbau ziemlich weit hinausschieben — eine groß angelegte Gasversorgung zu schaffen, die weit über das Ruhrgebiet hinausreicht, und als Endzustand stellt man sich vor, daß sie bis Frankfurt a. M. reichen solle. Damit ist natürlich ein Gesichtspunkt gegeben, der auch bei der Bearbeitung der Städteheizung in mancher Hinsicht Beachtung verdient.

Ich möchte hier noch näher auf die Heizkraftwerke eingehen. Wir haben heute immer nur von der Verbindung von Heizwerken mit Elektrizitätswerken gesprochen. Ich glaube aber, wir müssen uns auch noch nach anderen Anlagen umsehen, die wir mit Heizwerken kuppeln wollen. Sie wissen, daß die Belastung bei einem Elektrizitätswerk sehr verschieden ist. Es sei auf eine Kombination mit der Elektrochemie hingewiesen. Ein ganz einfaches Beispiel möge zur Erläuterung dienen. Wenn man aus Wasser mittels elektrischen Stromes Wasserstoff und Sauerstoff herstellt, so kann man den chemischen Prozeß jederzeit einschränken, einstellen und wieder aufnehmen. Durch Kuppelung mit einem anderen Werk finde ich Gelegenheit, meine Kesselanlage so zu belasten, wie ich das für die reine Heizungsanlage nötig habe und bei entsprechender Unterteilung

kann ich auch erreichen, daß die in Betrieb befindliche Kesselanlage gleichmäßig belastet wird. Damit steigt natürlich auch der Wirkungsgrad der
Kesselanlage ganz erheblich. Wenn wir den Wirkungsgrad unserer
Heizkraftwerke betrachten, so wird derselbe sehr gering sein, auch der
der Kesselanlage wird wohl in den meisten Fällen kaum 50% überschreiten.
Ist man aber in der Lage, eine stets gleiche Belastung der Kessel zu erreichen, so wird der Kesselwirkungsgrad und die Betriebskosten vielleicht
auch unter Heranziehung der Kohlenstaubfeuerung und der dadurch
möglichen Verbrennung minderwertiger Brennstoffe wesentlich günstiger werden.

Reine Heizwerke sind wohl hauptsächlich in Amerika geschaffen
worden. Wenn wir aber unsere Blicke nach Amerika richten, so müssen
wir ganz besonders ins Auge fassen, daß wir dort in den Städten eine
außerordentliche Bevölkerungsdichte haben; dort sind ungewöhnlich
hohe Gebäude aneinandergereiht, die natürlich einen Wärmeverbrauch
aufweisen, der pro Quadratkilometer eine Höhe erreicht, wie wir sie in
Deutschland nicht kennen. Wir haben dagegen meist ein sehr zer-
streutes Bausystem, dessen Wärmebedarf pro Quadratkilometer gegen
Amerika ganz winzig klein erscheint.

Baurat Oslender: Meine Herren! Wir sind bei den Verhandlungen
an einem gewissen kritischen Punkt angekommen. Auf der einen Seite
haben wir die Vertreter der Elektrizitätswerke und auf der anderen Seite
die übrigen Techniker, will ich sagen. Der Standpunkt der Vertreter der
Elektrizitätswerke ist ungefähr der — und der letzte Herr Redner hat
diesen Gedanken weiter gesponnen —: laßt uns mit euren Ideen in Ruhe,
wir wollen für uns bleiben, sucht euch andere Leute, mit denen ihr
arbeiten könnt, wir als solche lehnen das ab. Das ist die klare Scheidung,
die aber nicht im Interesse der Bevölkerung liegt.

Meine Herren! Alle diejenigen, die objektiv und etwas weiter sehen,
werden das ohne weiteres zugeben. Nicht Scheidung, sondern Zusammenarbeiten tut not! Denn es ist ein Unding, wenn man 100 km weit von
Berlin zum Beispiel Elektrizität erzeugt und die nach Berlin verkauft zu
einem Preis, zu dem nicht damit geheizt werden kann, und sich dann von
der Lösung der Heizfrage zurückzieht. Für den Berliner kommt es
darauf an, für wieviel Pfennig bekomme ich meine Wohnung beheizt und
beleuchtet. Das können Sie mit dem elektrischen Licht zu erträglichem
Preise schaffen. Die Heizung können Sie nicht so billig stellen, wie wir
es können, wenn wir gekuppelte Kraftheizwerke machen (sehr richtig!).
Ich stütze mich auf Erfahrungen, und ich werde Ihnen zum Beweise
ein Beispiel vorführen aus meiner Praxis.

Wir hatten vor etwa 10 Jahren eine eigene Elektrizitätserzeugung in
unserer Anstalt Düsseldorf-Grafenberg, die ungefähr 15 Jahre lang gearbeitet hat. Da kam das Elektrizitätswerk der Stadt und erklärte:
wir können das viel besser und billiger, wir verlangen 13 Pf. pro kWh.

Meine Antwort war darauf: Mit diesem Preise können wir nicht fertig werden, denn bedenken Sie, wir verkaufen dem RWE den Strom aus unserem Werk in Bedburg für 3 Pf. Darob großes Erstaunen! Die Stadt ging mit dem Preise herunter und kam bis auf 4 Pf. (Heiterkeit). Aber nach und nach schrieb die Stadt, sie könne mit dem vereinbarten Preis nicht auskommen, worauf wir immer wieder den verlangten höheren Strompreis bewilligten. Als das städtische Elektrizitätswerk weitere 20% Erhöhung bei Ablauf des 10jährigen Lieferungsvertrages verlangte, habe ich durchgesetzt, daß wir das ablehnten und den Vertrag kündigten. Wir stellten wieder eigene Maschinen auf und haben ein eigenes Kraftheizwerk eingerichtet.

Vorher hat man von mir den rechnerischen Nachweis verlangt, daß wir das wirklich billiger können. Später habe ich auf Grund von Betriebsergebnissen nachgewiesen — die Anlage läuft seit Februar d. Js. —, daß wir in den ersten 13 Jahren den Strom zu $6^1/_2-7$ Pf. produzieren und vom 13. Jahr ab etwa zu 3—4 Pf.

Warum von da ab, warum nicht früher? Nach 13 Jahren ist das ganze aufgewendete Kapital abgeschrieben, es ist getilgt und verzinst. Darum können wir nach 13 Jahren billiger liefern, nämlich zu 3—4 Pf., und zwar bei Ansammlung eines entsprechenden Kapitals für die Erneuerungen.

Meine Herren vom Elektrizitätswerk, machen Sie dasselbe, dann können wir nochmals miteinander reden; aber das können Sie einfach nicht! (Heiterkeit).

Wir haben nicht vor, z. B. in Düsseldorf das ganze Elektrizitätswerk umzubauen; wir denken nicht daran! Für unsere Zwecke genügt es, wenn eine von den großen Maschinen dafür hergerichtet würde. Aber auch das wollen wir nicht einmal. Das Werk liegt so ungünstig zum Zentrum des Wärmeverbrauchs, daß wir nicht daran denken, in Düsseldorf zum Elektrizitätswerk zu gehen, um da etwa Abdampf zu entnehmen. Aber andererseits verlangen wir doch Einsicht von der Gegenseite. Es ist ganz unverständlich, daß man etwas, was an sich gut ist, verhindern will. Man muß das, was gut ist, in jeder Hinsicht unterstützen. Das ist doch im Interesse der Bürgerschaft.

Wenn Sie hören, daß das mitgeteilte Ergebnis bei einer kleinen Maschine erzielt worden ist, bei einer Einzylindermaschine mit Gegendruck, die ganze 150 PS leistet — wie werden sich dann wohl die Stromkosten bei großen Maschinen stellen? Das können Sie sich ja ausrechnen, Sie sind doch auch Maschineningenieure (Heiterkeit). Sie wissen ja, daß ein großes Geschäft, eine große Maschine günstiger arbeitet. Das ist das, was einer der Herren Redner uns mit dem Belastungsfaktor beizubringen suchte. (Zuruf: Das ist etwas anderes!)

Der Belastungsfaktor ist bei unserem Betriebe ebenfalls nach dem Strombedarf schwankend — und diese Ziffern, die ich Ihnen nannte, bestehen bei uns bei einem Jahresverbrauch von 200000 kWh. Nun wissen Sie ja von Ihren Betrieben, daß, wenn der Stromverbrauch auf das Doppelte, bei unserer Anlage also auf 400 000 kWh gesteigert wird, die Stromerzeugung etwa nur noch die Hälfte kostet, und Sie wissen ebensogut wie ich, daß eine große Maschine wirtschaftlicher arbeitet als eine kleine. — Dann sprechen Sie immer davon, daß, wenn Sie mir in meine Maschine hereinkommen und diese anzapfen, die Maschine dann nicht mehr so gut wie früher arbeitet. Das tut aber auch nichts! Sie werden erstaunt sein, daß ich das sage. Aber warum? Die Maschine, als Ganzes betrachtet, ist für mich nicht bloß eine Elektrizitätsmaschine, sondern auch ein Wärmelieferer. Wir werden schon einig, wenn wir noch etwas länger miteinander reden! (Heiterkeit, großer Beifall!)

Direktor Warrelmann: Ich habe mich sehr gefreut über die erhaltene Belehrung; aber es ist notwendig, daß ich zu meinen Erläuterungen noch weitere Erläuterungen gebe. Es hat mir ferngelegen, etwa hier den Standpunkt einzunehmen: laßt uns in Ruhe und baut euch eure reinen Heizwerke. Ich bin auch der Auffassung, daß hier nicht Schlagworte, Gefühlsmomente irgendwie mitsprechen dürfen, sondern nur das Ergebnis einer nüchternen Rechnung mit dem Stift, wobei alle Faktoren in die Rechnung einzusetzen sind (sehr richtig!). Es ist von der anderen Seite gesagt worden, in Trattendorf und Zschornowitz würden 1,3 Milliarden kWh abgegeben. Das ist richtig; die werden erzeugt aus einem Stoff, der nur an Ort und Stelle verwertet werden kann (Rufe: nein)!. Wenn Sie den transportieren wollen — es ist nur Rohbraunkohle —, dann kostet er das Doppelte bis Dreifache frei Berlin. Diese 1,3 Milliarden kWh, welche vorwiegend in deutsche Städte geflossen sind, erfordern einen Brennstoffaufwand an Pfennigen je kWh, den Sie mit allen Einrichtungen eines Heizkraftwerkes nicht erreichen können. Wenn schon mit volkswirtschaftlichen Argumenten operiert werden soll, muß es doch zweifellos als richtig anerkannt werden, daß im vorliegenden Falle durch Verwertung minderwertiger Braunkohle große Mengen an hochwertigen Brennstoffen gespart oder für die Ausfuhr zwecks Erlangung von Devisen frei wurden. Wenn bei Düsseldorf mit einer 100-PS-Auspuffmaschine der Strom für 3 oder 6 Pf. geliefert werden kann, so ist das eine beachtenswerte Leistung. Ich möchte aber doch anheimgeben, bei der Rechnung alle die Faktoren zu berücksichtigen, die bei einer Selbstkostenrechnung zu berücksichtigen sind. Ich muß ferner darauf hinweisen, daß es viele Städte gibt, die im Durchschnitt bei einem Stromverkaufspreis von 20 Pf./kWh, obwohl sie nicht Werke von 150 PS haben, sondern von vielen tausend PS, nicht auf ihre Rechnung kommen, obgleich in dieser Rechnung nur $2^1/_2$ Pf. Brennstoffkosten enthalten sind. Hätten diese Städte ideale Anlagen, die überhaupt keine Brennstoffkosten mehr verursachen, so könnten dennoch ihre Selbstkosten nur um $2^1/_2$ Pf. billiger sein, falls solche hochwertigen Anlagen keine höheren Kapital- und sonstigen Betriebskosten als die pri-

mitiveren Anlagen erfordern würden. In Kreisen, die der Elektrizitätswirtschaft ferner stehen, findet man häufig die Meinung verbreitet, daß
die Selbstkosten für die Erzeugung von Kraft, Licht und Wärme im
wesentlichen Brennstoffkosten seien. In den meisten Fällen sind diese
Kosten jedoch nur bescheidene Anteile an den Gesamtkosten, und alle
unsere Bestrebungen, diese Anteile herabzusetzen, können letzten Endes
nicht die anderen zum Verschwinden bringen; im Gegenteil: die hochwertigen Anlagen bedingen in der Regel — wie vorhin schon ausgeführt
— die höchsten Kapitalkosten. In Verbindung mit diesen Kapitalkosten
und den übrigen Kosten ist es der ominöse, aber scheinbar vollkommen
mißverstandene Belastungsfaktor (Heiterkeit, Zurufe), der die Selbstkosten der Kilowattstunde entscheidend beeinflußt. Da anscheinend
viele Herren unter uns sind, die mit solcher Größe nicht operiert haben,
so will ich sie definieren: Der Belastungsfaktor ist das Verhältnis der
mit einer Anlage tatsächlich erzeugten Arbeit zur theoretisch möglichen
Arbeit bei gleichbleibender Belastung. So wird bei einem Belastungsfaktor von 25% in Wirklichkeit nur der vierte Teil von der Arbeit geleistet, die bei gleichbleibender Höchstbelastung hätte geleistet werden
können. Städtische Elektrizitätswerke haben vielfach einen Belastungsfaktor von 25%, während Großkraftwerke bis zur doppelten Ausnutzung
kommen; d. h. letztere können mit der gleichen, aber billigeren Leistungseinheit das Doppelte an der Arbeit oder Strom erzeugen, wobei
die anteiligen Kapitalkosten sich auf mehr als die Hälfte ermäßigen, und
zwar nicht selten in einem absolut höheren Maße als die Brennstoffkosten.

Vorsitzender: Ich möchte hier sagen, daß wir immer gewöhnt sind,
eine Rentabilitätsberechnung aufzumachen, ehe wir ein Werk bauen.
Daß wir Braunkohlen nicht auf große Entfernungen heranschaffen
können, ohne die Rentabilität des Unternehmens zu gefährden, ist klar;
namentlich bei unserer märkischen Braunkohle ist es mit Rücksicht auf
ihren hohen Wassergehalt nicht wirtschaftlich, sie auf große Entfernungen zu transportieren.

Prof. Dr. Pauer: Wenn wir vereinigte Heizkraftwirtschaft treiben
wollen, so müssen wir zunächst die Kraftmaschinen- und die Heizungs-
ingenieure bzw. die Elektrizitätsingenieure miteinander vereinigen. Wir
können weder mit dem einen Standpunkt, daß nur die Vereinigung von
Kraft- und Wärmewirtschaft zweckmäßig ist, durchdringen noch mit
dem anderen, daß wir Kraftwirtschaft nur in Form von endloser Zentralisierung treiben können. Aber gerade aus der Entwicklung der Zentralisierung hat sich eine Möglichkeit zur Verbindung mit Heizkraftwerken herausgebildet. Es ist richtig, daß die Krafterzeugungskosten
in großen Zentralen stark zurückgegangen sind, aber sicher sind die
Kosten für die Abnehmer nicht in gleichem Maße geringer geworden,
und das hat darin seinen Grund, daß eben die Übertragungskosten zwi-

schen den fern gelegenen Zentralen und den Abnehmern außerordentlich
groß sind. Wir können diese Kosten nur dadurch vermindern, daß wir den
Belastungsfaktor der ganzen Leitung hoch machen; der für die Kosten
beim Verbraucher ebenso bedeutsam ist wie der Belastungsfaktor der
Zentrale. Wenn wir vielleicht noch vor ein paar Jahren auf dem Standpunkt gestanden haben, daß wir allein durch Zentralisierung billige
Elektrizität bekommen können, so hat sich diese Ansicht heute dahin
geändert, daß wir in diesen großen Zentralen nur eine gewisse Grundlast
erzeugen und die einzelnen Spitzen möglichst in der Nähe der Verbraucher,
also in der Nähe der Stadt decken. Das hat einmal den Vorteil, daß der
Belastungsfaktor sowohl für die großen Zentralen als auch für die Über-
tragungsleitung ein sehr hoher werden kann und außerdem, daß wir für
die starken Störungsmöglichkeiten, die in der Fernübertragung immer
liegen, an Ort und Stelle Reservewerke haben. Wir kommen über die
Reservewerke nicht hinweg. Sie sehen fast in allen Städten, die sich in
letzter Zeit an den Fernbezug von Kraft angeschlossen haben, das Bestreben, hauptsächlich zum Zweck einer momentanen Reserve ihre
eigenen Werke wieder auszubauen. Der Ausbau dieser alten Werke zur
momentanen Reserve kann in vielen Fällen gleichzeitig in wirtschaftlicher Weise mit einer gewissen zentralen Versorgung der Städte mit
Wärme verknüpft werden. Es ist dann wieder eine Sache für sich, ob
wir das mit Abdampf oder mit Frischdampf machen sollen; jedenfalls
müssen wir als momentane Reserve die kleinere Zentrale in den Städten
selbst haben, und einen wesentlichen Teil dieser Anlagen, die notwendig
sind, können wir auch für die Heizung nutzbar machen.

Ich möchte auf eine zweite Möglichkeit hinweisen. Besonders in
Süddeutschland baut sich ein großer Teil unserer Elektrizitätswirtschaft
auf Wasserkräften auf. Diese Wasserkräfte haben aber den Nachteil,
daß sie in den Wintermonaten stark zurückgehen, und wir sehen, daß
wir in den größeren Städten, z. B. in München, große Reservewerke auf-
stellen müssen, die einen Teil der Belastung im Winter übernehmen.
Ich glaube, es liegt da nun sehr nahe, daß wir gerade diese Reservewerke
als Heizkraftwerke ausbauen. Ich glaube, ein sehr wesentlicher Gesichtspunkt wird der sein, daß wir die Fragen, die sich aus der Zentralisierung der Krafterzeugung ergibt, nämlich Schaffung von Reserven in
den einzelnen Städten, in Verbindung bringen mit dem Ausbau von
Heizkraftwerken.

Baurat Oslender: Es ist in Frage gestellt worden, ob wir alles bei
der Berechnung der Ihnen genannten Strompreiszahlen für die Kilowattstunde berücksichtigt haben. Ich habe hier ein ziemlich umfang-
reiches Schriftstück, das der Verwaltung übergeben worden ist. Ich
bin nicht der Einzige in meiner Verwaltung, sondern es sind noch viele
andere Herren da, und jeder Schritt des Beamten wird kontrolliert.
Ich wollte das nur für die Zuverlässigkeit der Zahlen anführen.

Wie setzen sich nun die Zahlen zusammen? Es wurde so hingestellt, als wenn nur der Kohlenpreis berücksichtigt wäre. Das ist nicht der Fall. Der Selbstkostenpreis für die Kilowattstunde setzt sich u. a. auch zusammen aus 49% für Verzinsung und Tilgung des aufgewendeten Anlagekapitals. Hier bei diesem Kraftheizwerk haben wir es allerdings mit günstigen Verhältnissen zu tun. Sie wissen aus meinen früheren Darlegungen, daß wir früher 10 Jahre lang die Elektrizität von der Stadt bezogen haben. Wir mußten aber auch in dieser Zeit die Anstalt heizen, also hatten wir auch eine Kesselanlage für die schon damals bestehende Ferndampfheizung nötig, die heute für die eigene Stromerzeugung mit benutzt wird. Wir haben die Maschinenanlage möglichst so gemacht, daß wir auch konkurrenzfähig bleiben gegenüber dem städtischen Werk. Wir haben eine einzige Maschine aufgestellt, und die Stadt selbst ist für uns Reserve geblieben. Wir bezahlen aber diese Reservestellung der Stadt; auch diese Kosten sind in meinen Preisangaben enthalten. Für das zum eigenen Elektrizitätswerk nun noch aufzuwendende Kapital waren bei recht hohem Zinsfuß 49% der Ausgaben für Stromerzeugung notwendig, für die Bedienung 17%, für Material, wie Schmieröl usw. 2%. Es ist auch eine Batterie dabei, die 17% erfordert, und das Mehr an Kohlen beträgt 12%. Wenn Sie diese Zahlen zusammenrechnen, so bleiben 3% für anteilige Betriebs- und Unterhaltungskosten der Kesselanlage übrig. Auf dieser Basis beruht der Selbstkostenstrompreis. Wenn ich die Maschine Tag und Nacht laufen ließe, dann würde der Strom die Hälfte kosten. Wenn ich aber viel Strom erzeuge, so muß ich auch jemanden haben, der ihn mir abnimmt. Wir als Verwaltung würden mit der Stadt wohl leicht einig werden. Aber in anderen Fällen wird es notwendig werden, einen leichten Druck auf die Städte auszuüben, und das kann z. B. durch ein Gesetz geschehen. Bayern hat dieses Gesetz, und ich halte es für Preußen auch u. U. für notwendig, wenn die Gemeinden nicht so viel Einsicht aufbringen, zu erkennen, daß es in ihrem Interesse liegt, ohne das Gesetz auszukommen (Beifall).

Baurat Fichtl-Berlin: Ich wollte nur darauf hinweisen, daß die Ausführungen des Herrn Prof. Pauer-Dresden m. M. nach nicht ganz zu Ende gesprochen worden sind, wenigstens in Hinsicht auf die Aufgaben, die unsere Städteheiztagung haben muß. Er hat ausgeführt, man müsse Elektrizitätswerke, die mit Dampf betrieben werden, als Spitzenwerke zu den Großkraftwerken oder zu den Wasserkraftwerken bauen, und nun hätte er nach meiner Ansicht noch sagen müssen: wir Heizingenieure haben dafür zu sorgen, daß diese Spitzenwerke an die Stellen kommen, wo in erster Linie Abwärmeverwertung möglich ist. Sehen Sie nach München — in München ist diese Frage glänzend gelöst. Dort ist das Grundwerk für die Elektrizitätsversorgung das Wasserkraftwerk, und ein Spitzendampfwerk wurde dazu neu gebaut. Und wo hat man das hingebaut? Nicht dahin, wo keine Verwendung für

Wärme vorhanden ist, sondern man hat es, logisch durchdacht, hingestellt an das große Krankenhaus zu Schwabing. Wenn Sie den Gedanken weiter verfolgen, dann ergibt sich die Aufgabe, daß wir die Herren von der Elektrizitätsbranche, die im Grunde genommen doch immer unsere Gegner sind, dahin beeinflussen müssen (Widerspruch.): wenn ihr Spitzenwerke baut, und die müßt ihr haben, das zeigt die ganze Entwicklung der letzten 20 Jahre, dann baut sie gefälligst dahin, wo wir eben Abwärme nötig haben, also in die unmittelbare Nähe von Krankenanstalten, Siedlungen, von Wohnungs- oder Geschäftshäusergruppen. Wenn wir das erreichen könnten, dann wäre es ein großer Fortschritt und eine dankbare Aufgabe unserer Tagung! (Lebhaftes Bravo!)

Vorsitzender: Ich denke, wir schließen jetzt den ersten Teil ab und gehen nunmehr zum zweiten Teil, Planung, über. Das Wort dazu hat Herr Baurat Fichtl.

Baurat Fichtl-Berlin: Hier steht unter IIa 1: „Man geht aus von der Anzahl der in einem bestimmten Stadtteil vereinigten Interessenten und dem von ihnen repräsentierten Wärmewert, oder ...“ Da ist zunächst für uns Heizungsingenieure es selbstverständlich, daß nicht die mathematische Anzahl der Interessenten maßgebend ist, sondern die Zahl der Gebäude, um dies voraus zu schicken. Die Hauptsache ist aber für den Heizungsingenieur die Fassung des Begriffs „Wärmewert“. Was heißt „Wärmewert“? Wie müssen wir den „Wärmewert“ auffassen, damit wir bei der Planung von Städteheizanlagen möglichst wenig Nebenarbeit haben? Wärmewert könnte sein die Anzahl von stündlichen Wärmeeinheiten, die ein Gebäude aufweist in Kombination mit der Entfernung von der Zentrale. Ist es nun zweckmäßig, davon auszugehen? Oder ist es zweckmäßig, wenn wir bei Planung größerer Stadtheizungen uns der großen Mühe unterziehen, in langwierigen Arbeiten, die zum Teil unproduktiv sind, erst den stündlichen Wärmebedarf der einzelnen Gebäude zu ermitteln? Könnte man nicht den Begriff „Wärmewert“ anders fassen? Und meiner unmaßgeblichen Meinung nach glaube ich, wir können uns diese Mühe des Zusammensuchens und Rechnens der stündlichen Wärmeeinheiten der Einzelgebäude sparen, und zwar, wenn wir zusammenstehen und auf Anregung der heutigen Tagung alle die statistischen Unterlagen, die bisher vorhanden sind, nämlich ganze Entwürfe und Arbeiten sammeln. Ich habe in dem mustergiltigen Werk von Herrn Baurat de Grahl, „Wirtschaftliche Verwertung der Brennstoffe“, eine Notiz gefunden, daß Herr Dr. Schiele, Hamburg, im Jahre 1895 ein großes Städteheizwerk geplant hat für eine fiktive Stadt mit 1000 Häusern. Schon so lange liegt das also zurück. Ich wundere mich, daß heute noch nicht ein statistisches Material zusammengetragen ist, das uns Heizungsingenieure in den Stand setzt, mit einigen kurzen Worten sofort, wenn wir den Grundriß eines beliebigen Stadtteils zu Gesicht bekommen, erklären zu können: hier ist ein reines Fernheizwerk — ich spreche nur von reinen Heizwerken —, also ohne viele Arbeit und Umschweife sofort erklären zu können: hier ist ein Fernheizwerk wirtschaftlich, oder hier ist es nicht wirtschaftlich. Und das ginge sehr leicht in der Weise zu machen, daß wir den Begriff „Wärmedichte" einführen, und unter diesem Begriff verstehen wir die jährliche Brennstoffmenge, die auf einem Quadratkilometer bebauter Stadtfläche verfeuert wird. Diese Zahl herauszubekommen, ist sehr leicht. Jede deutsche Stadt hat die Zeit der Kohlennot hinter sich, der Rationierung der Kohle, und für jedes Haus mit Zentralheizung liegt die jährlich verbrauchte Brennstoffmenge vor, und es wäre leicht, diesen Brennstoffverbrauch pro Quadratkilometer bebauter Fläche festzustellen. Um weiter zu schreiten, wäre es nicht allzu schwer, diese jährlich verfeuerte Brennstoffmenge pro Quadratkilometer in eine gewisse einfache Beziehung zu setzen mit den Anlagekosten. Haben wir diese beiden Größen und setzen wir den Brennstoffverbrauch in ein gewisses Verhältnis zu den Anlagekosten, dann hätten wir in einer einfachen Formel das, was wir brauchen, um beurteilen zu können, ob ein für eine gewisse Stadtgegend geplantes Heizwerk wirtschaftlich ist oder nicht.

Wenn ich nur auf den Unterschied der Kesselwirkungsgrade von Einzelhausheizung und Fernheizwerk Rücksicht nehme, dann käme ich zu einer einfachen Formel, wenn ich die Brennstoffkosten mit „B" bezeichne und die Anlagekosten mit „A". Die Formel hieße dann: „0,21 · B ist gleich oder größer als 0,1 · A". Die Festlegung der Anlagekosten fällt uns heute nicht schwer, denn was ein Meter Rohr oder ein Meter Kanal kostet, das ist heute so weit geklärt, daß es jeder Techniker in jedem Heizbureau im Kopfe hat. Diese einfache Formel, die nicht maßgebend sein soll, sondern die ich zur Diskussion stelle, die müßte noch näher ausgearbeitet werden — habe ich diese aber, so ist es leicht möglich, wenn uns eine Stadtverwaltung einen Plan vorlegt, an Hand dieser oder einer ähnlichen anderen Formel die Wirtschaftlichkeitsfrage angenähert zu beantworten.

Vor einigen Tagen ist uns eine sehr umfangreiche Schrift mit statistischen Zahlen von Herrn Dr. Züblin-Zürich zugegangen, der versucht, diese Frage zu klären. Herr Dr. Züblin hat die Frage der zentralisierten Beheizung der ganzen Stadt Zürich in diesem Buche schon im Jahre 1922 bearbeitet und uns seine Ergebnisse zu unserer heutigen Tagung auf den Tisch gelegt. Dort finden Sie schon das, was die Heizungsingenieure gern hätten aus allen Städten, und wenn Sie uns ähnliches Material zuschicken, so werden Sie uns einen großen Dienst leisten, und nicht bloß uns, sondern der Allgemeinheit.

Dipl.-Ing. Otto Ginsberg, Beratender Ingenieur, Hannover: Bisher ist noch nicht über die Durchführbarkeit der verschiedenen Systeme gesprochen. Es ist vielleicht der Eindruck hervorgerufen, als ob ich gegen die Stadtheizung sprechen wollte. Das ist durchaus nicht der Fall. Ich habe bei meinen ersten Ausführungen nur davor warnen wollen, unbedingt jede Stadtheizung als ein rentables Unternehmen anzusehen. Man muß, und da möchte ich die Ausführungen einzelner Redner besonders unterstreichen, immer von Fall zu Fall entscheiden. Nur auf diese Weise können wir einwandsfrei vorgehen und zu ersprießlichen Ergebnissen kommen. (Sehr richtig!) Alles, was wir heute ausführen können, ist nicht etwa unbedingt zutreffend, sondern es sind nur einige Gesichtspunkte, und wir müssen in jedem einzelnen Fall prüfen, welcher von diesen Gesichtspunkten in diesem oder jenem Falle ausschlaggebend ist und was technisch und wirtschaftlich richtig ist.

Bei der Gelegenheit möchte ich auf eine Äußerung von Herrn Geheimrat v. Boehmer zurückkommen, das ist die volkswirtschaftliche bzw. die privatwirtschaftliche Seite. — Es erscheint zunächst sehr wichtig, daß man diesen Unterschied macht, schließlich aber werden wir im großen ganzen auf das gleiche hinauskommen. Nicht in allen Fällen, denn bei der Privatwirtschaft spielen auch geschäftliche Rücksichten und die Marktlage eine Rolle. Wenn wir heute irgendeine Anlage bauen, so kommt es nicht nur darauf an, daß wir im Betriebe Wärme, Kohle oder Strom ersparen, sondern wir müssen für das Gesamterfordernis und den Gesamtverbrauch eine Ersparnis zu erzielen versuchen. Es kann sehr wohl vorkommen, daß wir Anlagen bauen, die, wenn wir die Betriebsdaten feststellen, tatsächlich einen sehr geringen Verbrauch haben und im Betriebe außerordentlich sparsam sind, die aber unmöglich werden, weil die Anlagekosten zu hoch sind. Ich spreche jetzt nicht von dem Kapitalmangel, sondern von der Unmöglichkeit, das Kapital zu verzinsen und zu tilgen, und gerade die Tilgung ist es, welche die Verbindung zwischen Volks- und Privatwirtschaft herstellt. Wir müssen zur Erstellung der Anlage selbst eine gewisse Wärmemenge aufwenden, und wenn wir heute ein großes Werk bauen, so geht es nicht, ohne daß wir dafür eine gewisse Menge Kohle und Arbeit verbrauchen, und es ist sehr wohl denkbar — und das wird immer dadurch zum Ausdruck kommen, daß die Wirtschaftlichkeit eine schlechte wird —, daß der Wärmeaufwand bei der Herstellung zu groß wird. Die Ersparnisse während der Lebensdauer der Anlage werden nicht ausreichen, um diesen Aufwand wieder gutzumachen. Insofern wird sich Privat- und Volkswirtschaftlichkeit im wesentlichen decken.

Ganz scharf Stellung nehmen möchte ich gegen die Worte des Herrn Dir. Warrelmann, der beinahe unbedingt die Kuppelung der Wärme- und Kraftzentrale miteinander verwarf. Meine Herren! Ich betone nochmals, solche Fragen kann man nur von Fall zu Fall entscheiden. Zu Anfang der Tagung habe ich ausgeführt, daß in einem besonderen Falle, den ich mir vorweggenommen habe, die Kuppelung m. E. unwirtschaftlich ist, daß es bloß ein Scheingewinn ist, der erzielt wird, daß man einen größeren Gewinn hätte erzielen können, wenn man das Kraftwerk, das an sich schon veraltet war, totgelegt hätte. Es wird andere Fälle geben, in denen man zweckmäßig vorgeht, wenn man Anlagen neu erbaut, die dem reinen Maschineningenieur gerade vom Standpunkte des Herrn Dir. Warrelmann unwirtschaftlich erscheinen müßten. Mir ist augenblicklich gerade ein Fall unter den Händen: da werden wir in der nächsten Zeit eine kleine Maschine aufstellen, eine Dampfturbine mit einer Höchstleistung von 75 Kilowatt, und diese Maschine wird tatsächlich nur mit 50% durchschnittlich belastet werden. Trotzdem ist diese Anlage außerordentlich wirtschaftlich, aus dem einfachen Grunde, weil wir an der Stelle so viel Wärme gebrauchen, daß der gesamte Abdampf nutzbar verwendet werden kann. Diese Anlage bietet ein Gegenstück zu der von Herrn Baurat Oslender geschilderten. Hier in diesem Falle hat das Elektrizitätswerk versucht, die Krafterzeugung vollständig an sich zu reißen, indem es einen sehr günstigen Tarif anbot. Neben einer kleinen Grundgebühr kostet die Kilowattsunde am Tage 6,4 und in der Nacht nur 3,2 Pf. Wir sind zu der Lösung gekommen, daß wir am Tage auf den Strom zu 6,4 Pf. mit Freuden verzichten, weil die eigene Erzeugung billiger wird, dagegen in der Nacht den Strom mit 3,2 Pf. ganz gern in Kauf nehmen, nicht aber, weil wir ihn nicht mit entsprechend geringem Kohlenaufwand erzeugen können, sondern weil die Nachterzeugung teurer wird, da wir dann eine besondere Kolonne von Personal anstellen müßten; nur dadurch wird die eigene Nachterzeugung teurer als 3,2 Pf., zu welchem Preise uns die Stadt den Strom liefert. — Das sind Gesichtspunkte, die bei der Wahl des Systems sehr wichtig sind, und wir können hier immer nur jeden einzelnen Fall für sich betrachten. Ich gebe zu, daß die gleiche Anlage in einem anderen Falle, in dem die Wärmeausnutzung nicht so günstig ist, ein vollständiger Unsinn wäre; dort wäre es besser, wenn man den Strom ganz von der Stadt bezöge.

Ein anderer Gesichtspunkt ist mir bei der Gelegenheit von einem Architekten vorgelegt worden; dieser hat die Absicht, ein größeres Geschäftshaus mitten in der Stadt zu bauen, wo recht viel Kraft verbraucht wird und infolge der Anordnung der Anlage der Wärmebedarf ziemlich groß ist. Er fragte, ob es nicht in diesem Falle doch richtiger wäre, auf die eigene Krafterzeugung zu verzichten und nur Kessel aufzustellen, die lediglich der Heizung dienen? Und ich mußte ihm vollständig recht geben; in diesem Falle war es tatsächlich billiger, den normalen Strom von der Stadt zu beziehen, weil die eigene Krafterzeugung einen Raum in Anspruch genommen hätte, der für den Unternehmer wesentlich wertvoller war als die Ersparnis an Stromkosten.

Nun möchte ich gerade bei der Wahl des Systems auf eine Anlage hinweisen, die wir vor einigen Jahren gebaut haben und die sehr zufriedenstellend arbeitet. Es handelt sich um Kuppelung von Kraft und Wärme in einem industriellen Werk. Hier war es infolge der Fabrikationsverhältnisse möglich, eine Warmwasserheizung normaler Art auszuführen, und diese Warmwasserheizung wurde so geplant und ausgeführt, daß in den Zeiten geringeren Wärmebedarfs die vorhandene Dampfmaschine ohne Änderung der Betriebsverhältnisse läuft, und daß der Vakuumdampf dazu ausgenutzt wird, das Wasser auf mäßige Temperatur anzuwärmen. Wenn die Witterungsverhältnisse ungünstig werden, die Temperatur also sinkt, so wird allmählich das Vakuum verschlechtert, und es ergibt sich dabei, daß die Verschlechterung des Vakuums den Dampfverbrauch nicht entfernt in dem Maße steigert, als an Kohlen gespart werden kann gegenüber einer unmittelbaren Beheizung. Wenn dann die Temperatur noch weiter heruntergeht und auch die Verschlechterung des Vakuums bis auf Gegendruck nicht mehr ausreicht, dann nimmt man Zwischendampf, und dieser Zwischendampf wird dazu benutzt, um das Wasser auf höhere Temperatur zu erwärmen, und das reicht bis zur schärfsten Kälte aus. Als Reserve ist, um eine Sicherheit zu haben, eine direkte Hochdruckdampfentnahme vorgesehen. Aber das ist nur Sicherheit. Aber auch diese Sicherheit darf bei unseren Anlagen nicht außer acht gelassen werden. Wenn wir eine Niederdruckleitung durch die Straßen legen, so ist genügend für Sicherheit gesorgt, es wird eine Betriebsstörung kaum zu befürchten sein, infolge deren wir auf längere Zeit die Heizung entbehren müßten. Anders liegt der Fall, wenn wir mit hohem Druck arbeiten. Bei Hochdruckfernheizungen müssen wir mit Störungen rechnen und müssen die Möglichkeit haben, in irgendeiner Weise eine Reserve einspringen zu lassen, und da ist es sehr die Frage, ob es nicht richtig ist — nur von Fall zu Fall kann das entschieden werden —, das System so zu wählen, daß man eine örtliche Reserve anlegt, durch welche im Bedarfsfalle der Abnehmer die Wärme in eigenen Kesseln selbst erzeugen kann.

Im allgemeinen habe ich bisher den Eindruck — das ist auch kein Evangelium —, daß eine größere Fernheizung in Kuppelung mit einer Kraftzentrale mit Rücksicht auf den Lastfaktor nur dann wirtschaftlich arbeiten wird, wenn man die Maschinen nicht als reine Gegendruckmaschinen arbeiten läßt und nicht nur diejenige Kraft erzeugt, die gerade dem Wärmebedarf entspricht, sondern daß man die Maschine dem jeweiligen Strombedarf entsprechend belastet. Da es selten möglich sein wird, den gesamten Abdampf bei einer solchen Erzeugung zu verwenden, muß man mit Zwischendampf arbeiten; Zwischendampf kostet im Durchschnitt, auch das ist keine absolut einwandfreie Zahl, als Heizdampf berechnet, ungefähr die Hälfte desjenigen, was der Frischdampf kostet, und damit lassen sich in der Regel schon große Ersparnisse erzielen, die wahrscheinlich größer sind als die Generalkosten, die bei schlecht belasteten Maschinen eintreten können.

Vorsitzender: Herr Dir. Warrelmann bittet mich, mitzuteilen, daß er kein Gegner unserer Bestrebungen sei, sondern nur von Fall zu Fall, auf Grund der Ergebnisse der Rentabilitätsberechnung, entscheiden wolle, ob ein Heizkraftwerk zweckmäßig sei.

Ob.-Ing. Kloos, Braunschweig: Bei der Planung ist von dem voraussichtlichen Wärmebedarf nach einem gewissen Ausbau auszugehen. Diesem Wärmebedarf liegt auch die Berechnung der Rohrquerschnitte zugrunde. Zu dem Wärmebedarf ist ein gewisser Zuschlag zu rechnen. Dieser bemißt sich einmal nach der Erwägung, daß die bisherigen, in der Planung aufgenommenen Abnehmer ihre eigene Anlage vergrößern (also auch der einzelne Anschluß selbst muß für diese Reserve gewählt sein). Weiterhin ist ein Zuschlag einzuschließen auf Grund der Tatsache, daß nachträglich viele Leute hinzukommen.

Bei der Planung des ersten Ausbaues unseres Fernheizwerkes rechneten wir fest mit dem Anschluß der städtischen und staatlichen Gebäude nebst 6 größeren Privatabnehmern. Nachträglich kamen noch 5 öffentliche Gebäude hinzu und 40—50 Privatabnehmer. Dieser starken Vergrößerung trugen wird dadurch Rechnung, daß wir von Anfang an die Reserve nicht zu gering nahmen. Wir wählten folgende Arbeitsweise:

Auf einem Plan der Stadt wurden in den Straßenzügen, durch welche das Fernheizwerk mit seiner Rohrleitung geht, rechts und links diejenigen Gebäude farbig (blau: Warmwasser-, grün: Dampfheizung) aufgetragen, welche überhaupt jemals ihrer Größe und Beschaffenheit nach für einen etwaigen Anschluß in Frage kämen. Deren Anschlußwerte wurden in einer gewissen Größe als „Vergrößerung" in Rechnung gestellt (ungefähr 100% der bisherigen Anschlüsse).

Wenn Sie jetzt die Anschlußwerte als Additionssumme der Berechnung zugrunde legen würden, würde ein viel zu großer Querschnitt und damit zu große Kosten die Folge sein. Man muß einen gewissen Abstrich machen, ganz ähnlich wie man den Kraftbedarf einer Werkstatt auch nicht durch Addition des P.-S.-Bedarfs der einzelnen Maschinen feststellt. Denn genau so wenig wie in einer Werkstatt sämtliche Arbeitsmaschinen gleichzeitig voll arbeiten, ebensowenig nehmen alle Abnehmer des Fernheizwerkes gleichzeitig das Maximum ihres Anschlußwertes ab. Die Abnahme verteilt sich je nach dem Verwendungszweck der Gebäude auf die verschiedenen Tageszeiten. Diese müssen sorgfältig festgestellt werden, und durch entsprechende Anheizvorschriften kann man, wie die Praxis in Braunschweig zeigt, sehr viel zur Spitzenbrechung beitragen. Hierbei spielen die Warmwasserheizungen als Wärmeakkumulatoren eine große, ausgleichende Rolle.

Wir haben in unseren Verträgen mit den Wärmeabnehmern die etwas rigoros klingende Bestimmung aufgenommen, daß wir uns das Recht vorbehalten, die Anheizzeiten vorzuschreiben. Ich empfehle

Ihnen dringend dasselbe, da sonst durch willkürliche Benutzung nicht allein Ihr Anheiz-Zeitplan über den Haufen geworfen wird, sondern die Abnehmer selbst unverhältnismäßig Wärme gebrauchen.

Die als Wärmeakkumulatoren dienenden Warmwasserheizungen nehmen wir bei unserem Anheiz-Zeitplan vorweg, z. B. morgens bis 6 Uhr. Sind diese mit ihrem Warmwasser auf ungefähr 90° gekommen, so können sie ohne Bedenken vom Fernheizwerk abgeschaltet und das Heizsystem innerhalb des Gebäudes zu der jeweilig zweckmäßig erscheinenden Zeit eingeschaltet werden.

Im Anschluß an die Warmwasserheizungen kommen die Dampfheizungen, denen auch je nach dem Verwendungszweck der Gebäude genaue Anheizzeiten vorgeschrieben werden.

Auf diese Weise haben wir den stoßweisen und sehr viel Geld kostenden Betrieb vermieden und eine, wie Ihnen unsere Kurven beweisen, nahezu gleiche Belastung erreicht.

Es ist selbstverständlich, daß diese Anheizzeiten sich je nach der Jahreszeit verschieben. Diese Verschiebung hängt mit der jeweilig der Tages- und Jahreszeit entsprechenden Lichtspitze des Elektrizitätswerkes zusammen, und im gegenseitigen Einvernehmen können Sie die Morgen- und Abendspitze des Lichtbetriebes mit der Morgen- und Abendspitze des Dampfbetriebes zusammenfallen lassen.

Sehr viel liegt daran, mit den Abnehmern ein gewisses vertrauensvolles Verhältnis zu schaffen und die Ansichten und Beschwerden der Abnehmer zu Rate zu ziehen.

Weiterhin haben wir für jedes größere Gebäude den Wärmebedarf rechnerisch nach den jeweiligen Außentemperaturen festgestellt, und die so erhaltenen Zahlen als Norm dem durch das Fernheizwerk zu entnehmenden Wärmebedarf zugrunde gelegt.

Im Laufe der bisher durchgeführten beiden Winter ergab sich, daß manche Gebäude zuerst weit über ihren rechnerisch festgestellten Normalwärmebedarf dem Fernheizwerk Wärme entnahmen, also zu teuer arbeiteten. Das ging bis 40 und 50% über normal. Die Kontrolle ergab, daß einmal die Zimmerinhaber sich nicht die Mühe gaben, ihren Heizkörper zu regulieren, sondern stets Fenster und Türen aufmachten, sobald es ihnen zu warm wurde, anstatt den Heizkörper zu drosseln, namentlich wenn vorübergehender Sonnenschein noch auf lange Gebäudefronten fiel. Andererseits klagten die Zimmerinhaber, sobald einseitig Ostwind auftrat.

Ich empfehle es Ihnen, die Regulierung der Heizung nach dem Vorbild von Baurat Schmidt zu machen. Sämtliche Heizkörper in den einzelnen Zimmern dürfen nicht mehr mit der Hand regulierbar nach dem Gutdünken des Zimmerinhabers gestellt werden, sondern das ganze Gebäude wird zentral von einer bestimmten Person aus geregelt. Diese hat in den einzelnen Zimmern je nach deren Lage die Abschlußventile

solange zu drosseln, bis der betreffende Zimmerinhaber anfängt, zu
frieren und zu schimpfen. (Heiterkeit!) Dann erst wird eine Kleinigkeit das Ventil aufgedreht und die Temperatur durch ein Thermometer
in Augen- und Fußhöhe kontrolliert. So bekommen Sie erst die richtige Stellung der Ventile. (Heiterkeit!) Meine Herren, diese Handhabung
ist der Kernpunkt der ganzen Wirtschaftlichkeit. — Wir haben z. B.
bei einem Regierungsgebäude — hier frieren bekanntlich die Beamten
am leichtesten —, als diese Art Beheizung noch nicht durchgeführt war,
eine Einheitszahl von 1580 als Verbrauch gehabt, während wir höchstens hätten 1200 gebrauchen dürfen. Jetzt sind wir praktisch auf 860
heruntergekommen. Sehen Sie, meine Herren, damit haben wir den
Nachweis erbracht, daß der Betrieb des Fernheizwerks die Wirtschaftlichkeit bringt.

Bei der Beheizung eines großen Gebäudes wird kaum der mit der
Bedienung der Kessel Beauftragte ohne weiteres zahlenmäßig die Art
der Beheizung seines Kessels einteilen können. Wenn Sie aber bei dem
Anschluß des Gebäudes an das Fernheizwerk dem Heizer eine Skala
geben und sagen: „Du darfst bei soundsoviel Außentemperatur in Deinem
Gebäude nur täglich soundsoviel Kondensat gebrauchen", dann kommen
Sie auf eine Wirtschaftlichkeit, welche Ihnen eine Ersparnis von 20 bis
30% gegenüber den eigenen Betriebskosten geben kann.

Es sind sogar bei ganz großen Gebäuden noch größere Ersparnisse
erzielt.

Bei kleineren Gebäuden wird sich eine derartige Ersparungsmög-
lichkeit infolge des geringen Umfanges nicht so auswirken, die Ersparnis
also geringer sein, ja, bei ganz kleinen Anschlüssen haben wir gegenüber der Eigenheizung an eigentlicher Wärmeersparnis keinen ziffern-
mäßigen Nachweis der Ersparnis erreicht. Bei diesen kleineren Gebäuden liegt der Vorteil des Anschlusses an das Fernheizwerk in den
nicht in Ziffern ausdrückbaren, von mir schon erwähnten Vorteilen, wie
Bequemlichkeit, Sauberkeit u. dgl.

Es ist ja auch eine Tatsache, daß nicht allein in Braunschweig,
sondern auch in anderen Städten viele an das Fernheizwerk angeschlossene kleinere Abnehmer erklären, beim Fernheizwerk bleiben zu wollen,
selbst wenn die dadurch entstehenden Kosten gleich, ja, sogar etwas
höher wären als die des eigenen Kesselbetriebes.

Unangenehm für ein Heizwerk oder ein Heiz-Kraftwerk ist die Tatsache, daß bei Beheizung von Gebäuden nur eine Belieferung während
der Wintermonate in Frage kommt. Es müssen also Kapitaldienst usw.
in der Hälfte der Zeit herausgeholt werden gegenüber Anlagen, welche
das ganze Jahr hindurch in Betrieb sind. Deswegen muß es unser Bestreben sein, industrielle Abnehmer zu bekommen. Bei der Bearbeitung
derartiger Abnehmer wird Ihnen zuerst die Frage vorgelegt: Können
wir auch genügend Druck bekommen? Sie wissen ja selbst, meine Herren,

daß die meisten wärmeverbrauchenden Industrien behaupten, ihre Koch- oder anderen Prozesse nicht ohne hohen Druck durchführen zu können. Bei meiner früheren Tätigkeit als Betriebsingenieur von Textilindustrien hörte ich von meinen Meistern dasselbe, und wenn deren Koch- oder andere Gefäße nicht immer gehörig brodelten, waren die meisten nicht zufrieden. Erst habe ich angefangen, an den einzelnen Kochgefäßen falschzeigende Manometer anzubringen, welche z. B. 6 atü zeigten, in Wirklichkeit aber nur 2 Atm. erhielten, und sämtliche Leute waren zufrieden. Als diese sich überzeugt hatten, daß es auch mit weniger Druck ging, wurden Heizschlangen, allerdings von genügender Oberfläche, eingebaut. Jetzt mit einem Druck von 1,5 atü anstatt 6 atü betrieben, arbeiteten die Apparate glänzend. Es gibt nur wenige Prozesse, z. B. in der chemischen oder in der Gummiindustrie, welche wirklich höheren Druck unbedingt nötig haben. Muß ein derartiges Werk an ein Fernheizwerk angeschlossen werden, so kommt es auf die örtliche Lage dieser Industrien zum Fernheizwerk an. Liegen sie in der Nähe, so kann man beispielsweise von der Anzapfturbine mit einer gesonderten Leitung dahin gehen und ihnen so für besondere Zwecke 6 oder mehr atü geben. Für gewöhnliche Zwecke kommt man indes mit einem Druck von 1,5 atü aus. Selbstverständlich richtet sich dieser am Verteiler des Maschinenhauses benötigte Druck nach den Verhältnissen der Rohrleitungen, Abstände usw.

Es darf indes dabei nie vergessen werden, daß gerade bei Gegendruckturbinen die Wirtschaftlichkeit bedeutend steigt, je niedriger der Gegendruck gehalten werden kann.

Wir haben unser Heizsystem für verschiedene Bedarfsfälle belastet und den jeweils praktisch notwendigen Druck festgestellt. So erhielten wir eine Skala, die angibt, daß wir bei unserem Fernheizwerk bei einer Belastung von z. B. nur 5—7 Millionen WE/St. nur mit einem Druck von 0,8 atü auskommen, dagegen bei einem Bedarf von 18 Millionen WE/St. mit 2,5 atü.

Voraussetzung für diese Feststellungen sind zuverlässige Dampfmesser. Wenn gleichzeitig in diese Skala für den jeweiligen stündlichen Wärmebedarf die entsprechende Außentemperatur, für welche der Wärmebedarf notwendig ist, eingetragen wird, so ist es dem Maschinisten ein Leichtes, wirtschaftlich das Fernheizwerk zu betreiben. Auf diese jeweilig am Verteiler notwendigen Gegendrücke müssen die Betriebsmaschinen einstellbar sein.

Unsere deutschen Turbinenfabriken sind auch heute in der Lage, wirtschaftlich arbeitende Turbinen zu bauen und mit entsprechenden Regelorganen auszustatten. Behalten Sie sich dann noch die Möglichkeit vor, für etwa plötzlich auftretende Spitzen unmittelbar vom Kessel Frischdampf zuzusetzen, so haben Sie einen Grad von Betriebssicherheit erreicht, der Sie für jeden auftretenden Betriebsfall sicherstellt. Diese

Betriebssicherheit, die von einem der Herren Vorredner als zielwichtig hingestellt wurde, stelle ich genau wie bei dem Betrieb eines Elektrizitätswerkes als den wichtigsten und ersten Punkt des Fernheizwerksbetriebes hin. Bei dem Entwurf der Anlage eines Kraftheizwerkes muß die unbedingte Betriebssicherheit maßgebend sein, und erst dann die Frage, ob an irgendwelcher Stelle Kohlen mehr oder weniger eingespart werden können. Bedenken Sie, meine Herren, was liegt den Abnehmern, z. B. der Elektrizität und Dampf verbrauchenden Industrie daran, ob diese für die Kilowattstunde oder die Million Wärmeeinheiten eine Kleinigkeit mehr oder weniger bezahlt, wenn die Belieferung nicht unbedingt sicher erfolgt. Das ist ja gerade der Grund, warum man in Elektrizitätswerksbetrieben jetzt wieder mehr von dem Plan der großen Überlandwerke zu den Einzelkraftwerken übergeht oder große Reserveleitungen baut, um Betriebsstörungen unter allen Umständen zu vermeiden.

Ist aber ein Fernheizwerk, und das interessiert uns ja zuerst hier, von Anfang an bei der Planung und Verlegung solide und mit Verwendung bester Materialien gebaut, so ist eine Störung des Fernheizwerkssystems selbst, wie die vielen in Deutschland seit Jahren in Betrieb befindlichen Fernheizwerke beweisen, nahezu ausgeschlossen. Hierbei möchte ich vor allem auf die Tatsache hinweisen, daß vor allen Dingen die Schweißnähte mit großer Sorgfalt auszuführen sind. Ebenso ist der Beweglichkeit der Rohrleitung in den Kanälen große Aufmerksamkeit zu widmen, und die Rohrleitungen mit Dampfdruck versuchsweise zu belasten und zu entlasten, solange die Kanäle noch nicht geschlossen sind.

Nicht unerwähnt soll bleiben, daß der Bau eines reinen Fernheizwerkes, also ohne Kupplung mit einem Kraftwerk, sich in seiner Ausführung selbst nicht unterscheidet von einem Heizkraftwerk. Es ist also immer die Möglichkeit gegeben, ein richtig ausgeführtes Fernheizwerk später mit einem Kraftwerk zu kuppeln.

Nun zur Wahl des Systemes selbst:

Wir waren uns in Braunschweig z. B. darüber klar, daß als Träger der Wärme sowohl Wasser als auch Dampf dienen kann, und daß eine Warmwasserheizung ihre ganz besonderen Vorteile gegenüber einer Dampfheizung hat. Wir wissen auch in Braunschweig ganz genau, daß das von uns ausgebaute Dampfsystem gewisse Mängel hat. Es ging aber bei uns nicht anders, da wir uns an die Tatsache halten mußten, daß die Mehrzahl der anzuschließenden öffentlichen Gebäude Dampfheizung hatte. Während es aber möglich ist, mit einem Dampf-Fernheizwerk ohne weiteres eine Warmwasseranlage mit den bekannten Gegenstromapparaten anzuschließen, ist das Umgekehrte nicht möglich. Infolge davon mußte für uns die Wahl auf Dampf als Wärmeträger fallen.

Ich empfehle Ihnen aber, genau wie in Braunschweig, für den Fall, daß Sie Dampf als Wärmeträger haben, bei der Werbung neuer Abnehmer stets auf die Anlage von Warmwasserheizungen Wert zu legen. Dadurch schaffen Sie sich auf bequeme Art Stoßkissen in der Anlage (Sehr richtig!), welche für Ihre wirtschaftliche Betriebsführung eine Notwendigkeit sind.

Auch wäre zu überlegen, ob man nicht an irgendeiner Stelle der Stadt einen einfachen Warmwasserspeicher zum Abfangen der Stöße einbauen kann, um nachträglich bei einer Dampfheizung die wirtschaftliche Betriebsführung zu erreichen: nämlich gleichmäßige Belastung der Kessel, Maschinen und Rohrleitungen.

Wir sind als Maschinentechniker heute in der Lage, durch selbständige Regelvorrichtungen an den Turbinen und Kesseln auch für niedrige Belastungen große Wirtschaftlichkeit zu erreichen. Auch der nachträgliche Einbau derartiger Regelanlagen kann, auch wenn sie scheinbar viel Geld kosten, doch noch wirtschaftlich sein.

Ein wichtiger, nicht zu umgehender Punkt ist der der Bereitschaftstellung für etwaige Betriebsstörungen und plötzliche Spitzen. Meine Herren! Ich muß hier wieder den Vergleich mit den Elektrizitätswerken heranziehen. Sie wissen, in den Zentralen haben wir Maschinen und Kessel nötig für die Grundbelastung, und Maschinen und Kessel, welche nur zur Spitzendeckung laufen, und das kostet viel Geld. Hier kann der Fernheizwerksbetrieb regelnd eingreifen, und die sog. Bereitschaftstellung im wesentlichen ausschalten, wenn Elektrizitätswerksbetrieb und Fernheizwerksbetrieb in einer Hand liegen. Hierdurch steigern wir die Wirtschaftlichkeit des Elektrizitätswerkes indirekt auch.

Vor allen Dingen ist dieses der Fall, wenn, wie in Braunschweig, eine alte vorhandene Kessel- und Maschinenanlage mit einem Fernheizwerksbetriebe in Verbindung gebracht wird, so daß die Maschinen der alten Anlage bei auftretenden Spitzen der Hauptzentrale zu Hilfe kommen.

Aus diesen Ausführungen sehen Sie die von mir schon betonte Notwendigkeit des unbedingten Zusammenarbeitens des Maschineningenieurs mit dem Heizungsingenieur.

Für die Notwendigkeit des Zusammenarbeitens ist ein weiterer Beweis der, daß wir z. B. in Braunschweig bei der Neuplanung unserer Maschinenanlage 8 Lösungen gefunden haben, die jede für sich voll verantwortet werden kann. Um so schwerer ist die richtige Wahl und die Verantwortung, die auf uns ruht, mit den uns anvertrauten öffentlichen Geldern möglichst wirtschaftlich zu arbeiten.

Von diesen 8 Möglichkeiten kristallisierten sich drei, und von diesen dreien nach genauer Prüfung eine als „die Lösung". Ich hoffe, Ihnen hierüber im nächsten Jahre Ausführliches mitteilen zu können.

Stadtbaumeister Schilling: Ich möchte einen Punkt, den der Herr Koll. Kloos ausführte, noch unterstreichen, und zwar handelt es sich um die Aufnahme der Heizstöße. Wir in Barmen liefern mit unseren Kesseln etwa 11 Mill. WE; wir haben allerdings noch einen Ekonomiser von 200 qm. Wir wären tatsächlich nicht in der Lage, diesen Maximalwärmebedarf jemals zu decken, wenn wir nicht die Stöße des Morgens in verschiedenen Wasserheizungen aufnehmen würden. Die Wasserheizungen sind tatsächlich wärmespeichernd, und zwar kann man für diesen Zweck am besten die Gebäude verwenden, die man selbst in der Hand hat. Wir verwenden dazu die städtischen Gebäude; das Rathaus hat 3 Mill. WE, und die Schulen — das sind die undankbarsten Abnehmer, die es gibt (sehr richtig! Heiterkeit) — ergeben zusammen 40% des gesamten Wärmebedarfs; während die Spitze zwischen 6—7 Uhr ungefähr bei 0° Außentemperatur einsetzt, arbeiten wir in unsere Speicher schon etwa um 4 Uhr hinein und erreichen damit, daß wir, nachdem die Speicher aufgeheizt sind, diese Heizungen abschalten können, um den Dampf den übrigen Konsumenten zuzuführen.

Dann möchte ich zu folgenden Ausführungen der Leitsätze etwas sagen. Es heißt an einer Stelle: „Reine Heizwerke sind bei dicht angeordneter Masse der Wärmeabnehmer möglich. Hierbei ist zu bemerken, daß man in Nordamerika neuerdings ganz zur Wahl reiner Heizwerke überzugehen scheint." — Ich glaube, das ist eine Verkennung der ganzen Sachlage. Ich würde im Gegenteil, wenn ich große Gebäude dicht zusammen habe, viel eher zu einer Abdampfheizung übergehen als zu einer Frischdampfheizung. Die Frischdampfheizung mit ihren kleinen und damit billigen Rohrleitungen ist viel eher in der Lage, große Entfernungen zu überbrücken.

Dipl.-Ing. Otto Ginsberg, Beratender Ingenieur, Hannover: Einige Worte zu der Angabe des Herrn Dipl.-Ing. Kloos, daß er in einem Regierungsgebäude durch sorgfältige Einregulierung im Betriebe Minderkosten von 40% erzielt habe. Ich bezweifle diese Zahl nicht, wohl aber die Behauptung, daß das wirklich ein Vorteil der Stadtheizung als solche sei. Ich sehe darin nur einen Beweis dafür, daß in diesem Gebäude vorher eine Riesenschlamperei geherrscht hat, die in keiner Weise zu verantworten ist. — Ein Verdienst des Aufsichtsbeamten liegt da zweifellos vor, aber er hätte viel früher eingreifen müssen. Man hätte nicht die Atmosphäre heizen dürfen, und diese Ersparnisse wären ohne Anschluß an das Stadtheizwerk ebenso erzielt worden.

Dann hat er uns erzählt, daß er eine bestimmte Skala für die Drücke bei verschiedenen Temperaturen aufgestellt hat (Zurufe!), er will jedenfalls den Druck einstellen nach dem Bedürfnis an Heizung. Ja, meine Herren, ist das tatsächlich einwandfrei möglich? Wir haben in Braunschweig, soviel ich höre, Rohrleitungen von im ganzen etwa 5000 m. Ob es auf diese 5000 m möglich sein wird, den Druck an den Hausanschlüssen auch nur annähernd gleichmäßig zu beeinflussen, das möchte ich doch bezweifeln. Wenn Sie die Anlage so einregeln, daß bei vollem Druck in der

Zentrale an allen Entnahmestellen der gleiche Druck herrscht, so werden Sie den Erfolg haben, daß bei Herabsetzung des Druckes die entfernten Entnahmestellen zurückbleiben, während die zunächst liegenden ihren vollen Druck nahezu erhalten. Und bei ganz geringem Druck werden die letzten Anschlüsse überhaupt nichts mehr bekommen und die der Zentrale nächst gelegenen eine Überheizung haben. Die Maßnahme der Druckänderung ist bei Fernverteilung an sich zwecklos. Es muß Hand in Hand damit eine örtliche Regelung gehen, und die ist in Braunschweig schon deshalb unentbehrlich, weil an den Dampfentnahmestellen Reduzierventile sitzen, welche jede zentrale Regelung hinfällig machen. Ich möchte aber bezweifeln, daß die Ventile bei 0,5 at in der Zentrale noch einigermaßen zufriedenstellend arbeiten.

Nun ein neuer Punkt: die Wahl des Systems. Es wird sich mitunter empfehlen, Kraftwerke, die sonst dem Abbruch verfallen waren, dazu zu verwenden, um sie durch Hinzufügung von Städteheizungen wieder wirtschaftlich zu machen. Inwieweit das nach dem heutigen Standpunkt bei minderwertigen Einrichtungen möglich ist, ist eine Sache für sich. Zu beachten ist aber, daß alte Werke, die stillgelegt werden sollen, wohl ohne Ausnahme Gleichstromwerke sind. Die Elektrizitätswerke sind aber mehr und mehr bestrebt, den ganzen Betrieb auf Drehstrom umzustellen; beispielsweise sind in Hannover sämtliche Außenbezirke einheitlich mit Drehstrom versorgt, und nur ein kleiner Teil in der Innenstadt hat noch Gleichstrom, und dieser soll auch im Laufe des kommenden Jahres auf Drehstrom umgestellt werden. Damit sind die Gleichstromgeneratoren dem Abbruch verfallen, man braucht neue Maschinenanlagen, und dann beginnt von neuem die Prüfung, ob mit den neuen Maschinen und mit dem erhöhten Anlagekapital das Werk noch wirtschaftlich arbeitet.

Obering. Kloos-Braunschweig: Ich kann mir ja vorstellen, daß Sie sich nicht ohne weiteres die Ersparnisse von 40% durch den Anschluß des von mir erwähnten Regierungsgebäudes erklären können. Diese 40% beziehen sich natürlich auf die Gesamtkosten. Sie können sie nur erzielen, wenn Sie sich das Bedienungspersonal „erziehen".

In Braunschweig habe ich den ganzen inneren Stadtteil mit Gleichstrom von 220 V versorgt, der sehr wirtschaftlich ist. Die Kabel können 80—100 Jahre liegen bleiben. Es ist hier das Dreileitersystem vorhanden, das sehr gut ist.

Ing. Koch: Ich möchte bezüglich Braunschweig erwähnen, daß die Ersparnis in den öffentlichen Gebäuden durchaus nicht darauf beruht, daß vorher sehr schlecht reguliert worden ist. Die Gebäude waren vorher technisch gut geleitet, und trotzdem ging nachher der Verbrauch zurück. Sie werden in der nächsten Nummer der „Wärme" über den Rathausbau in Dresden einiges lesen, wo die Anlagen genau wie in Braunschweig durchreguliert worden sind, und wir haben auch die Verbrauchseinheit herabgedrückt. Erst waren es 8 und jetzt sind wir auf 5,2 gekommen. Mein Kollege in Aussig war im ersten Jahre erstaunt über den kolossalen Rückgang an wirklichem Wärmeverbrauch, und im „Gesundheitsingenieur" hat auch der Kollege aus Schwerin nachgewiesen, wie er durch bloße Einführung der Verbrauchstabellen 20—30% gespart hat. Wenn Stadtheizungen hineinkommen, kommen alle die zersplitterten Anlagen in die Hand eines Ingenieurs, und dieser wendet Mittel und Wege an, um den Gesamtverbrauch zurückzubringen.

Dr.-Ing. Arnoldt: Herr Kloos hat als wünschenswert bezeichnet die Verteilung der Anheizzeit. Das ist ja ohne weiteres klar, daß das vom Standpunkt des Fernheizwerkes von außerordentlicher Bedeutung ist, weil eben dadurch die gleichmäßige Belastung der Kessel erzielt wird. Ich muß dies aber auch vom Standpunkt des Abnehmers beleuchten. Der Abnehmer hat kein sehr großes Interesse daran, daß diese Regelung vorgenommen wird. Herr Kloos hat gesagt, daß er die Warmwasserheizung morgens von 3—6 anstellt, sie als Puffer benutzt und dann erst die Dampfheizung anstellt. Das ist schön vom Standpunkt des Städteheizwerks, aber der Abnehmer hat dadurch eine verhältnismäßig lange Anheizzeit, von 3—6 Uhr, und das, was heutzutage gewissermaßen modern ist, das rasche Anheizen, damit der Abnehmer Wärme spart, wird dadurch nicht erzielt.

Herr Kloos hat darauf hingewiesen, daß eine Verteilung der Arbeitszeit auf einen möglichst großen Zeitraum sehr wichtig ist. Aber ich meine nicht eine Verteilung in dem Sinne, wie er sie vorgeschlagen hat, ist anzustreben, sondern eine solche, daß der ganze Wärmebedarf der Warmwasserheizung, der Tagesverbrauch, auf einen Durchschnittsbetrieb verteilt wird dadurch, daß man in der Warmwasserheizung selbst besondere Wärmespeicher aufstellt, und daß der ungleichmäßige Wärmeverbrauch der Heizanlage in einen gleichmäßigen Wärmeverbrauch des Anschlusses an die Stadtheizung verwandelt wird. Denjenigen Abnehmern, die sich solche Anlagen anlegen, müßte das Fernheizwerk durch einen billigeren Wärmepreis entgegenkommen, weil sie zu dem Zweck beitragen, den Herr Kloos verlangt, nämlich: zu einer gleichmäßigen Belastung der Kessel der Heizzentrale.

Meine Herren! Wenn ich wirklich im Vertrage einer Städteheizung eine Verschiebung der Anheizzeit vorschreibe, und ich muß mir als Stadtheizwerk das vorbehalten, so wird das nur solange möglich sein, solange ich mit einer geringen Zahl von Abnehmern zu tun habe. Bei einer großen Städteheizung, wie wir sie in Dortmund planen, wo wir 250 Gebäude für den Anschluß vorgesehen haben, wird die Durchführung dieser Vereinbarung nicht gut erzwungen werden können. Andererseits glaube ich, daß bei einer großen Anzahl von Abnehmern die öffentlichen Gebäude, Geschäftshäuser und Wohnungen schon an und für sich einen gewissen Ausgleich bringen werden. Es ist wichtig, daß man die Sache auch vom dem Standpunkt des Abnehmers betrachtet. Wenn nun trotzdem in Braunschweig und bei anderen Stadtheizwerken diese großen Ersparnisse erzielt worden sind, so hat das m. M. nach den Grund, daß die einzelnen Abnehmer nach dem Anschluß an das Stadtheizwerk besser beraten werden, und weiter, daß beim Abnehmer die Wärmemenge gemessen wird, daß es der Abnehmer tatsächlich sofort an seinem Geldbeutel spürt, wenn er es falsch macht, und daß er es nur dann richtig macht, wenn er etwas sparen kann. In Kiel haben m. W. die öffentlichen Gebäude, die früher 100% der Wärme gebraucht haben, nach dem Anschluß an die Städteheizung nur noch 60% gebraucht, und das beruht eben darauf, daß man bezahlen muß, was man verschwendet.

Dann einige Worte zur Wahl des Systems: Da ist gesagt worden: Warmwasser- oder Dampfheizung? Bei der Warmwasserheizung möchte ich auf den Punkt hinweisen: Es gibt doch m. W. noch keinen vernünftigen Wärmemesser, der für Warmwasserheizung tatsächlich anstandslos arbeitet. Es gibt allerdings einige Patente. Sie finden daher auch die Warmwasserheizung als Wärmeübertragungsmittel überall da, wo behördliche Gebäude angeschlossen sind und pauschal berechnet wird. Die Pauschalberechnung zur Regel zu erheben, davor kann ich nur warnen, weil die Einschränkung des Verbrauchs nur da stattfindet, wo man nach dem Verbrauch bezahlt, und weil nur an dem gespart wird, was bezahlt wird. Solange wir diesen Wärmemesser noch nicht haben — er wird wohl bald kommen —, solange würde ich z. B. eine Dampfheizung verwenden, schon allein deswegen, weil man den Dampf als Wärmeträger leichter sowohl für Dampf als auch für Wasserheizungen verwenden und einwandfrei messen kann.

Obering. A. Taubert: Bei der Diskussion über die Wahl des Systems möchte ich eine Anlage erwähnen, die zwar nicht als Städteheizung anzusprechen ist, in ihrer Ausführung aber gewissermaßen als Ideal bezeichnet werden kann. Es handelt sich um eine Anlage der Technischen Hochschule in Danzig. Die Hochschule Danzig besaß bisher eine Dampf-Warmwasser- bzw. Niederdruckdampfheizung. Im vergangenen Jahre ist diese Anlage nun umgebaut worden in ein Heizkraftwerk, lediglich mit der Absicht, aus dem Betrieb Ersparnisse zu erzielen, die der Hochschule zugute kommen sollen zur Beschaffung von Lehrmitteln usw.

Der Umfang der Anlage ist so geplant, daß der Turbo-Generator einen Dampfdurchgang von 4000 kg/St. ermöglicht. Von diesen 4000 kg Dampf werden 2400 kg angezapft mit einem Druck von 0,5 atü, bei strengster Kälte von 0,8 atü. Der restliche Dampf von 1600 kg Dampf wird im Kondensator niedergeschlagen, und zwar in der Hauptzeit mit einem absoluten Druck von 0,3 Atm. Dieses Vakuum kann verschlechtert werden bis 0,5 ata, und darüber hinaus ist die Möglichkeit gegeben, durch Zusatzdampf die Temperatur des Wassers zu steigern.

Die Anlage ist insofern günstig disponiert, als die Wärmeabgabe der Radiatoren bei der Ausführung der Anlage so gering gewählt worden war, daß die Wasserwärme aus dem Kondensator von 50—55° während der meisten Zeit der Heizperiode ausreichen wird. Außerdem sind drei alte Flammrohrkessel von je 25 cbm Wasserinhalt als Wärmespeicher stehengeblieben, so daß man mit direkt geheizten Kesseln beim Versagen des Turbo-Generators einspringen kann.

Ich erwähne diese Anlagen nicht als geeignetes Vorbild für Städteheizungen, denn diese können auf solch kleinen Einheiten nicht aufgebaut werden, ich möchte auch nicht sagen, daß wir beim Elektrizitätswerk dazu übergehen sollen, außer dem Anzapfdampf die Kondensatorwärme zu verwenden, das würde jedenfalls zu weit führen.

Bei der Diskussion über die Wahl des geeignetsten Systems möchte ich mich nun über das Heizmedium äußern. Wir können damit rechnen, daß wir 4 Möglichkeiten besitzen, die Wärme fortzuleiten. Dies wäre durch Elektrizität, Gas, Wasser oder Dampf.

Die Elektrizität würde ja wohl das idealste Mittel zur Überführung von Wärme sein; wir sind uns aber alle darüber klar, daß heute und in absehbarer Zeit nicht daran zu denken ist, die Fernheizwerke mit Elektrizität zu betreiben. Schon unter der Voraussetzung, daß 1 kW beispielsweise 10 Pf. und 1 kg Koks 4 Pf. kostet, wird die Beheizung mittels Elektrizität 10 mal so teuer als mit reiner Kohlenfeuerung. Auch da, wo uns Wasserkräfte zur Verfügung stehen, ist nicht daran zu denken, diese für Heizzwecke zu verwenden, denn ein mittleres Städteheizwerk mit etwa 50 000 000 WE würde eine Maschinenleistung von 60 000 kW bedingen, und es ist wohl selbstverständlich, daß wir diese 60 000 kW, die wir vom Wasserkraftwerk gewinnen, besser in Kraft selbst umsetzen, zumal uns doch gegenwärtig Kohlen in reichlicher Menge zur Verfügung stehen.

Vom Gas wissen wir, daß die Gasfernleitung für Licht- und Kochzwecke verhältnismäßig einfach ist. Wenn wir bei der Gasheizung nicht von unseren Gasanstalten ausgehen und nicht mit der Entgasung der Brennstoffe rechnen, sondern Vergasungsanlagen nehmen würden, so liegen die Verhältnisse heute, abgesehen von gewissen Industriebezirken, immerhin noch so, daß auch in diesem Falle die Gasheizung etwa 4 mal so teuer wird als augenblicklich die Kohlenheizung, und wir hätten viele Vorteile, die wir gerade mit unserer Städteheizung erstreben, verloren. Wir kämen wieder auf Einzelheizungen, und die Bedienung der Gaseinzelheizungen ist nicht so einfach, wie sie im ersten Augenblick aussieht, weil schon wegen der Explosionsgefahren eine dauernde Überwachung notwendig ist.

Es bleibt uns also als wärmeführendes Medium Wasser und Dampf für die Fernheizungen. Im allgemeinen sind sich alle Fachleute darüber klar, daß Wasser große Vorzüge in sich birgt. Wir können bei den Wasserfernheizungen mit Pumpenbetrieb ohne weiteres alle Terrainhindernisse überwinden. Wir haben die Möglichkeit, uns von der Zentrale aus durch eine entsprechende Wassertemperatur den Bedürfnissen anzupassen, und wir hätten gerade den Vorteil, der zu Erörterungen Anlaß gegeben hat, nämlich die gleichmäßige Belastung, bei der Wasserheizung in einem Maße, wie wir sie nicht besser wünschen können. Ich möchte sogar so weit gehen, daß ich eine Wasserheizung mit Tag- und Nachtbetrieb bei sehr niedriger Wassertemperatur für wirtschaftlicher halte als den unterbrochenen Betrieb. Hierbei kommt allerdings in Betracht, daß sich der Nachtbetrieb infolge des nötigen Bedienungspersonals sehr teuer stellt. Durch jahrelange Überwachung des Koksverbrauches einer großen Pumpenwarmwasserheizung von 4 Millionen WE stündlicher Wärmeleistung habe ich festgestellt, daß sich durch Tag- und Nachtbetrieb von etwa $+5°$ ab der Koksverbrauch niedriger stellte als bei unterbrochenem Betriebe. Der stoßweise Betrieb führt bei sehr großen Warmwasserheizungen auch deshalb zu Schwierigkeiten, weil die Anwärmung der Wassermassen große Kesselheizflächen voraussetzt und an die Bedienung beim Anheizen große Anforderungen stellt.

Der Hausanschluß ist bei einer Warmwasserheizung sehr einfach, desgleichen auch die Bedienung. Es bleibt bei einer solchen Anlage fast nichts mehr zu tun übrig, wenn sie erst einmal einreguliert ist. Besonders zu beachten ist die große Lebensdauer der Warmwasserfernleitungen, die wir ohne Übertreibung mit 30—40 Jahren annehmen dürfen, denn alle größeren Warmwasserfernanlagen, die etwa um das Jahr 1910 herum entstanden sind, als die Verwendung der Pumpenheizung im großen Maße einsetzte, geben uns den Beweis dafür, daß Instandsetzungsarbeiten und Reparaturen an diesen Anlagen kaum vorkommen. Ein besonderer Vorteil der Warmwasserfernleitungen ist der geringe Wärmeverlust, welcher so niedrig zu bewerten ist, daß er für die Wirtschaftlichkeit einer Fernheizungsanlage kaum in Rechnung gesetzt zu werden braucht.

Leider müssen wir trotzdem zugeben, daß wir für eine Städteheizung die Warmwasserheizung nicht ohne weiteres in Betracht ziehen können, weil wir, besonders wenn große Anlagen in Frage kommen, nicht nur die Häuser auswählen können, welche Warmwasserheizung besitzen, sondern wir müssen die Möglichkeit haben, alle die Gebäude, deren Anschluß sich wirtschaftlich lohnt, ins Auge zu fassen. Es käme vielleicht noch in Betracht, daß man, wie es ja bei Fernwarmwasserheizungen großen Umfanges üblich ist, die ehemaligen Dampfheizungen direkt mit überhitztem Wasser betreibt. Wir wählen doch meistenteils bei großen Fernwarmwasserheizungen eine Wassertemperatur von 110 bis 115° und haben dann die Möglichkeit, die Gebäude auch direkt mit diesem überhitzten Wasser zu erwärmen, während wir bei denen mit Schwerkraftheizung Mischwasser anwenden, so daß wir auf die allgemein übliche Heizwassertemperatur dieser Anlagen kommen. Dieses Anschließen der Dampfheizungen an eine Fernwarmwasserheizung bedingt jedoch hohe Kosten, die auf die Hausanschlüsse entfallen und den Besitzer leicht davon abhalten können, seine Anlage an die Städteheizung anzuschließen. Wir wissen ganz genau, daß die Radiatoren, mit denen man hauptsächlich die Gebäude heizt, nachdem sie eine Zeitlang mit Dampf betrieben worden sind, nicht ohne weiteres an eine Wasserheizung angeschlossen werden können; sie laufen dann fast durchweg zwischen den Gliedern an den Nippelverbindungen. Es ist deshalb erforderlich, die Radiatoren vollständig auseinanderzunehmen und Glied für Glied mit neuen Dichtungen wieder zusammenzuschrauben. Außerdem ist es nicht ohne weiteres möglich, die Dampfleitungen an das Rohrnetz einer Warmwasserheizung anzuschließen, weil meistenteils infolge entgegengesetzten Gefälles die Entlüftung nicht vor sich gehen kann und auch die Kondensleitungen zu schwach sind.

Die Schwierigkeit, bei Warmwasserheizungen die Wärme zu messen, möchte ich nicht als so bedeutend hinstellen, daß sie ausschlaggebend sein könnte dafür, ob man Dampf oder Wasser für die Fernheizung verwenden soll. Wir haben noch keinen brauchbaren Messer, der uns, wie beim Gas- oder Wassermesser, die Daten ohne weiteres angibt. Aber die Geschichte hat gelehrt, daß mit dem Bedarf auch die Erfindungen auftauchen, und wenn das Problem des Wärmemessers auch kein leichtes ist, so zweifle ich doch nicht daran, daß durch die Inbewegungsetzung vieler erfinderischer Geister wir doch ein brauchbares Meßinstrument finden werden.

Wir kommen nun zum letzten Medium der Wärmeübertragung, zum Dampf. Es können alle Vorteile der Wasserheizung uns nicht daran hindern, für die Städteheizung den Dampf als eigentlichen Wärmeträger in Betracht zu ziehen. Der Dampf hat bekanntlich den großen Vorzug, eine große Wärmemenge, etwa 540 WE pro Kilogramm, gebunden zu halten. Dadurch können große Wärmemengen in verhältnismäßig schwachen Leitungen auf weite Strecken befördert werden. Der Wärmeverlust der Dampfleitungen tritt tatsächlich nicht so stark in Erscheinung, als man im allgemeinen annehmen möchte. Sehr große Anlagen mit einem Dampfdruck von etwa 1—2 atü und Rohrdurchmessern von 500—600 mm l. W. haben, rechnerisch ermittelt, einen Wärmeverlust, im Durchschnitt gerechnet, von etwa 5%. Diese 5% sind nicht in der Lage, den Ausschlag zu geben, ob eine Anlage rentabel ist oder nicht. Wir wissen ganz genau, daß in erster Linie der Kesselwirkungsgrad hierfür maßgebend ist. Wenn wir bei großen Heizwerken, auch reinen Heizwerken, große Kesselanlagen verwenden, die einen durchschnittlichen Nutzeffekt von 65—75% aufweisen, und wenn wir andererseits noch gegenüberhalten, daß der Brennstoff, die Kohle, gegenüber dem Koks bei Einzelheizungen 15—20% billiger ist, so können die Wärmeverluste der Dampfleitungen, welche man früher beim Vergleich mit Wasserheizungen als ausschlaggebend betrachtete, in diesem Falle die Wagschale nicht nach der entgegengesetzten Seite neigen.

Maßgebend ist selbstverständlich bei der Wahl des Systemes auch, ob nicht Abwärme aus Gaswerken usw. zur Verfügung steht, deren Verwendung an sich ein Heizmedium vorschreibt und die den Umfang einer Anlage begrenzt. Wenn diese Momente nicht mitsprechen, so bin ich der Überzeugung, daß der Dampf das Heizmedium für größere Städteheizungen in Zukunft sein wird. (Großer Beifall.)

Oberingenieur Pasch (schriftlicher Beitrag): Der in Deutschland gebräuchliche Wirtschaftlichkeitsbegriff ist ein nicht zu unterschätzender Hemmschuh für das Entstehen der Städteheizwerke. Es soll die Wärme einmal billiger geliefert werden, als sie bei Selbsterzeugung zu stehen kommt; das nicht unbedeutende Anlagekapital soll gut verzinst werden; das Werk selbst will gut verdienen und die übrigen nicht hoch genug zu veranschlagenden Vorteile der zentralen Wärmeerzeugung sollen die Nutznießer vollkommen gratis erhalten.

Das ist m. E. zuviel verlangt.

Die Kupplung eines Heizwerkes mit einem anderen größeren Werke zur Ausnutzung von Abwärme ist zwar verlockend, aber in der Praxis schwer durchführbar und macht das Heizwerk abhängig und unselbständig in seiner Betriebsführung. Deswegen verzichtet man ja in Amerika neuerdings auf solche Kupplungen.

Der Entstehung weiterer Städteheizwerke dürfte zur Zeit der hohe Zinsfuß für Kapital sehr hinderlich sein, obgleich von Projekten dieser Art heute sehr viel in Tageszeitungen zu lesen ist.

Die durch ein Wärmewerk zu erzielenden Vorteile für die Stadtbevölkerung sind:

1. Verminderung der Rauch- und Rußplage und somit Verbesserung der Luftverhältnisse durch Wegfall einer großen Zahl von Feuerstellen.

2. Verminderung der Feuersgefahr und der Gefahr der Kohlenoxydvergiftung.

3. Verminderung des Kohlen- und Aschentransportes in den Straßen und Häusern.

4. Wegfall der Reinigungskosten für Schornsteine, Rauchkanäle und Kessel.

5. Freiwerden der Kessel- und Kohlenräume bei Häusern mit Zentralheizung für andere Zwecke und entsprechende Verminderung der Erwärmung der Kellerräume.

6. Unabhängigkeit der Hausbewohner von der Gewissenhaftigkeit und Ehrlichkeit des die Hausheizung bedienenden Heizers, von der Beschaffenheit und rechtzeitigen Anlieferung des Brennstoffes.

7. Wegfall der kostspieligen Reparaturen von Zentralheizungskesseln und der Bedienungskosten.

8. Große Sicherheit in bezug auf gleichmäßige und ausreichende Wärmelieferung.

9. Wirtschaftlichste Ausnutzung des Brennstoffes in den Hochdruckkesseln des Heizwerkes unter genauer und dauernder Kontrolle geschulten Personals.

10. Geringere Heizkosten pro Heizperiode als bei Selbsterzeugung.

Der Vorteile für den einzelnen und die Gesamtheit sind also so viele, daß es angebracht erscheint, auf den letztgenannten: „die Verbilligung der Heizkosten" nicht übermäßig hohen Wert zu legen, wodurch das Entstehen von weiteren Städteheizungen sicherlich gefördert würde, — nachdem der Kapitalzins, wie es den Anschein hat, wieder normal zu werden beginnt.

Entstehung des Städteheizwerkes Neukölln.

Der Plan zur Schaffung dieses Werkes entstand bereits im Jahre 1911, ausgeführt wurde es endlich im Jahre 1919.

Im Januar dieses Jahres wurde auf Grund eines von dem damaligen Heizungsingenieur der Stadt Neukölln, Herrn Nagel, aufgestellten Programms von der Firma Gebr. Körting, Aktiengesellschaft, die Anlage projektiert und mit der Ausführung begonnen.

Das Heizwerk hatte das Mißgeschick, daß ihm die Grundlage für die bedeutende Rentabilität, die das Projekt ergeben hatte, unmittelbar nach Montagebeginn verlorenging. Es war nämlich beabsichtigt, das Heizwerk durch Zwischendampf der Turbo-Generatoren des Elektrizitätswerkes zu speisen. Die damalige Kohlennot und der damit verbundene Umstand, daß die Stromabnahme von dem Überlandwerk Golpa damals gesicherter eschien, veranlaßte den Magistrat Neukölln, einen Vertrag mit Golpa auf Stromlieferung einzugehen, demzufolge das Elektrizitätswerk Neukölln stillgelegt wurde.

Mit Recht ließ sich die Bauleitung hierdurch nicht entmutigen und brachte das Stadtheizwerk zu Ende.

Umfang und Leistung der Anlage.

Um die Schwierigkeiten der Verlegung der Verteilungsleitungen in den Straßenzügen und die Abkühlungsverluste der Leitungen sowie die Bedienungskosten der Anlage auf das geringste Maß zu beschränken, wurde das Heizwerk als eine Pumpenfernwarmwasserheizung gebaut. Die Erwärmung des als Wärmeträger dienenden Wassers mußte programmgemäß im Elektrizitätswerk erfolgen, weshalb die hierfür erforderlichen Gegenstromapparate im Elektrizitätswerk im Maschinensaal Aufstellung fanden.

Zeichenerklärung:

- ⊶ Gruben
- K. Kompensatoren
- U. Umschaltschieber
- A. Abzweigschieber
- S. Streckenschieber
- Z. Zentrale

Fernheizwerk Neuköln.
Warmwasser-Pumpenheizung.

An den bestehenden Rohrzug wurden zunächst angeschlossen:

Schule Hertzbergplatz (2) . . . . mit	373 800	WE/St.
Wohnhausgruppe Geygerstraße (3) . . . . . „	688 800	„
Reichsbankfiliale (4) . . . . „	120 000	„
Sparkasse (5). . . . . „	385 000	„
Rathaus (6) . . . . „	1 474 900	„
Gemeindeschule Elbestraße (7) . . . . . . „	363 500	„
Bedürfnisanstalt Elbestraße . . . . „	3 800	„
Kaiser-Friedrich-Realgymnasium (8) . . . . „	538 700	„
Wohnhäusergruppe Idealpassage (9) . . . . „	950 000	„
Schule Donaustraße (10). . . . . „	938 800	„
Amtsgericht und Gefängnis (14) . . . . . . „	672 000	„
Wohnhäuser Niemetz-Innstraße (15) . . . . „	358 000	„
Wohnhaus Studentkowski, Geygerstraße. . . „	300 000	„
Wohnhaus Reinhardt, Ganghoferstraße . . . „	110 000	„
	7 277 300	„

In letzter Zeit sind noch Gebäude mit einem Anschlußwert von rund 5 000 000 WE hinzugekommen.

Die Warmwassererzeuger sind gebaut für eine Maximalleistung von rund 14 Mill. WE/St., die Fernleitungen können bis 20 Mill. WE/St. belastet werden.

Im Interesse des Heizwerkes liegt es, daß die im Lageplan angedeuteten Anschlußmöglichkeiten baldmöglichst ausgenutzt werden, da sich dann die Kosten für die Bedienung und die Wärmeverluste auf eine größere Nutzleistung verteilen.

Bei der jetzigen Belastung des Werkes wird die Wärme an Privatabnehmer zu einem Preise, der ca. 15% unter deren Selbstkosten bei Eigenerzeugung liegt, geliefert.

Bemessung, Anordnung und Montage des Rohrnetzes.

Für das Gelingen des Werkes war es von großer Bedeutung, die Anlagekosten auf das geringste Maß zu beschränken. Um schwache Leitungen zu erhalten, wurden diese für eine Temperaturdifferenz von 60° zwischen Vor- und Rücklauf berechnet, d. h. bei —20° Außentemperatur tritt das Heizwasser in den Fernleitungsanschluß des entferntesten Gebäudes mit 130° ein, um sich im Hause auf 70° abzukühlen. Infolge Rohrabkühlung ist die Temperaturdifferenz im Elektrizitätswerk etwas größer. Sie wurde ermittelt zu 4° im Vorlauf und 1° im Rücklauf.

Aus Gründen der Betriebssicherheit wurde das Leitungsnetz, soweit es in unzugänglichen Kanälen liegt, als sogenanntes Dreileitersystem, soweit es in Gebäudekellern liegt, als Zweileitersystem ausgeführt. Bis zu einer Gesamtnutzleistung von ca. 14 Mill. WE/St. steht in dem Dreileiterrohrnetz eine der drei Leitungen vollständig zur Reserve. Bei größerer Belastung soll die Reserveleitung mit als zweite Rücklaufleitung benutzt werden.

Dreileitersystem und Zusammenschweißen der Rohrleitungen auf lange Strecken ermöglichen es, die in den Straßen angeordneten Fernleitungen in unbegehbare, fest abgedeckte Betonkanäle geringster Abmessungen zu verlegen. Diese bestehen aus einer ca. 0,8—1,0 m unter Terrain fortlaufend eingestampften Betonrinne, die nach Fertigstellung der Leitungen mit ca. 0,5 m breiten Betonplatten abgedeckt wurde. Eine Abdeckung von Dachpappe mit Goudronanstrich an den Überlappungen verhindert das Eindringen von Tagwasser. In der Kanalsohle sind von Zeit zu Zeit Sickerlöcher vorgesehen zur Abführung etwa eindringenden Wassers.

Da die Baupolizei längeres Offenhalten der Baugruben nicht gestattete, mußten sich die einzelnen Arbeitsgruppen immer unmittelbar folgen. Die jeweils in Arbeit befindliche hatte hierdurch nur eine Länge von 400—500 m.

Um Baukosten zu sparen, wurde ein in der Thiemannstraße vorhandener, begehbarer Rohrkanal von 1,45 m l. Höhe, 1,0 m oberer und

0,7 m unterer Breite für die Verlegung der drei 228 mm l. W. Hauptleitungen benutzt. Diese Baustrecke hat wegen der viel zu kleinen Abmessungen des Kanals sehr große Schwierigkeiten verursacht, zumal an
Kanaldecke noch eine in Betrieb befindliche Warmwasserleitung lag,
die vom Elektrizitätswerk zur Badeanstalt führte.

Zwischen Wohnhausgruppe Geygerstraße und Badeanstalt wurde ein
begehbarer Kanal neu angelegt, weil hier außer den drei Heizleitungen
auch noch zwei Warmwasserversorgungsleitungen unterzubringen waren,
bei denen Reparaturen von Zeit zu Zeit erforderlich sind. Die Wohnhausgruppe Geygerstraße wird von der Badeanstalt mit warmem Brauch-
wasser versorgt.

Detailkonstruktionen.

Die in nichtbegehbaren Kanälen liegenden Rohre ruhen auf an-
geschnallten Rollenböcken, die auf in die Kanalsohle einbetonierten
Flacheisenstücken laufen. In größeren Abständen sind Führungsschellen
angebracht, um ein seitliches Ausbiegen der Rohre zu verhindern. Zur
Aufnahme der Ausdehnung der Rohrleitungen dienen einfache Stopf-
büchsenkompensatoren mit gußeisernen Degenrohren und drei ein-
gelegten Bronzeringen. Infolge der zur Zeit der Erbauung der Anlage
herrschenden Sparmetallzwangswirtschaft konnte besseres Material nicht
Verwendung finden. Wider Erwarten haben sich diese Kompensatoren
nach Verpacken mit fettreicher Bleiwolle sehr gut bewährt.

Die Kompensatoren sind so angeordnet, daß sie im allgemeinen die
Ausdehnung von 100—150 m Rohr aufzunehmen haben, also einen
Schub von 170—250 mm.

Um einzelne Strecken der Rohrleitung zwecks Reparatur unter Aufrechterhaltung des Heizbetriebes ausschalten zu können, sind in den
Rohrzügen Strecken- und Umschaltschieber, Abzweigschieber und Entleerungshähne eingebaut.

Alle zu kontrollierenden Teile, wie die vorgenannten Schieber und
Hähne und die Kompensatoren sind in besteigbaren, unterirdischen
Gruben untergebracht, die auf dem Lageplan besonders bezeichnet
sind. Hier sind auch Festschellen angeordnet, die für vollkommene
Entlastung und Festlegung der Schieber, Kompensatoren und Ab-
zweige sorgen müssen. Die Konstruktion der Festschellen ist beachtenswert.

Bei der Anordnung der Betonkanäle mußte auf die im Erdreich
vorhandenen Gas-Druckwasser- und Abflußleitungen bzw. Abflußkanäle
Rücksicht genommen und eine Verlegung derselben mit Rücksicht auf
die Kostenfrage vermieden werden.

Die Leitungen sind demzufolge teils mit Steigung, teils mit Gefälle
verlegt. Die tiefsten Stellen haben Entleerungshähne, die höchsten Ent-
lüftungsventile erhalten.

Zum Schutze gegen Wärmeverluste haben die in Kanälen liegenden Rohre eine Ummantelung aus 4 cm starken, gebrannten Kieselguhrschalen erhalten. Diese Schalen sind über einer aus kleinen Kammern bestehenden Luftschicht auf das Rohr im Verband im kalten Zustand des Rohres aufgesetzt und durch verzinktes Bandeisen zusammengehalten. Nach Abglättung mit Kieselguhr hat diese Isolierung zum Schutze gegen Feuchtigkeit noch eine Ummantelung aus Dachpappe erhalten. Die Stöße und Längsnähte sind durch Teeranstrich wasserdicht gemacht. Der Wirkungsgrad dieser Isolierung beträgt ca. 80%. Die in Kellern zugänglich liegenden Leitungen sind im Betriebe mit 30 mm starker Kieselguhrumhüllung versehen worden.

Ausdehnungsgefäße.

Zur Aufnahme der Ausdehnung des enormen Wasserinhaltes der Anlage dienen zur Zeit drei im Rathausturm, 34 m über Terrain aufgestellte, untereinander verbundene Ausdehnungsgefäße; bei späterem Ausbau muß ihre Zahl auf fünf vermehrt werden.

Das Diagramm (S. 99) zeigt einen Schnitt der abgewickelten Rohrstrecke vom Elektrizitätswerk bis zur Realschule Boddinstraße, dem höchsten Punkt des ausgebauten Heizwerkes und die Druckverhältnisse, die sich in den Leitungen im Betriebe ergeben. Auch ergibt sich hieraus der statische Druck, der in jedem Punkte der Anlage herrscht.

Die Ausdehnungsleitung ist an dem Rücklauf der Fernleitungen im Keller des Rathauses derart angeschlossen, daß stets eine offene Verbindung mit der jeweils im Betrieb befindlichen Rücklaufleitung gewährleistet ist.

Die angeschlossenen Gebäudeheizungen haben an ihren höchsten Punkten kleine Luftgefäße erhalten, aus denen die sich sammelnde Luft und Gase teils durch Entlüftungshähne von Hand, teils durch automatisch wirkende Luftventile abgelassen werden.

Hausanschlüsse.

Die vorhanden gewesenen Warmwasserhausheizungen sind ohne jede Veränderung an die Fernleitungen angeschlossen worden. Deswegen mußte jede Anlage die Vor- und die Rücklauftemperatur und evtl. auch die Pumpendruckdifferenz erhalten, für die sie ursprünglich berechnet war. Bisherige Dampfheizungen mußten vor ihrem Anschluß auf dem wohlfeilsten Wege in Wasserheizungen umgewandelt werden. Dies geschah durch Bemessung der Raumheizflächen für eine Temperatur von 105° im Vorlauf und 80° im Rücklauf. Hierdurch war es möglich, ohne nennenswerte Vergrößerung der Raumheizflächen auszukommen. Die Rohrdimensionen wurden im allgemeinen belassen wie sie waren, dagegen wurde der Druck in der Vorlaufleitung am Eintritt der Gebäude erhöht. Solche umgeänderten Dampfheizungen sind in

Realschule
Boddinstr.

41.16 m W.S.

50.3

4.87

4.89

Abzw. Gem. Schule 37.91 m W.S. 44.41 m W.S.

42.5

44.5

Boddinstr.

32.5

Abzw. Amtsgericht 36.84 m W.S. 45.49 m W.S.

36.80 m W.S. 45.53 m W.S.

Rathaus

33.42

4.87

Schönstedt Str.

NN + 70 m

Druck 36.5 m W.S.

Abzw. – K.F. Realgymn. 35.31 m W.S. 47.01 m W.S.

34.3

4.87

Abzw. Kaiser-Fried. Elbestr. 34.79 m W.S. 47.54 m W.S.

34.8

4.87

Abzw. Poliz. Präs. 33.33 m W.S. 48.99 m W.S.

31.6

45.65

Rücklauf

Vorlauf

Abzw. Theater 32.69 m W.S. 49.64 m W.S.

31.83

45.7

Abzw. Geygerstr. 31.91 m W.S. 50.41 m W.S.

32.40

45.95

34.7

45.0

Abzw. Treptowerstr. 30.18 m W.S. 52.15 m W.S.

32.51

31.82

45.0

32.81

45.0

Straße. Hertzberg Platz

Abzw. – Schule Hertzb. Pl. 28.46 m W.S. 53.86 m W.S.

35.65

33.4

Thiemann - Straße

33.5

33.17

25.97 m W.S. 56.35 m W.S. 59.48 m W.S.

22.6

Elektr. Werk

Zentrale

7*

der Turnhalle des Kaiser-Friedrich-Realgymnasiums und in der Luft-
heizanlage des Rathaus-Sitzungssaales vorhanden.

Bei den Gebäudeanschlüssen, die einen Überdruck für die Hausheizung
nicht zu erzeugen haben, die Zirkulation im Haussystem also lediglich
durch Auftrieb erfolgt, tritt das Heizwasser in die Vorlaufseite einer
Kurzschlußschleife des Haussystems ein, mischt sich mit einer entsprechenden Menge Rücklaufwasser selbsttätig auf die für die betreffende
Anlage erforderliche Temperatur und tritt nach erfolgter Abkühlung aus
dem Rücklaufschenkel der Kurzschlußschleife in den Rücklauf der Fernleitung ein.

Wo eine besondere Umwälzkraft für das Haussystem erforderlich ist,
ist in den Vorlauf der Kurzschlußschleife eine Wasserstrahlpumpe eingeschaltet. Diese hat die Aufgabe, der im Haussystem umlaufenden
Wassermenge die der Umwälzkraft entsprechenden Beschleunigung zu
erteilen, und zwar nur mittels jener Heizwassermenge, die in Anbetracht
der Wassertemperaturverhältnisse zugespeist werden darf.

Größen und Betriebsdaten der Fernleitungen.

Die Länge der einfachen Rohrstrecke vom Elektrizitätswerk bis zur
Schule Donaustraße beträgt 2017 m. Nach Ausbau der geplanten Erweiterungen beträgt die größte abgewickelte Länge ca. 3000 m.

Der größte lichte Rohrdurchmesser ist 228 mm, und die hierin herr-
schende Wassergeschwindigkeit nach vollem Ausbau 1,4 m/sk. Der
maximale Druckverbrauch für Reibung und einmalige Widerstände beträgt nach vollem Ausbau 33,5 m/W.-S., die Umlaufszeit vom Elektrizitätswerk bis Schule Donaustraße nach vollem Ausbau 57 Minuten.

Die Kessel- und Heizanlage.

Der interessanteste Teil und zugleich das Herz des Heizwerkes befindet
sich, wie schon mehrfach erwähnt, im ehemaligen Elektrizitätswerk.

Zur Überführung der benötigten Wärmemenge von maximal 14 Millionen WE/St. sind hier im ehemaligen Maschinensaal 8 Gegenstromapparate von je ca. 70 qm Heizfläche in 4 Gruppen zur Aufstellung gelangt.

Alle zur Regulierung der Dampf- und Wasserwege der Gegenstromapparate erforderlichen Absperr- und Regelorgane sind unterhalb der
Gegenstromvorwärmer übersichtlich in Reihen leicht zugänglich angeordnet, so daß der Bedienende ohne weiteres erkennen kann, welchen
Zweck die einzelnen Organe haben. Die leider vielfach über Gebühr
beliebten und oft an unpassenden Stellen anzutreffenden Ventilstöcke
sind hier gänzlich vermieden, und damit die diesen eigentümlichen hohen
Widerstände und langen Rohrführungen.

Zu beiden Seiten der Gegenstromapparate sind die Umwälzpumpen
gruppiert, und zwar eine für die Gesamtleistung (ca. 45 PS), und zwei
kleinere für je die halbe Leistung (ca. 27 PS). Drei Pumpen wurden

gewählt, einmal mit Rücksicht auf genügende Reserve, und zum anderen mit Rücksicht auf den reduzierten Betrieb in den ersten Betriebsjahren.

Die Pumpen sind direkt gekuppelt mit Dampfturbinen, in denen der Dampfdruck bis auf 5 at abs. ausgenutzt wird. Mit Rücksicht auf die Turbinen und auf Betriebsstöße muß der Kesseldruck mindestens auf 10 at abs. gehalten werden. Der Dampfverbrauch der Turbinen ist des hohen Gegendruckes (5 at abs.) wegen verhältnismäßig hoch, ca. 30 kg/PS. Da aber der Abdampf dieser Turbinen zur Erwärmung des umgewälzten Wassers restlos verwendet wird, so wird hierdurch die Wirtschaftlichkeit der Anlage nicht beeinflußt.

Als Dampferzeuger dient einer der noch vorhandenen drei Hochdruckkessel des ehemaligen Elektrizitätswerkes. Er hat 410 qm Heizfläche und 120 qm Überhitzerfläche, und kann mit 15 at abs. und 350° Überhitzung arbeiten. Ein Kessel ist somit vollständig für den augenblicklichen maximalen Bedarf des Heizwerkes ausreichend und arbeitet während des weitaus größten Teiles der Heizperiode ziemlich unwirtschaftlich. Die normale Leistung dieser Kessel ist 30 kg/qm/St., also bei 17stündigem Betrieb ca. 215 Tonnen/Tag, der Verbrauch ist dagegen bei mittlerer Wintertemperatur nur

ca. 8 t Dampf für das Elektrizitätswerk,
„ 18 t „ „ die Fabrik der Nationalen Registrierkassen-Gesellschaft, welche eine gesonderte Dampfheizung hat,
„ 12 t „ „ Selbstverbrauch,
„ 105 t „ „ das Heizwerk,
also 143 t/Tag.

Zur Kontrolle und ständigen Aufzeichnung der sich in der Anlage abspielenden Vorgänge ist in einem Nebenraume eine Meßtafel angeordnet. Sie vereinigt folgende registrierenden Fernmesser:

1. für die Dampftemperatur,
2. für die Kondensattemperatur,
3. für den Dampfverbrauch, durch Anzeige eines im Rohrkeller befindlichen Kolbenwassermessers,
4. für den Dampfdruck des Frischdampfes,
5. für die Außentemperatur,
6. für die umgewälzte Heizwassermenge, durch Anzeige eines in die Heizleitung eingeschalteten Venturirohres,
7. für die Vorlauftemperatur des Heizwassers,
8. für die Rücklauftemperatur des Heizwassers.

Auf der Abnehmerseite haben registrierende Meßapparate erhalten: das Rathaus, die Reichsbankfiliale und die drei Häuser in der Idealpassage.

Wegen der mit der Auswertung der Diagramme der Meßapparate verbundenen Kosten werden diese heute nur noch zur Kontrolle benutzt, die Berechnung der gelieferten Wärme erfolgt durchweg nach dem

errechneten maximalen Wärmebedarf der Gebäude und dem jeweils
gültigen Kohlenpreis. Die sich hieraus ergebende Jahrespauschale wird
in monatlichen Raten bezahlt.

Die Erfahrungen mit diesem Werk zeigen, daß es möglich ist, Städteheizwerke auch dann wirtschaftlich zu gestalten, wenn wohlfeile Abwärme nicht zur Verfügung steht. Hätte man diesen Gesichtspunkt von
vornherein im Auge gehabt, so würde man bei Planung der Zentrale
darauf geachtet haben, daß sie inmitten des möglichst wärmedichten
Gebietes zu liegen gekommen wäre.

Fabrikbesitzer Brockmann: Herr Dr. Arnoldt wollte die Wasserheizung einfach damit abtun, daß er sagte, es bestehen noch keine guten
Wärmemesser. Mir scheint doch, daß dieser Grundsatz verfehlt ist.
Diese Frage von den Wärmemessern aus allein zu entscheiden, halte ich
für außerordentlich bedenklich. Die Frage, welche Heizungssysteme
wir bauen müssen für Städteheizungen, wird allerdings jetzt recht bren-
nend. Mir will es scheinen, daß wir bisher im wesentlichen Dampfheizungen für die Städteheizungen angewendet und daß wir uns hierbei
Amerika als den Lehrmeister gewählt haben. Allerdings hat Amerika
ja eine längere Praxis in Städteheizungen als wir. Ob es aber richtig ist,
schematisch das nachzumachen, was andere Nationen tun, das muß ich
im allgemeinen, aber ganz besonders vom deutschen Standpunkt aus
verneinen. Amerikanische Verhältnisse lassen sich in bezug auf sparsame Wärmewirtschaft nicht auf Deutschland übertragen (sehr richtig!).
Der amerikanische Ingenieur kann es verantworten, etwas leichtfertig
über die Wärmewirtschaftlichkeit bzw. über zu hohe Wärmeverluste
einer Anlage hinwegzugehen. Der Deutsche darf das nicht. Wir müssen
uns darüber klar sein, ob wir das alles, was die Amerikaner bisher auf
dem Gebiete der Städteheizungen geleistet haben, ohne weiteres nach-
machen dürfen. Ich stehe auf dem Standpunkt, daß die Ansicht der
amerikanischen Ingenieure, die in einer amerikanischen Zeitschrift zum
Ausdruck gekommen ist, daß für Städteheizungen nur Dampfheizungen
in Betracht kommen, unter allen Umständen unrichtig ist. Eine sche-
matische Festlegung darf nicht Platz greifen. Hier müssen die Verhältnisse resp. die Art der bestehenden Heizungssysteme in erster Linie
ausschlaggebend sein. Bei einem Städteheizungsprojekt hat man genau
zu prüfen, ob man die Fernwasserheizung mit ihren wirtschaftlichen
Vorzügen in Anwendung bringen kann oder ob man gezwungen ist,
aus bestimmten Gründen die Dampfheizung allein zu wählen. Herr
Kollege Taubert hat die Vorteile schon geprüft, die bei einer Fernwasserheizung gegeben sind. Diese Vorteile dürfen wir nicht ohne weiteres
beiseite schieben. Es wäre ganz besonders unverständlich, wenn eine
Kommune in einer Stadt mit großen Häuserkomplexen, welche Warmwasserheizungen besitzen, die Dampfheizung ausschließlich wählen
wollte. Jeder Fachmann weiß, daß man in manchen Fällen in einem

Umkreis bis zu 5 km die Fernwasserheizung ausführen kann, und wo es nicht mehr möglich ist, gibt es andere Methoden. So kann man zunächst vom Elektrizitätswerk mit einer Dampfleitung bis zu den Hauptgebäuden gehen, worin Dampfheizungen vorhanden sind. An der einen oder anderen Stelle oder in Gruppenbildungen ist man in der Lage, von dieser Dampfleitung aus nicht allein die bestehenden Dampfheizungen bequem zu versorgen, sondern an zweckmäßigen Stellen Unterteilungen zu machen und eine Umformung in Wasserheizungsgruppen vorzunehmen. Damit erreicht man, daß man einerseits die Gebäude mit Dampfheizungen an das Fernheiznetz heranlegen kann und nicht die komplizierte Umwandlung von Heißwasser auf Dampf nötig ist, sondern mittels Hochdruckdampf die Niederdruckdampfheizungen betreiben kann, und durch die Umformerwerke ist man wieder in der Lage, kleine Gruppen von Fernpumpenheizungen durchzuführen, um damit leichter die Gebäude mit Wasserheizungen zu erfassen. Ich halte es daher nicht für richtig, daß man in Fällen, wo viele Wasserheizungen vorhanden sind, die reine Dampfheizung wählt, denn es läßt sich da sehr gut ein kombiniertes System mit Wassergruppenbildung durchführen, womit man, wie vorhin gesagt, alle Gebäude mit Dampf- sowohl wie mit Wasserheizung mit den einfachsten Anschlüssen erfassen kann. Die Vorteile einer solchen Anordnung will ich nicht mehr betonen (Beifall).

Ing. Bjerregaard-Kopenhagen: Meine Herren! Ich möchte versuchen, Ihnen einige Erläuterungen über einen neuen Wärmeschutz zu geben. Es handelt sich um eine Erfindung, wodurch die Betonkanäle gewissermaßen überflüssig werden. Eine Isolierung muß trocken und leicht sein. Eine leichte Isolierung, die wegen ihrer Porosität wassersaugend ist, kann aber, wenn sie nicht gegen Feuchtigkeit geschützt ist, ein sehr schlechter Wärmeschutz sein, wenn sie naß wird.

Die Güte einer leichten Isolierung hängt von ihrer Porosität ab. Die Isoliermasse muß eine große Menge zellenförmiger Hohlräume enthalten und diese Hohlräume sollen gegeneinander abgegrenzt sein durch dünne Wände, die auch schlechte Wärmeleiter sein müssen. Luft ohne Strömungen ist bekanntlich ein sehr schlechter Wärmeleiter. Man hat oft versucht, einen solchen Stoff künstlich herzustellen.

Der deutsche Chemiker A. Breuer hat im Jahre 1884 Portlandzement mit einer konzentrierten Kochsalzlösung und Salzsäure gemischt. Dadurch wurden Kochsalzkristalle während der Erhärtung in der Masse gebildet. Diese Kristalle wurden durch Wasser aufgelöst und ausgewaschen, wodurch Hohlräume entstanden. Diese Erfindung hatte für die Isolierungspraxis keine Bedeutung, nur für die Elektrolyse von Alkalichloriden. In Amerika hat man bei der Herstellung von Leichtbetonplatten Paraffinpartikeln in den Zementbrei gemischt. Später wird dann das Paraffin durch Erhitzen ausgetrieben. In Finnland hat man in ähnlicher Weise Eispartikeln eingemischt und nach der Erhärtung wieder durch Auftauen beseitigt.

Alle diese Methoden hatten nur den Zweck, eine größere Anzahl Hohlräume im Beton zu bilden. Man hat auch versucht, Luft direkt mit dem Zementbrei zu mischen durch Zusatz von Schlackenpartikeln oder ähnlichem, wodurch die Luft festgehalten wird, bis die Erhärtung vor sich geht. In Schweden hat man durch Zusatz von Aluminiumpulver einen porösen Beton hergestellt. Eine Wasserstoffausscheidung war hier Veranlassung der Zellenbildung. Dieser Gasbeton hat in Schweden Verwendung im Baufach gefunden. Wände von 15 cm Dicke sind hier zugelassen. Das spezifische Gewicht dieses Gasbetons ist 0,2. Ganz unabhängig hiervon hat der dänische Ingenieur Carl Bayer eine neue Methode erfunden, nach welcher ein Seifenschaum dem Zementbrei zugemischt wird. Dieser Schaum ist so widerstandsfähig, daß er nicht zerbricht während der Mischung. Der Erfinder hat sich nun an Prof. Carl Jacobsen, Laboratoriumsvorsteher an der Polytechnischen Hochschule in Kopenhagen, gewendet. Prof. Jacobsen hatte gleich großes Interesse an der Sache, und in Verbindung mit dem Erfinder hat er im Verlaufe von etwa 3 Jahren durch sehr umständliche Laboratoriumsarbeit die Erfindung für die Praxis durchgearbeitet. Die Herstellung dieses „Zellbetons“, wie er genannt wird, hat dadurch eine sehr vollkommene praktische Form erhalten. Es war ja von wesentlicher Bedeutung, einen Schaum zu finden, der Widerstand genug gegen die zerstörende Einwirkung während der Mischung mit dem Zementbrei leisten konnte. Das ist vollständig gelungen. In einer speziell konstruierten Maschine wird der Schaum entwickelt und dann dem Zementbrei zugemischt. Die Maschine produziert 2 cbm Betonmasse pro Stunde. Die Menge des Schaumstoffes im Gemisch ist nur etwa $1/_2$ pro Mille bei Beton von Mitteldichtigkeit. Es ist möglich, Zellbeton von einem spezifischen Gewicht von 0,1—1,2, d. h., mit größerer oder minderer Porosität herzustellen (96—50%). Diese Porosität kann man im voraus bestimmen, was von großer Bedeutung ist. Volumen des Schaumes plus Volumen des Zementmörtels gleich Volumen der fertigen Zellbetonmasse. Je leichter der Beton, d. h., je größer die Porosität ist, je mehr wird sich die Wärmedurchlässigkeitszahl der entsprechenden Zahl der Luft (0,02) nähern. Die staatliche Materialprüfungsanstalt in Kopenhagen hat Versuche über die Isolierfähigkeit des Zellbetons vorgenommen, und es hat sich gezeigt, daß man mit Zellbeton von einem spezifischen Gewicht von 0,2 und einer Dicke von 46 mm eine Dampfersparnis von 91% erzielte. Die Einsaugung von Wasser ist sehr gering. Ein Zellbetonstein (spezifisches Gewicht 0,8) kann sich monatelang — ja selbst jahrelang — schwimmend auf dem Wasser halten. Eine andere sehr wichtige und bemerkenswerte Eigenschaft des Zellbetons ist seine Widerstandsfähigkeit gegen Feuer, was eine große Bedeutung für die Verwendung

im Baufach hat. Die fertige Oberfläche kann mit gewöhnlichen Tischler-
werkzeugen behandelt werden, d. h. gehobelt anstatt geputzt werden.
Die Kopenhagener Eisenbetonfirma Christian & Nielsen, die eine
Tochtergesellschaft in Hamburg hat, hat alle die betreffenden
Patente erworben; die Herstellung und der Verkauf des Zellbetons in
den verschiedenen Ausführungsformen erfolgt nur durch diese Firma.
Zellbeton ist schon in größerem Umfange als Kessel- und Behälter-
isolierung (Wärmespeicher) verwendet. Der Kopenhagener Stadtingenieur Karsten hat den Zellbeton mit Erfolg als Isolierung von Fernleitungen (Dampf- und Heißwasserleitungen) verwendet. Die betreffenden Leitungen wurden direkt in die Erde auf einem Betonfundament
verlegt. Darauf wurde eine Verschalung auf beiden Seiten angebracht
und, nachdem die Rohre mit einer Asbestschnur spiralförmig bewickelt
und dann mit Pappe umhüllt worden waren, wurden alle Rohre gemeinsam mit einer Zellbetonmasse umgossen. Nach Wegnahme der Verschalung hat man eine stärkere Betonschicht — in den Straßen mit
Eiseneinlagen — der ganzen Oberfläche übergeputzt. Ein Zellbeton von
spezifischem Gewicht 0,3 wird gewöhnlich verwendet. Der Preis wird
augenblicklich zwischen 150 und 300 M. pro Kubikmeter angegeben. Je
größer die Anlage, je billiger die Ausführung (Beifall). Schluß $^1/_2$5 Uhr.

II. Tag, Sonnabend, den 24. 10. 25. Beginn vorm. 9 Uhr.

Vorsitzender Baurat Fichtl: Meine Herren! Ich eröffne die heutige
Sitzung unserer Städteheiztagung. Ich glaube, in Ihrem Sinne zu handeln,
wenn ich gleich in die Tagesordnung eintrete. Ich denke, daß wir zuerst
Kapitel II erledigen, das gestern noch nicht zu Ende geführt worden ist
und erteile hierzu Herrn Stadtbaumeister Schilling, Barmen, das Wort.

Baumeister Schilling: Kollege Kloos hat uns gestern angedeutet,
wie schwierig Kanalanlagen sein können. Nun brauchen ja die Fälle
nicht immer so kompliziert zu liegen wie gerade in Braunschweig. In
Dresden hat man die Kanäle begehbar gebaut. Die Anlagekosten für
diese Kanäle waren sehr hoch und das ist mit eine der Hauptursachen
gewesen, weshalb das Dredner Werk damals nicht so gut abschnitt als
man erwartet hatte. Man ist dann dazu übergegangen, die Rohrleitungen
für Städteheizungen in unbegehbare Kanäle zu verlegen. Wie unbegehbare Kanäle ausgeführt sind, ist den Herren ja bekannt, aber ich möchte
das wenigstens in einigen Strichen andeuten. (Siehe Abb. S. 106.)

Sie sehen einen Körper aus Stampfbeton, evtl. mit Eiseneinlagen,
einen Deckel darüber und ein Querrohr, welches als Träger für die Rohre
dient. Das ist die Ausführung, wie sie vielfach in Anwendung war. Die
Kosten stellten sich im Frieden für einen derartigen Kanal in einem
Gelände, das keine Pflasterung besaß, vor allem keinen Asphalt, auf
etwa 30 bis 40 M. pro laufendes Meter. Heute bekämen wir entsprechende Zuschläge. Diese Kanäle haben dann alle möglichen Umfor-

mungen einfacherer Art erfahren. Jedoch für die Verlegung der Rohre in den Straßen sind auch diese Kanäle vielfach noch zu teuer, wie wir an den verschiedensten Stellen erfahren mußten, denn wir kommen je nach der Straßendecke, die zu durchbrechen ist, auf 35—200 M. pro laufendes Meter. Das Teure ist die Durchbrechung der Decke, besonders wenn sie aus Asphalt besteht. Die Kanalausführungen in Amerika sind ähnlich, allerdings pflegt man dort gewöhnlich nicht eckige, sondern runde Kanäle zu bauen. Ich skizziere Ihnen einen Kanal, wie er in einer amerikanischen Zeitschrift abgebildet war. (Siehe Abb. S. 107.)

Der Kanal hat einen Unter- und einen Oberdeckel, und außerdem ist im Unterdeckel eine Öffnung. Es wird hier ein besonderes Eisen eingelassen, welches Verzahnungen besitzt und in diese Verzahnungen

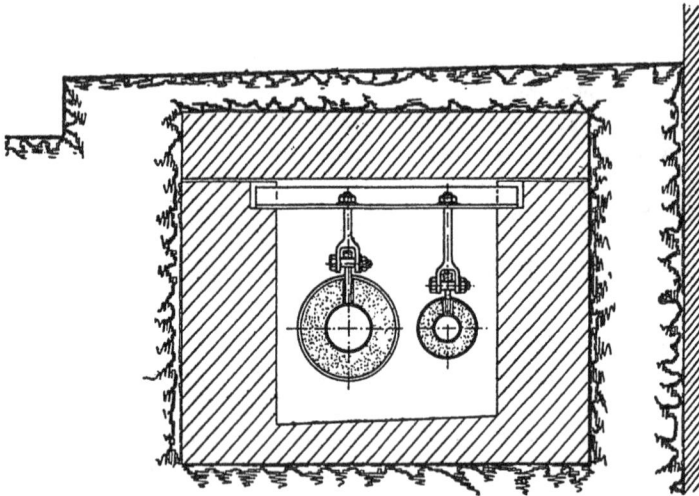

werden je nach der notwendigen Höhenlage Quereisen eingelegt. Diese Quereisen sind mit Rollen versehen, auf die man das Rohr mit seiner entsprechenden Isolierung legt. Unter der Durchbrechung ist ein besonderer Kanal angeordnet, der dazu dient, Schwitzwasser oder Wasser von Undichtigkeiten, die sich einstellen, fortzuleiten.

So liegen die Fälle bezüglich der Kanalkonstruktion in Deutschland und in Amerika.

Welche Forderungen muß man nun an einen Kanal stellen? Er muß zunächst einmal die genügende Festigkeit gegen etwaige Straßendrucke vor allen Dingen besitzen. Demzufolge bekommt er, evtl. auch nur die Decke, Eiseneinlagen oder man gibt, wie in Amerika, dem Kanal eine entsprechende Form, so daß man mit etwas geringeren Wandstärken auskommt.

Die zweite Bedingung ist die, daß der Kanal dicht gegen von außen eindringende Feuchtigkeit sein muß. In vielen Fällen wird man damit auskommen, daß man den Dichtungsstellen einen Wulst aus fettigem Ton gibt. Aber wie Sie gestern bereits gehört haben, genügt eine derartige Abdichtung auf keinen Fall dort, wo Sie mit Grundwasser zu kämpfen haben. Sie müssen dann zu anderen Mitteln übergehen.

Die dritte Forderung ist die, daß der Kanal gestatten muß, daß das Rohr sich entsprechend dehnen kann. Wie groß die Dehnungen sind, das wissen die Herren. Es wäre natürlich ein enormer Fortschritt, wenn, wie der Kollege aus Kopenhagen ausführte, die Leitungen isoliert in die Erde hineingelegt werden könnten, denn wir haben — wie ich gestern sagte — keine Kohlennot, sondern Kapitalnot, und die führt uns natur-notwendig dazu, daß wir die Leitungen, welche einen großen Teil des Anlagekapitals ausmachen, so bil-lig wie möglich in das Erdreich hineinlegen. Ein Weg ist uns gestern gezeigt worden, den ich aber kritisch beleuchten möchte. Wir müssen von dem Kanal ver-langen, daß er die genügende Festigkeit hat; dasselbe müssen wir natürlich auch von dem Rohr, das, wie gestern beschrieben, mit Zellbeton umgeben und nun in das Erdreich verlegt ist, auch ver-langen. Die Festigkeit ist ohne weiteres gegeben.

Die zweite Forderung war die nach Dichtigkeit. Wie wird sich hier das Rohr verhalten? Herr Kollege Kloos führte aus, daß das Rohr, das in seinen Kanälen liegt, Temperaturen von ungefähr 200° hat. Es kommt die Isolierung, der Luft-raum und dann die Kanalwandung selbst. Im Kanal außerhalb der Isolierung hatten wir 35°, außerhalb des Kanals haben wir kaum mehr als 10°; das ist die mittlere Temperatur, die wir im Erdreich in ent-sprechender Tiefe haben. Natürlich kann die Temperatur noch tiefer heruntergehen, wenn die Kanäle unglücklicherweise hoch verlegt werden müssen, wie das in Braunschweig der Fall war.

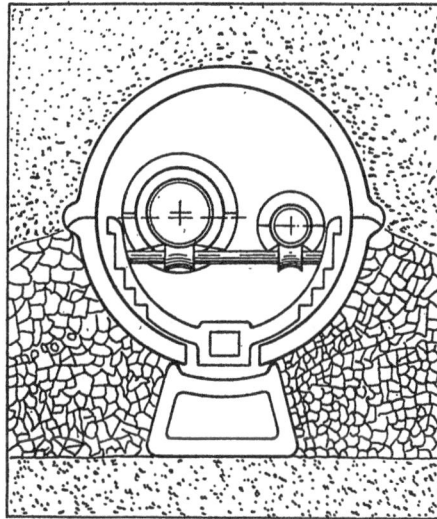

Also, meine Herren, dasjenige, was hier bei dem Dampfrohr, bei dem Luft- und Kanalmantel eintritt, wird auch eintreten bei dem mit Zell-beton umgebenen Rohr. Innerhalb der Wandstärke von 8 cm, die wir für den Zellbeton annehmen, haben wir einen Temperaturabfall von 100 auf 10° C. Natürlich wird das Erdreich allmählich etwas Wärme aufnehmen; es hätte hier eine höhere Temperatur von vielleicht 50°, jedenfalls besteht ein bedeutender Temperaturabfall innerhalb dieser 6—8 cm. Daß das natürlich kein Zement aushalten kann, ist selbstverständlich, und die notwendige Folge wird sein, daß der Zement reißt.

Weiter wollen wir das Rohr in seiner Längsrichtung betrachten: Ich habe eben schon ausgeführt, daß sich ein Rohr von 30 m Länge bei 8 atm ungefähr 6—7 cm dehnt. Der Betonmantel mag sich auf diese Strecke vielleicht höchstens 1 cm dehnen. Diese Verschiedenartigkeit der Dehnung muß sich durch Längs- und Querrisse ausdrücken, so daß in recht kurzer Zeit Feuchtigkeit eindringen wird.

Meine Herren! Ich führte das nur etwas ausführlicher aus, weil ich der Auffassung bin, daß wir auf dem angedeuteten Wege unbedingt weiterschreiten müssen, wenn wir mit den Fernheizungswerken, wenigstens in Fällen, wo es sich darum handelt, auch kleinere Gebäude anzuschließen, nicht auf den toten Punkt kommen wollen; denn letzten Endes ist das Ganze eine Frage der Verzinsung und Amortisation des Anlagekapitals, das wir niedrig halten müssen. Diese Erwägungen haben dazu geführt, daß mit anderen Isolierstoffen Rohrisolierungen ausgeführt worden sind, die man auch bereits in die Praxis eingeführt hat; ich möchte wünschen, daß ich der Versammlung mit den folgenden Ausführungen Anregung gebe und aus dieser Anregung heraus neue Gedanken geboren werden möchten. Was wir gemacht haben, ist folgendes: Wir umgeben das Rohr in gewissen Abständen, vielleicht in Abständen von 1 m, mit Stützen aus Diatomit und umgeben das Ganze mit einem Blechmantel, der verlötet ist. Innerhalb dieser Stützen füllen wir den Raum zwischen dem Rohr und dem Blechmantel mit einer leichten Füllmasse, — in diesem Falle ist es Prioformfüllmasse gewesen, — während wir den Blechmantel außen mit Jute umwickeln und außerdem teeren; unter Umständen umwickeln wir das Rohr auch 2—3mal mit Jute. Eine Schwierigkeit ist hier jedoch noch vorhanden, und ich betrachte das Problem deshalb nicht als restlos gelöst; es muß nämlich noch ein Kompensator geschaffen werden, welcher die Dehnung entsprechend aufnimmt; dann ist die zwischen Rohr und Blechmantel liegende Stopfmasse, die elastisch ist, ganz anders in der Lage, der verschiedenen Dehnung Rechnung zu tragen, als das bei dem Zellbeton der Fall ist.

Die weitschweifenden Ausführungen, die bereits in das Kapitel der Rohrleitungen hineingreifen, habe ich gemacht, weil ich der Auffassung bin, daß wir von unseren althergebrachten, auch von den amerikanischen Kanälen abgehen müssen, damit wir, die wir nicht mit Kapitalien arbeiten können wie Amerika, auch in kleinen Städten Städteheizungen durchführen können, indem wir eben eine billigere isolierte Rohrleitung in Kombination mit einem Kanal ausführen. Das, was ich Ihnen gesagt habe, sollte somit lediglich eine Anregung sein, nichts Definitives, Abgerundetes (bravo!).

Dipl.-Ing. Vocke: Meine Herren! Die richtige Wahl der Abmessungen der Kanäle ist eine Lebensfrage. Macht man die Kanäle zu groß, so wird das Anlagekapital zu groß und verzinst sich nicht. Es ist hier mehrfach über die Fernheizkanäle in Dresden gesprochen worden. Die Kanäle in Dresden sind ganz außerordentlich groß, etwa 2,50 m hoch und 1,80—2 m breit. Das liegt daran, daß in den Kanälen eine ganze Menge elektrischer Kabel usw. untergebracht sind. Außerdem ist der Kanal in Dresden im Hochwassergebiet verlegt worden und außerordentlich sorgfältig hergestellt, so daß er heute noch vollkommen trocken ist. Nach 25 Jahren haben sich keine undichten Stellen herausgestellt. Dann sind die Dampfleitungen nicht einfach, sondern doppelt verlegt worden, sämtliche Konstruktionen zur Aufhängung und Unterstützung usw. sind außerordentlich stark ausgeführt, weil es sich damals um eine erste Ausführung handelte. Darauf ist es zurückzuführen, daß die Dresdener Anlage sich nicht in der Weise rentiert hat, wie man es gern gewünscht hätte.

Nun, welches ist für uns der richtige Kanalquerschnitt? Da muß man sehr sorgfältig vorgehen und erst einmal die Innentemperaturen feststellen, die sich innerhalb der Kanäle bilden. Bei dem rechteckigen Querschnitt (Abb. S. 106) sind sie mit 35° C eingeschrieben, — so hatte sie wohl Herr Kloos in Braunschweig gemessen. Aber ich möchte davor warnen, diese Temperatur von 35° überall anzunehmen. Mir ist ein Fall aus meiner Praxis bekannt, wo der Fernheizkanal unter einem Eisenbahndamm durchführte. Der Kanal mußte steigen und wieder fallen. Der Kanal selber bildete einen Luftsack, eine höchste Stelle in der ganzen Leitung. Die Luft strich nicht durch den Kanal, sondern stagnierte hier. Der Kanal war begehbar. Es lagen darin 3 Rohrleitungen, die sehr gut isoliert waren. Aber die Dampfleitungen waren auch im Sommer im Betrieb; und ich habe Kanaltemperaturen in den begehbaren Kanälen von 50° C gemessen; das ist ganz außerordentlich und liegt daran, daß sich die Wärme hier oben stauen konnte.

In nicht begehbaren Kanälen wird die Temperatur vielfach noch höher sein, das wird davon abhängen, welchen Umfang und welche Wandstärke die Kanäle haben und in was für Erdreich sie liegen. Wenn z. B. die Kanäle durch eine Kieselguhrgrube hindurchgeführt werden, in welcher fast keine Wärme fortgeleitet wird, so wird sich im Kanalinnern nahezu die Temperatur des Wärmeträgers einstellen. Liegt der Kanal dagegen in feuchtem Erdreich, so wird die Kanaltemperatur weniger hoch sein.

Da von der Kanaltemperatur sehr viel abhängt, — denn bei hohen Temperaturen bekommt der Kanal Risse, so daß Regenwasser usw. eindringen kann, wodurch die Rohrisolierung zerstört wird —, so ist es dringend erwünscht, wenn hierüber Erfahrungen gesammelt werden. Ich möchte deswegen anregen, daß alle Herren, welche in ihren Betrieben derartige Kanäle haben, Messungen über die Kanaltemperaturen anstellen, und zwar im Winter und im Sommer, und daß sie diese Messungen

unter Beifügung von Skizzen der Kanalkonstruktion, Wandstärken usw.
sowie unter Angabe, in was für Boden der Kanal liegt, welche Temperatur der Wärmeträger hat, was für Rohrleitungen verlegt sind (Durchmesser und Art und Stärke der Isolierung), zur Kenntnis der Fach-
kollegen bringen mögen.

Mag.-Baurat Dr.-Ing. Arnoldt-Dortmund: Ich möchte zur Ehrenrettung des Zellbetons ein paar Worte sagen. Zunächst eine kurze Vor-
geschichte. Es ist schon angeführt worden, daß die Verbilligung der
Kanäle eine gewisse Lebensfrage ist für die ganze Ausführung von Fernheizungen, und es ist unser Ideal früher immer gewesen, oder als solches hingestellt worden, daß wir die Rohrleitungen direkt in die Erde
packen, was das Billigste ist, und Herr Kollege Schilling hat eine Skizze
dazu schon an die Tafel geworfen. Aber seine Ausführungen über Zell-

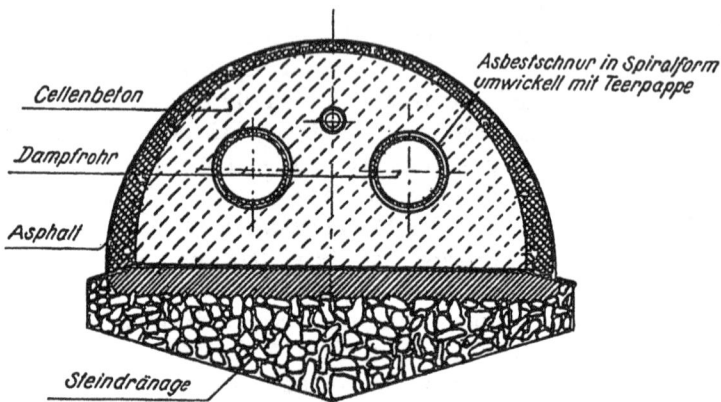

beton können doch nicht ganz unwidersprochen bleiben. Ich hörte über
Zellbeton durch die Freundlichkeit des Herrn Kollegen Bjerregaard
aus Kopenhagen doch sehr Beachtenswertes, was bei der Unruhe gestern
und bei der späten Stunde etwas verloren gegangen ist. Der Herr Kollege
aus Kopenhagen sagte mir nachher auf meine Frage, wo diese Sachen
ausgeführt werden, daß in Kopenhagen tatsächlich, und das möchte ich
bitten zu beachten, Rohrleitungen in Zellbeton bereits verlegt sind, und
zwar für Krankenhäuser ziemlich lange Rohrleitungen von großen Dimen-
sionen. Es sind dort z. B. 2 Rohrleitungen verlegt (siehe Abb.). Sie haben
hier zwei Dampfleitungen dann eine Kondensationsrohrleitung, der
Zellbeton ist nicht direkt aufgebracht. Es wird zunächst auf die Rohre
eine Kieselguhrschnur spiralförmig aufgewickelt. Die Sache ist so gemacht, daß auf einer Platte von dichtem Beton die ganze Rohranlage
verlegt worden ist mit den zugehörigen Stützen usw. Dann ist die ganze
Sache mit einer verschiebbaren Bretterschalung abgedeckt worden, die
wie die Skizze zeigt, ausgeführt worden ist. Dann ist das Ganze mit
Zellbeton vollständig ausgegossen worden, und darüber ist gespannt

worden ein ganz feiner Betonmantel, nachdem die Schalung entfernt worden ist. Ich denke mir, daß die Sache so liegt, daß man durch diese gedrängte Art der Ausführung an Kapital spart und zweitens an Material, und die Kieselguhrisolierung wird den Zweck haben, ein Schieben des Rohrs im Zellbeton zu ermöglichen. Die Leitungen haben dann trotz des Vergießens in Zellbeton eine gewisse Beweglichkeit. Es ist gesagt worden: es werden Risse eintreten, und alle möglichen Vermutungen wurden ausgesprochen. Ich möchte mich nur dagegen wenden, daß, wenn eine neue Sache auf den Markt kommt, so viele Bedenken ausgesprochen werden. Man soll den Leuten, die etwas Neues bringen, die Sache nicht verekeln. Wir stehen noch am Anfang der Entwicklung, und da muß man jeden neuen Weg freundlich begrüßen und allen denen dankbar sein, die solche neuen Wege beschreiten. Daher ist es nur zu begrüßen, wenn der Stadtingenieur Carsten von Kopenhagen es unternimmt, solche Verlegungen von Rohren in Zellbeton mal in die Welt zu setzen. Wenn sie sich nachher nicht bewähren, so ist das eine andere Sache. Die Ausführungsart des Herrn Schilling möchte ich kritisieren. Ich meine nämlich, daß der dünne Blechmantel nicht lange halten wird, wenn er direkt in die Erde verlegt wird (Zuruf des Herrn Schilling). Die Erfahrungen werden es ja ergeben. Ich weise auf die Sache deswegen hin, weil es hier in der Versammlung darauf ankommt, ausgeführte Anlagen zu Ihrer Kenntnis zu bringen, und das ist auch der Zweck, weswegen ich mich mit dem Zellbeton beschäftigt habe. Und diese Proben von Zellbeton hier möchte ich Ihrer Beachtung empfehlen; das Material ist nicht nur vorteilhaft für Kanäle, sondern hervorragend für Dachbauten und für Zwischenwände. Sie haben hier Zellbeton mit verschiedenen spezifischen Gewichten. Sie sehen an den Proben auch, wie leicht er ist und wie hervorragend der Leicht- und der Schwerbeton miteinander binden. Sie haben in dieser Probe eine Mischung, die sehr leicht ist, mit einer Mischung von normalem Beton überstrichen (Rufe: Wie teuer?). Ich habe erst vor 8 Tagen von der Sache erfahren und ich kann es Ihnen noch nicht sagen. Es wurden gestern hier zwar Mißfallensäußerungen laut, als der Name einer Fabrikantin fiel, und ich möchte doch bitten, es mir nicht übel zu nehmen, wenn ich den Namen der Herstellerin des Zellbetons hier erwähne, da dies für die Herren, die sich dafür interessieren, wertvoll ist. Es ist die Betonfirma Christian & Nielsen, Hamburg.

Obering. Kloos: Bisher waren wir in der Ausführung des Fernheizwerks noch nicht auf technische Einzelheiten eingegangen, die namentlich um so schwieriger werden, je beschränkter und enger die örtlichen Verhältnisse sind. Denken Sie sich z. B. eine alte Straße, deren Querschnitt mit Kanälen, Gas- und Wasserrohren, Starkstrom- und Fernsprechkabeln derartig besetzt ist, daß Sie bei der Planung Ihres Fernheizwerks mit der normalen Ausführung nicht auskommen können. Da müssen Sie zu Kunstbauten greifen. So haben wir z. B. die verhältnismäßig billige

Lösung gebraucht, die isolierte Rohr- und Kondenswasserleitung einfach in eine andere Rohrleitung von größerem Durchmesser hineinzuschieben. Das Außenrohr ist auf seinen Enden in einer entsprechenden Steinkonstruktion zu lagern. Diese Lösung hat sich sehr gut bewährt, namentlich wenn Sie auf die notwendige Beweglichkeit des inneren Rohres in dem äußeren Rohr achten.

Bisher ist noch nicht die bautechnische Ausführung einer Abzweigung vom Hauptkanal nach den Hausanschlüssen besprochen. Die Ausführung ist durchaus nicht so einfach. Denn der Hauptkanal ist als solcher gegen Grund- und Tageswasser dicht auszuführen, und gewöhnlich sind es diese kleinen Abzweigungen, welche durch Undichtheiten das ganze System über den Haufen werfen können.

Man könnte es z. B. so machen: Der Unterteil des Hauptkanals wird mit dem Unterteil der Abzweigstelle in einem Stück aus Stampfbeton ausgeführt und ein entsprechendes Formstück aus einem Stück darüber gelegt. Sie können auch anstatt Stampfbeton wasserdichtes Mauerwerk verwenden.

Diese Abzweigstellen erfordern dann noch besondere Sorgfalt insofern, daß die Abzweigleitung sich bei Längsdehnungen des Hauptrohres ebenfalls frei bewegen können muß. Durch die Abzweigstellen gelangen auch oft von den Häusern aus Ratten in den Hauptkanal und zerfressen die Isolierung. Deshalb empfiehlt es sich, bei der Eintrittsstelle des Abzweigkanals in das Haus Drahtgaze einzulegen.

Wir haben gestern verschiedene Punkte besprochen, und ich habe gesagt, daß ich hier viele Herren in der Versammlung sehe, die mir gut bekannt sind, und die auch sicher ihre Erfahrungen gemacht haben. Diese nehmen sich aber leider nicht die Mühe, auch mal hierherzukommen und uns ihre Erfahrungen mitzuteilen. Wir wollen uns doch gegenseitig kritisieren und gegenseitig helfen. Gestern, als ich einige Firmen mit Namen erwähnte, scharrten einige Herren. Warum kommen diese nicht herunter und sagen, ,,ich hätte es soundso gemacht!'' Erst dann können wir lernen. Wenn aber in dieser großen Versammlung lediglich drei Herren aus ihrer Praxis vortragen, dann ist der Zweck unserer Zusammenkunft ja nicht erreicht. Denn diese paar Redner wollen doch ihre Erfahrungen nicht als Evangelium hinstellen. (Lebhaftes Bravo!)

Ing. Bjerregaard-Kopenhagen: Ich werde versuchen, Ihnen noch etwas über den Zellbeton zu sagen. Herr Baurat Schilling hat von den Temperaturverhältnissen gesprochen. Ich habe zufälligerweise ein Gutachten von unserer Materialprüfungsanstalt in Kopenhagen über einige Brandversuche mit diesem Zellbeton bei mir. Es wurde ein Versuchshaus von 1,5 × 2 m und 1,5 m Höhe gebaut mit einer Wandstärke von etwa 12 cm; es wurde überdeckt mit einer Zellbetonschicht von 18 cm und mit einem Schornstein von 2,2 m Höhe versehen. In diese Zellbetonschicht wurden 3 Stück alte Holzbalken von 10 × 10 cm eingelegt.

Dieser Zellbeton hatte ein spezifisches Gewicht von 0,7, das Mischverhältnis war 1:1 (das ist Sand und Zement). Unten haben wir 5 cm und oben 3 cm, zusammen 8 cm. Dann wurde der Raum mit einer 2zölligen Gasleitung mit 5 großen Gasbrennern versehen und die Gasflammen haben die Decke direkt bestrichen. Die Wanddicke des Schornsteins betrug 15 cm. Der Versuch hat 3 St. gedauert. Die Temperaturen waren unter der Decke etwa 750° und über der Decke etwa 50°. Nach 3 St. hat man das Holz herausgenommen, das ganz unbeschädigt war. Die untere Fläche des Zellbetons hatte keine Abschalungen aufzuweisen, und auch der Schornstein war ganz unbeschädigt. Ich denke, daß dies mit der Elastizität der Wände zusammenhängt. Der Schaum, der verwendet wird, hat eine blasenförmige Struktur. Der Schaum ist eine halbflüssige Pasta, die in dieser Form zur Versendung kommt. Diese Pasta wird dann aufgelöst und mit dem Zement in einem bestimmten Verhältnis gemischt; auch Wasser wird in einem ganz bestimmten Verhältnis zugemischt. Dieser Beton, der zur Isolierung dient, wird nur aus Zement und Schaum hergestellt. Ich bin der Meinung, daß die Wände der Zellen ziemlich elastisch sind, und daß dadurch die Feuerbeständigkeit des Zellbetons erklärt wird. Der Hauptvorteil dieser Isolierung besteht meines Erachtens darin, daß sie wetterfest ist. Wenn man ein Stück dieses Zellbetons auf das Wasser legt, so schwimmt es monatelang. Das Wasser dringt nicht in die Wände ein. Wenn man das Probestück, das ich mitgebracht habe, durch eine Lupe betrachtet, so stellt man fest, daß die Wände der Hohlräume rund sind.

Was den Preis anbelangt, so liefert die Firma den Zellbeton zu 150 bis 350 M. pro Kubikmeter einschließlich Ausführung. Je größer die Anlage ist, desto billiger ist das Fabrikat. Die Betonmischungsmaschine muß man allerdings mitnehmen.

(Zuruf: Wie stellt man die Undichtigkeit des Rohres fest?)

Die geschweißten Stahlrohre sind umwickelt und dann mit Pappe umlegt. Dann hat man einen leeren Raum zwischen Rohr und Zellbeton. Wenn etwa Wasser hier eindringen sollte, so wird es durch diesen Raum in die Einsteigeschächte auslaufen (Beifall).

Baurat de Grahl: Meine Herren! In einer Zeit, wo unsere Halden mit Brennstoff überladen sind, wo täglich Feierschichten eingelegt werden müssen, weil der Absatz der Kohle nicht Schritt mit der Förderung hält, die Arbeitslosigkeit von Tag zu Tag zunimmt usw., in einer solchen Zeit darf man sich wohl der Frage nähern: können wir nicht ein Absatzgebiet für diese große Haldenenergie finden? Da möchte ich mir erlauben, Ihre Aufmerksamkeit auf die Ferngasleitungen zu lenken.

Aus Ihren Leitsätzen habe ich entnommen, daß wir bei dem Anlagekapital für Heizkraftwerke oder Heizwerke einen großen Posten auf die Verlegung der Rohrleitungen in den Kanälen verbuchen müssen. Die Gasleitung hat den Vorzug, daß sie in die Erde ohne Isolierung gelegt werden kann, da sie, ebenso wie der Wärmeträger, keine Veränderung durchzumachen hat. Ich habe von jeher der Vergasung bzw. Entgasung oder Verschwelung der Kohle das Wort geredet, ohne etwa diese Energieumwandlung zu verallgemeinern. Aber ich glaube, daß es heute immer noch, und zwar lediglich im wirtschaftlichen Interesse Deutschlands, angebracht ist, ein Absatzgebiet für die bei der Vergasung usw. gewonnenen Nebenprodukte zu suchen, um die Kosten des Prozesses herauszuholen. Wenn wir uns den Wert der rohen Kohle zu x M. vorstellen, so wissen wir, daß der Wert der Nebenerzeugnisse diesen Wert x weit übersteigt. Da wir keine nennenswerten Mengen an flüssigen Brennstoffen aus der Erde gewinnen, sind wir gezwungen, sie aus dem Auslande zu beziehen und dafür Millionen Mark zu opfern. Wenn wir diese Brennstoffe selbst erzeugen könnten, so müßten wir zunächst für das Absatzgebiet der anderen Nebenerzeugnisse Sorge tragen, und da kommt in erster Linie das Gas in Frage. Aber eine Verwertung dieser in den Halden aufgespeicherten latenten Energien ist nur möglich, wenn wir das Gas mit in den Kreis unserer Betrachtungen ziehen, d. h. dessen Verwendung für Fernheizzwecke anstreben. Wenn ich die vielen Formeln für die Berechnung der Gasleitungen durchsiebe, so kommen sie alle auf den einen Wert heraus, daß der Durchmesser y eine Funktion von den zu fördernden Wärmemengen Q und der Differenz des Druckes Δp ist, den wir am Anfang und am Ende der Leitung messen, also $y = f(Q, \Delta p)$. Nehmen wir für unsere Betrachtungen zunächst Δp konstant an und stellen uns den Durchmesser y als Funktion der zu fördernden Wärmemengen Q dar, dann erhalten wir eine Kurve ähnlich einer Parabel nach der oberen Abb., d. h. der Durchmesser wächst am Anfang sehr stark, mit der Zunahme der zu fördernden Wärmemengen dagegen nur langsam. Wir können daraus folgern, daß gerade die großen Rohrnetze außerordentlich weitgehende Schwankungen vertragen können, was natürlich für das Fernnetz von besonderem Wert ist. Wenn wir nun statt Q die Differenz der Druckverhältnisse Δp an die Stelle setzen, so bekommen wir eine Kurve, die wie die untere Abb. aussieht, d. h. mit zunehmender Pressung können wir den Durchmesser sehr verkleinern. Aber wir sehen, daß es keinen Zweck hat, die Kompression zu weit zu treiben, weil

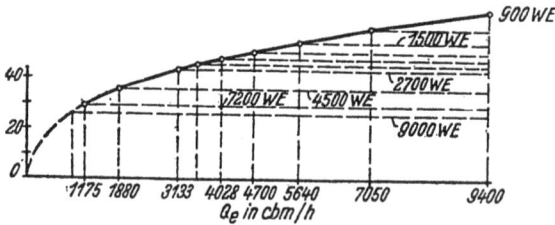

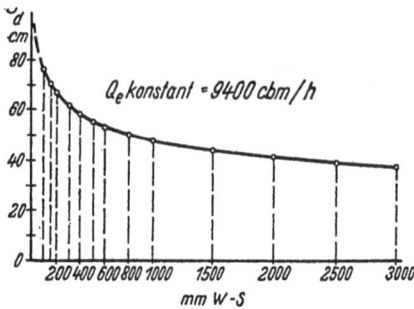

wir nichts erreichen. Ich will mal annehmen, wir haben 5000 cbm in der Stunde zu fördern, das sind 20 Millionen kcal. Damit könnten wir vielleicht eine große Stadt versorgen. Nehmen wir an, die Leitung geht bis zu 200 km und soll verschiedene Verdichtungen erhalten, z. B. auf 30 at, 10 at und 3 at. Die Reichweite der Kurve mit 3 at geht rechnerisch bis 66 km. Dann kommt die Fernleitung mit 10 at, die eine Reichweite bis zu 200 km hat. Der Durchmesser beträgt für 3 at ca. 350 mm, für 10 at 200 mm und für 30 at 165 mm. Wir wählen die Leitung von 10 at, da hohe Drucke Undichtheiten herbeiführen können und keinen wesentlichen Vorteil bringen. Bedenken Sie dagegen, welche geringen Reichweiten die Niederdruck- oder Hochdruckdampfleitungen haben und welche Sorgfalt ihnen gewidmet werden muß. Die Ferngasleitungen helfen unserem Vaterlande. Wir können z. B. aus den Nebenerzeugnissen das Ammoniak für die Landwirtschaft verwerten, um den Ertrag unserer Felder zu erhöhen, der jetzt nur $5/6$ des Bedarfs deckt, so daß wir das fehlende Getreide aus dem Auslande beziehen müssen. Je mehr wir uns selbst helfen, desto mehr könnten wir, ähnlich dem Lebensprozeß in unserem Körper, Deutschland zum Aufbau verhelfen.

Baurat Oslender-Düsseldorf: Zunächst ein paar Worte zu den Ausführungen des Herrn Vorredners. Es ist dankenswert, daß auf diese Frage aufmerksam gemacht worden ist. Wenn die Anlagen in der Art wirklich zu Heizungen ausgebaut werden können, so hätten wir es in der Tat mit einer Städteheizung zu tun. Zum ersten Male könnten wir dann von Städteheizungen sprechen; denn auf diese Weise können mehrere Städte von einer Zentrale versorgt werden, während wir bisher nur Stadtbezirke beheizt haben. Aber die Sache hat einen Haken, und das ist der Preis (sehr richtig!). Der Preis, zu dem das Ferngas tatsächlich geliefert wird — und zwar in den Bezirken, wo es besonders billig sein kann, wo Kokereien sind, an der Ruhr, in Essen — stellt sich dabei so, daß die Benutzung des Ferngases nur da konkurrenzfähig sein kann, wo man bisher teuren Koks benutzt hat. Nach den Preisen, die wir zahlen müssen für Ferngas in unseren Düsseldorfer Bezirken — bei uns bestehen diese Ferngasleitungen schon viele Jahre, z. B. wird Solingen versorgt, ferner Barmen, und zwar mit Ferngas, das aus dem Ruhrgebiet kommt —, schon in diesen letzteren Städten ist die Verwendung des Ferngases der Koksbenutzung gegenüber nicht mehr konkurrenzfähig, in Düsseldorf auch nicht, sofern Ferngas dahin geliefert würde. Das Gas würde da bei dem heutigen Preis des Heizgases etwa 3 mal soviel kosten, wie es kosten dürfte, wenn es der Verwendung des Kokses gegenüber preislich gewachsen sein soll. Diese Lösung scheitert also an den Kosten. Daß das Gas billig hergestellt werden kann, ist zweifellos richtig, weil Nebenprodukte anfallen, vor allem Koks. Aber auch die Ferngasversorgung braucht eine Leitungsanlage, die so teuer ist, daß sie das Gas entsprechend verteuert durch die Verzinsung und Amortisation.

Dann möchte ich zu dem vorangegangenen Punkt unter Berücksichtigung der Aufforderungen des Herrn Dipl.-Ing. Kloos auch etwas sagen über das, was wir erfahren haben über die Unterbringung der Fernleitungsrohre in den Kanälen. Die Erfahrungen, die wir gemacht haben, decken sich in gewisser Hinsicht mit den Erfahrungen, die Herr Kloos gemacht hat. Die Kanäle haben sich bei Ferndampfheizungen nicht bewährt, soweit sie aus geteilten Betonstücken bestanden, d. h. aus einem Unterbau in Form einer an Ort und Stelle gestampften Rinne und darüber befindlichen abhebbaren Decken aus Betonplatten, da diese Kanäle nicht dicht geblieben sind, trotzdem deren Fugen mit Zement verschmiert und mit Asphaltpappe abgedeckt worden waren. Unter dem Einfluß der Wärme sind sie undicht geworden; das Tageswasser ist in ungünstigem Gelände eingedrungen, oder auch Rohrundichtigkeit hat zunächst die Isolierung zerstört, die sich schwammartig vollsog und zerbröckelte. Die Rohrleitung ist ebenfalls schadhaft geworden. In trockenem sandigen Boden hielten solche Betonkanäle länger. Beim Abheben der Deckel wurden sie jedoch auch mehrfach beschädigt. Heute existieren von diesen Betonkanälen für Dampf- und Condensleitung nur noch wenige. Dagegen sind bei Verwendung derselben für Warmwasserleitungen Beschädigungen bis jetzt nicht beobachtet worden (bei unserer Provinzialverwaltung).

Das Billigste für unsere Verwaltung sind meines Erachtens die begehbaren Betonkanäle (Beifall). Mit Rücksicht darauf, daß der Platz nicht immer verfügbar ist, daß man nicht überall begehbare Kanäle machen kann, muß unbedingt ein anderes Verfahren, das eine beschränkte Raumbeanspruchung voraussetzt, für zulässig erklärt werden, und als solches erscheint mir das, was uns eben von Herrn Bjerregaard-Kopenhagen vorgeführt worden ist, beachtenswert. Seinen Ausführungen gegenüber befinde ich mich allerdings in einer gewissen Reserve, da ich persönlich keine Erfahrungen mit diesem neuen Verfahren gemacht habe. Besonderes Vertrauen habe ich auch zu der Bauart, die Herr Kloos gemacht hat, wonach isolierte Wärmeleitungsrohre in eisernen Rohrleitungen verschiebbar gelagert worden sind. Wenn diese eisernen Röhren dicht hergestellt und beiderseits mit entsprechenden Bauwerken versehen werden, so daß Grundwasser nicht eindringen kann und eine Kontrolle der Wärmeleitungsrohre ermöglicht wird, ist diese Lagerung bei Ausweichstellen und Straßenkreuzungen gewiß zu empfehlen und besonders leicht ausführbar bei Wasserheizung, wo wir es mit glatten, durchgehenden Rohrsträngen zu tun haben, die nicht durch irgendwelche Armaturteile unterbrochen sind. Bei Dampfleitungen dagegen ist es heute noch vielfach üblich, daß man im Gefälle verlegt und entwässert und entsprechende Armaturteile einbaut. Schön ausgeführt ist das in Barmen, wo man die Hauskeller der Anschlußteilnehmer dazu benutzt. Aber es muß andererseits auch immer wieder darauf hingewiesen werden, daß, wenn die

Dampfrohre in sanften Krümmungen hoch oder auch schräg herum-
geführt werden, selbst dann, wenn das Gefälle derselben gegen die
Strömungsrichtung des Dampfes verläuft, man auch ohne Entwässerung
auskommen kann, sofern man für starke Dampfströmung sorgt. Das
ist eine Tatsache. Wir haben derartige Anlagen seit langen Jahren in
Benutzung, wo die Dampfrohre mit hoher und niedriger Spannung in
sanften Krümmungen gegen das Gefälle emporgeführt sind und immer
noch ruhig arbeiten. In einem Falle wurde in eine derartige Leitung
aus Versehen eine Knotenschleife, auch Posaunenrohrschleife genannt,
mit verkehrtem Gefälle gelegt, so daß das Kondenswasser sich darin
ansammeln konnte und um die Rohrdicke emporsteigen mußte. Diese
Schleife liegt, da sich keinerlei Anstände im Betriebe ergaben, seit
14 Jahren, und es gibt keine Wasserschläge in diesem Rohr. Man hört
weiter nichts als ein dumpfes Rauschen beim Ansetzen der Leitung.
Ich habe keine Bedenken, diese Dampfleitung, wenn für entsprechende
Strömungsgeschwindigkeit gesorgt wird, so wie Wasserleitungen isoliert
jedoch verschiebbar einfach auf kurze Strecken in den Boden zu verlegen, wo man begehbare Kanäle nicht machen kann. — Ich will ferner
darauf aufmerksam machen, daß man auch die Rohrleitungen als Freileitungen an Brücken, Stadtbahnbögen oder an den Quaimauern der
Wasserläufe — das letztere ist z. B. in Barmen ausgeführt — unterbringen kann. Es ist Aufgabe der Planung, hierbei geschickt vorzugehen.
Es kann dabei viel an Anlagekosten gespart werden.

Dann möchte ich noch besonders auf folgendes hinweisen: Es gibt
in den meisten Großstädten auch sogenannte Sammler für die Kanal-
abwässer. Das sind große, erweiterte Kanäle, durch die die Ab- und
Tageswässer fließen. Manche davon sind so groß im Profil, daß man
mit der Kutsche durchfahren könnte. Die Kanäle ziehen sich oft große
Strecken lang durch die Stadt, und ich sehe nicht ein, weshalb man einen
derartigen Kanal für die Unterbringung der Fernleitungen, sei es für
Warmwasserheizung oder auch Dampfheizung, nicht freigeben soll! Es
steht meines Erachtens dem technisch nichts im Wege; nur verwaltungs-
technisch geht es manchmal nicht! Da ist es an der Zeit, daß man diesen
Widerstand bricht. (Beifall.)

Baurat Schmidt: Ich muß noch mal auf den letzten Punkt zurückkommen, auf die Kanäle, weil diese ja auch sehr wichtig für die Betriebs-
kostenberechnung sind. Bei allem, was hier bisher gezeigt worden ist,
handelt es sich eigentlich nur um Mitteldruckdampf- und Mittel-
druckwasserleitungen. Wie ist es aber bei größeren Stadtheizungen, wo
wirklich mit hohem Druck gearbeitet werden muß. Wir haben jetzt in
Charlottenburg einen Teil der Stadtheizung in Angriff genommen, und
da waren wir gezwungen, mit 13 atü und 300° vom Elektrizitätswerk
loszugehen: da kann man doch wohl nicht die ganze Leitung in Beton
einmanteln oder in ein Blechrohr hineinstecken. Hierzu gehören doch

sicher sehr sorgfältig durchgebildete Kanäle und Kanalverlegungen, wie
wir solche auch mit großen Kosten ausgeführt haben. Rohrleitungen für
hochüberhitzten Hochdruckdampf dürften dann wohl auch nicht mehr
autogen geschweißt werden. (Zuruf: Kommt allerdings noch vor!) Das
ist mir sehr interessant, ich habe mich bei verschiedenen Polizeibehörden
darnach erkundigt. Die Dampfkesselüberwachungsvereine konnten mir
auch keine direkte Auskunft geben; jedenfalls warnt der Dampfkesselüberwachungsverein davor, daß man Heizrohre mit großen Spannungen
und hohen Temperaturen ohne für alle Fälle genügende Sicherheitsmaß-
nahmen unter Verkehrsstraßen erster Ordnung verlegt. Die Baupolizei-
behörden werden da sicher noch gewaltige Vorschriften machen, wenn
man mit derartigen Leitungen unter Verkehrsstraßen erster Ordnung
sich fortbewegen will. Vorläufig hat der Dampfkesselüberwachungsverein
und die staatliche Baupolizei mit diesen Sachen direkt nichts zu tun, das
gehört zur Zeit noch in das Gebiet der städtischen Straßenpolizeiverwal-
tung. Dieser Punkt aber, wie die Kanäle und Rohrleitungen für jeden
Fall ausgeführt werden müssen, wird wesentlich bei den Betriebskosten
mitsprechen.

Dann aber vermisse ich in den Aufstellungen, die hier vom Vorstand
gemacht worden sind, erstensmal die Steuern. Ein solches Stadtheizwerk, das sich ja immer nur auf einen Stadtteil und nicht auf die ganze
Stadt, noch viel weniger auf eine Summe von Städten beziehen wird,
ist ein gewerbliches Unternehmen, und zwar nicht nur, wenn es von der
Stadt betrieben wird, sondern auch bei gemischtwirtschaftlichem Betriebe oder in Form einer Aktiengesellschaft oder Firma oder sonst wie.
Es müssen da zum mindesten die Umsatzsteuern bezahlt werden, und diese
betragen augenblicklich in Berlin 1% der umgesetzten Summen. Wenn
Sie für rund 1 Million M. im Jahr Wärme verkaufen, so würden 10 000 M.
ohne weiteres für die Umsatzsteuer reserviert werden müssen. Dann
sind für Bedienung und Verwaltung entsprechende Quoten einzusetzen.
Die Verwaltung eines solchen Werkes wird, wenn es nicht zu groß ist
oder gemischtwirtschaftlich betrieben wird, nicht besonders aufgezogen
zu werden brauchen, sondern die Verwaltung wird durch die städtischen
Maschinenämter oder durch das Elektrizitätswerk, so weit sie noch
städtisch sind, etwa im Nebenamt mit übernommen werden können,
so daß dafür große Summen nicht eingesetzt zu werden brauchen. Es
sind allerdings bereits Anfänge gemacht worden, daß in ganz kleinen
Städten schon Direktorposten für Fern- oder Stadtheizwerke eingerichtet
oder in Aussicht genommen sind (sehr richtig!). Früher hat das ein
Maschinenmeister gemacht, der war in Gruppe VII oder VIII. Nachher
kommt ein Direktor, der irgendwo verfügbar ist, von der Stadt, der wird
nach Gruppe XIII bezahlt (sehr richtig! Heiterkeit). Das ist ja sehr
schön für den betreffenden Herrn, aber gewöhnlich wird dann einer genommen, der nicht zum Fach gehört, sondern der irgendwo mal übrig

geblieben ist (großer Beifall). (Zuruf: Sie machen das im Nebenamt!) Jawohl, bis jetzt noch ehrenamtlich (Heiterkeit).

Dann müssen wir noch Rücklagen machen für Versicherungen des Personals, das gehalten werden muß, um die Leitungen zu kontrollieren. Ich spreche immer wieder von Hochdruckheizwerken und nicht von diesen Dampfheizungen von 2 at, die für Stadtheizwerke nicht in Frage kommen können, denn wir wollen ja nicht nur heizen, sondern wollen auch Industriedampf abgeben, Maschinen und Badeanstalten usw. betreiben. In solchen Werken muß das Personal auch gegen Unfall versichert werden. Ich glaube, daß bei einem Werk, das ungefähr 2 Mill. M. kosten wird, wo also rund 70 Mill. WE vertrieben werden können, mindestens 5000 M. einzusetzen sind für Versicherungen des Personals. Für bauliche Unterhaltung solcher Werke braucht man allerdings wohl nicht so hohe Quoten einsetzen, als wenn man irgendwelche Hausanlagen unterhalten will. An den Kanälen, wenn sie einigermaßen sorgsam ausgeführt sind und nicht im Grundwasser oder im Modder liegen, wie zum Teil in Braunschweig, wird man fast gar keine Reparaturkosten haben. Ich kann Ihnen aus meiner Praxis erzählen, daß bei dem Stadtheizwerk in Charlottenburg, das jetzt 13 Jahre besteht, während dieser 13 Jahre an den Kanälen auch nicht für einen Pfennig Reparaturkosten entstanden sind. Auch das Fernheizwerk selbst, das für überhitztes Wasser gebaut worden ist, also nach vollem Ausbau mit Wasser bis 130° betrieben werden soll und zur Zeit stundenweise vorübergehend bis 110° betrieben wird, hat nicht einen Pfennig Reparaturkosten erfordert. Allerdings war das eine sehr gute Arbeit, die man heute vielleicht nicht mehr bezahlen könnte. Aber die Quote für derartige Instandsetzungsarbeiten wird man immerhin nicht über 1% der Anlagekosten annehmen können. Die Stadt Berlin hat für Reparaturen an Gebäuden und an technischen Anlagen bestimmte Vorschriften gemacht, die ungefähr auch 1% ergeben. Ich bin überzeugt, daß man mit diesem 1% ganz gut auskommen wird, denn bei einer Anlage, die 2 Mill. M. kostet, sind das immerhin 20 000 M., die man jährlich zur Verfügung hat.

Ein ganz schwieriges Kapitel ist das der Rücklagen. Rücklagen müssen meiner Meinung nach gemacht werden. Wie die zu machen sind, das hängt aber auch wieder ganz ab von dem Heizsystem, das gewählt ist. Leider Gottes ist gestern hier bei der knappen Zeit so furchtbar viel über Kraftwerke und den Lastfaktor von Kraftwerken gesprochen worden, aber furchtbar wenig über Systeme, die bei Stadtheizwerken überhaupt angewendet werden können. Wenn Sie eine Niederdruckdampffernheizung haben oder eine Hochdruckdampffernheizung, so werden natürlich Rücklagen viel nötiger sein als wenn man eine Heißwasserheizung ausführt. Ich schließe Warmwasserheizung aus, denn ich glaube, daß in dieser Versammlung kein Mensch mehr sein wird, der für eine Warmwasserheizung für ganze Städte oder größere Stadtteile zu haben ist.

Ohne überhitztes Wasser kommt man da nicht aus oder nur mit solchen Rohrdimensionen und mit solchen Pumpengrößen, daß die Sache eigentlich nicht mehr diskutiert wird (Ohorufe). Es mag im Einzelfalle ja einmal möglich sein, daß man es für kleine Städtchen, für Villenstraßen noch mit Warmwasser unter 100° C wirtschaftlich machen kann, aber für solche Städte, für welche Stadtheizung überhaupt in Frage kommt, wo also genügend fünf und mehr Stockwerk hohe Häuserblocks mit Zentralheizung vorhanden sind, da wird man mit Warmwasser unter 100° die Sache nicht mehr durchführen können.

Wenn ein Stadtheizwerk gebaut wird, so dürfen natürlich die Geldgeber, die Gemeinden oder das Elektrizitätswerk oder die Aktionäre eines gemischtwirtschaftlichen Betriebes nicht damit rechnen, daß die Verzinsung und Tilgung gleich nach dem ersten Jahre losgeht. Wenn Sie ein Werk bauen wollen, das ungefähr 50 Mill. WE aufbringen kann, so werden mindestens drei Jahre vergehen, ehe Sie wirklich sämtliche Abnehmer für 50 oder 70 Mill. WE (so viel können sicher damit beliefert werden) an das Werk angschlossen haben. Die Anlagekosten müssen natürlich vom ersten Tage ab schon verzinst werden. Infolgedessen wird es nötig sein, daß man die Rentabilitätsberechnung von vornherein so aufstellt, daß mit der Tilgung überhaupt erst nach einigen Jahren begonnen zu werden braucht. Bei einem großen Beispiel, das mir vorschwebt, haben wir angenommen, daß die Tilgung erst $2^1/_2$ Jahre später loszugehen hat, nach Fertigstellung des Werks; denn in den ersten Jahren werden ja durch die Anschlüsse, die noch nicht voll ausgeführt sind, so viel Ausfälle entstehen, daß Mittel zur Tilgung überhaupt nicht oder schwerlich vorhanden sein werden.

Dann ein paar Worte über die Bedienung solcher Anlagen. Man braucht für ein Werk von 50 Mill. WE ungefähr 6 Mann Bedienung in der Hauptzentrale und den Unterzentralen. Ich nehme dabei an, daß der Dampf von einem Elektrizitätswerk geliefert wird, daß also der Arbeitsbereich des Stadtheizwerkes erst an der Grenzmauer des Elektrizitätswerkes anfängt. Innerhalb des Elektrizitätswerkes hat dieses selbst zu walten. Das Elektrizitätswerk stellt den Dampf her und liefert ihn bis zu einer bestimmten Grenze, von da ab macht alles das Stadtheizwerk. In einer Hauptzentrale müssen Sie ja im Winter einen Dreischichtenbetrieb durchführen, Sie müssen aber auch Leute haben für Vertretungen in Urlaubsfällen, in Krankheitsfällen, für Sonntage usw., aber Sie werden mit 6 Mann wohl auskommen. Außerdem brauchen Sie natürlich Leute, die draußen die Messer ablesen, und zwar 2 Mann und die die Rechnungen besorgen. Dann muß natürlich außer dem Betriebsleiter mit technischem Assistenten auch ein Buchhalter da sein, der die Rechnungen ausschreibt und der darüber Buch führt. Dabei möchte ich Ihnen ein sehr interessantes Beispiel anführen über die Bewertung technischer und kaufmännischer Arbeit, die in manchen Kreisen noch herrscht. Ich habe vor kurzem in einer Rentabilitätsberechnung gelesen, das für den technischen Betriebsleiter eines solchen Stadtheizwerkes 4000 M. eingesetzt waren, aber als Gehalt für den Buchhalter 6000 M. (hört! hört!). Den meisten Herren wird das unverständlich sein. Aber es kommt darauf an, wie so ein Betrieb geleitet wird. Bei manchen rein technischen Betrieben spielt der Kaufmann auch leider heute noch die Hauptrolle (großer Beifall).

Ritter-Hannover: Wenn wir an ein Projekt über eine Stadtheizung herantreten, so haben wir uns in erster Linie auch über die voraussichtlichen Betriebskosten Klarheit zu verschaffen. Diese interessieren nicht nur die bestehenden Werke, sondern sie spielen bereits beim Projekt eine ausschlaggebende Rolle, denn mit der Projektierung ist gewöhnlich auch die Feststellung der Rentabilität verbunden. Nun ist es aber bekannt, daß bei Rentabilitätsberechnungen sehr oft künstlich nachgeholfen wird, je nachdem, was mit ihnen erreicht werden soll. Die Gefahr falscher Schlußfolgerungen ist um so größer, je ungenauer die Unterlagen sind, die zur Verfügung stehen.

Die Besprechung über die verschiedenen Kanalausführungen liefert ein Beispiel, wie vorsichtig bei den Kostenfestsetzungen für die verschiedenen Ausführungen verfahren werden muß. Man kann z. B. sehr billige Rohrkanäle herstellen, was für die Anlagekosten günstig ist. Wenn aber bei solchen billigen Kanälen später mit hohen Reparaturkosten gerechnet werden muß, so stellt sich die Rentabilität ganz anders dar, als dieses vorher angenommen wurde. Herr Oslender, Düsseldorf, bemerkte u. a., daß nach seinen langjährigen Erfahrungen die begehbaren Kanäle auf die Dauer sich billiger gestalten, als die nicht begehbaren Betonummantelungen. Fragen solcher Art lassen sich nicht durch Behauptungen, sondern lediglich an Hand umfangreicher Erfahrungen beantworten.

Es ist dann noch die Frage gestellt worden, mit welchem Wert vorhandene und wieder zu verwendende Maschinen und Kessel in die Wirtschaftlichkeitsberechnungen einzusetzen sind. Das ist ein sehr wichtiger Punkt. Gewöhnlich gelten Einrichtungen dieser Art als abgeschrieben, was in Anbetracht ihres verhältnismäßig geringen Wirkungsgrades als reine Arbeitsmaschinen gerechtfertigt erscheint. Das Verhältnis ändert sich aber, wenn sie als Heizkraftmaschinen verwendet werden, wobei der Anteil, welcher auf die Heizleistung und derjenige, welcher auf die Kraftleistung entfällt, von Bedeutung ist. Es wird nun weiter zu untersuchen sein, um wieviel günstiger sich der Betrieb gestalten würde, wenn neue Aggregate zur Aufstellung kämen. Aus dem Verhältnis der zu erreichenden Wirtschaftlichkeit mit den alten und der möglichen Wirtschaftlichkeit mit den neuen Aggregaten wird sich, unter Berücksichtigung entsprechender Abschreibungen für beide Fälle, ein gewisser Wert für die alte Maschinenanlage ergeben, und es ist nicht einzusehen, warum der Besitzer der alten Anlage keinen Anspruch darauf erheben sollte.

Bei den Rentabilitätsberechnungen, welche von den erst vor kurzem fertiggestellten Werken aufgestellt sind, ist zu berücksichtigen, daß dieselben oft Anschaffungswerte enthalten, welche unverhältnismäßig niedrig sind (Inflationsbauten). Derartige Zahlen dürfen natürlich nicht verallgemeinert werden, denn heute liegen die Dinge wesentlich anders, namentlich auch in Hinsicht auf die sehr teuren Baugelder, worauf besonders hinzuweisen ist.

Beratender Ingenieur Baurat Schmidt, Dresden: Herr Kollege Ritter sagte, wenn von den Wärmeabnehmern einige, nachdem sie angeschlossen hatten, weniger verbraucht haben als vorher, so liege es daran, daß sie vorher unwirtschaftlich gearbeitet hätten. Viele haben ja aber auch mehr verbraucht, als vor dem Anschluß.

Ich will zunächst einmal auf die Abnehmer eingehen, bei denen der Verbrauch bedeutend größer geworden ist. Dies ist tatsächlich vorgekommen und erklärt sich etwa so, wie bei dem Verbrauch von elektrischem Licht. Wenn nämlich am frühen Morgen die Dienstmädchen die Zimmer rein machen, so lassen sie gern alle Flammen brennen, bis die gnädige Frau aufsteht. Es macht ihnen ja gar keine Mühe, einige Flammen mehr einzuschalten. So gibt es auch Heizer, die einfach das Haupteinlaßventil aufdrehen und den Dampf einströmen lassen, ohne sich weiter um die Regulierung zu kümmern. Die Bewohner werden sich schon durch Öffnen der Fenster zu helfen wissen. Wenn gar keine Kontrolle da ist, kann natürlich sehr leicht zu viel verbraucht werden. Aber nach den Erfahrungen, die wir in Braunschweig gemacht haben, und die auch bei den Städteheizwerken Hamburg und Außig gewonnen worden sind, kann man sagen, daß durchschnittlich bedeutend weniger verbraucht worden ist. Dieser Punkt ist bei den mehrfachen Verhandlungen, die ich hinsichtlich der Begründung der Rentabilität gelegentlich der Errichtung von Städteheizwerken und zur Gewinnung von Anschließern hatte, immer von bedeutender Wichtigkeit gewesen. Ich möchte deshalb kurz die Hauptgründe aufführen, die dafür sprechen, daß in Fernheizwerken bei gleich guter Bedienung, auf die gleiche Einheit bezogen, der Verbrauch zurückgehen muß.

Der 1. Grund ist, daß nach Anschluß an das Städteheizwerk der ganze Leerlauf, der dem Eigenkesselbetrieb anhaftet, ausgeschaltet wird.

Der 2. Grund ist in der schnellen Anheizung zu suchen. Über die Ersparnis durch schnelle Anheizung einiger städtischer Warmwasserheizungen Dortmunds ist kürzlich im Gesundheits-Ingenieur ein hochinteressanter Artikel erschienen. Nach den Dortmunder Erfahrungen sind die Anheizzeiten, die früher 3—4 Stunden erforderten, jetzt auf die Hälfte und noch weiter zurückgegangen. Mit diesem Zurückgehen treten Ersparnisse an Brennstoffen von 10—20% auf. Ferner fällt das Temperieren in der Nacht, das viele Heizer durchführen, um das zeitige Aufstehen zu vermeiden, vollkommen weg.

Der 3. Grund ist die Selbstkontrolle, die der Anschließer und der Heizer in ihrem Meßapparat besitzen. In der ersten Zeit haben die Heizer eine förmliche Manie, den Messer zu beobachten und neue Erfahrungen zu gewinnen. Später aber, wenn sie einige Male auf den Zusammenhang zwischen Außentemperatur und Verbrauch hingewiesen worden sind, macht es ihnen Spaß, mit geringer Mühe weniger Dampf zu verbrauchen.

Schließlich aber ist von großem Wert, daß das Heizwerk als solches ein Interesse daran hat, seine Kunden gut zu beraten. Es besitzt damit das erfolgreichste Mittel für die Werbung neuer Abnehmer und fördert überdies noch den Gedanken des Städteheizwesens im allgemeinen. Die Verwaltung eines Heizwerkes wird also mit ihren Abnehmern, besonders aber mit den Heizern, Freundschaft halten und ihnen Anregungen über sparsame Betriebsweise geben.

Wie gerade Ersparnisse durch Überwachung erzielt werden können, habe ich in den letzten Jahren praktisch erprobt. Einige Stadtverwaltungen übertrugen mir die Überwachung ihrer Zentralheizungen. Es gelang mir mit Leichtigkeit, ohne nennenswerte Änderungen der Anlagen, nur durch Anlernung der Heizer Ersparnisse an Brennstoffen bis etwa 20% zu erreichen.

Vor dem Anschluß hat die vielen kleinen Zentralheizungsanlagen fast niemals ein Fachmann beraten oder überwacht. Wenn aber jetzt der Ingenieur der Städteheizung vorspricht und die Heizer belehrt, so sind sie dankbar und beachten diese Lehren. Wir haben wenigstens in Braunschweig keinen renitenten Heizer, welcher die Anregungen nicht befolgt hätte, gehabt.

Die wissenschaftliche Betriebsführung, die gerade im Heizungsfach in den letzten Jahren schnelle Fortschritte gemacht hat, kann bei Städteheizungen Großes leisten. So wird z. B. den einzelnen Abnehmern eine Verbrauchstabelle gegeben, aus der der Heizer für jede Außentemperatur ablesen kann, wie groß heute sein Dampfverbrauch sein darf. Diese Tabelle soll natürlich für den Heizer kein Evangelium sein: er muß vielmehr bei der Verwendung derselben immer noch etwas denken und auf Wind und Sonne Rücksicht nehmen. Aber diese Denkarbeit wird immerhin durch diese Tabelle bedeutend erleichtert.

Die Veröffentlichung, die mein erprobter Oberwerkmeister Bernsdorf in der heutigen Nummer des Gesundheits-Ingenieurs über Erfahrungen an der Fernheizung im Dresdener Neuen Rathaus erscheinen läßt, gibt über den Nutzen wissenschaftlicher Betriebsführung Aufschluß. Eine interessante Veröffentlichung des Leiters des Heizungswesens im Freistaat Schwerin ist ebenfalls vor einigen Monaten im Gesundheits-Ingenieur erschienen und sehr beachtlich. Ich erwähnte schon, wie der Brennstoffverbrauch, auf gleiche Einheit bezogen, beim Neuen Rathaus in Dresden von Jahr zu Jahr zurückgegangen ist. Nun war die Steigerung der Wirtschaftlichkeit im Neuen Rathaus für mich ein Steckenpferd, und ich glaubte, daß ich von allen öffentlichen Gebäuden die Verbrauchseinheit desselben am meisten heruntergedrückt hätte. Wie ich aber an die Planung von Städteheizwerken ging und die Verbrauchseinheiten der einzelnen Abnehmer von bestehenden Städteheizwerken ermittelte, fand ich, daß die an das **Fernheizwerk Dresden angeschlossenen Gebäude beinahe sämtlich noch viel niedrigere Verbrauchseinheiten** aufwiesen als das Neue Rathaus in Dresden. In diesem erstklassig geleiteten Werk hatten sich alle die Momente, die ich vorstehend angeführt habe, in 25jähriger Praxis glänzend ausgewertet. Dann machte es mir Spaß, von einigen Zentralheizungen, die unter gleich guter Leitung standen wie das Staatliche Fernheizwerk Dresden, einige Verbrauchseinheiten festzustellen, und ich habe gefunden, daß diese wiederum alle höher lagen, und die niedrigste Verbrauchseinheit hatte wieder das Dresdener Rathaus (Heiterkeit).

Ich hoffe, nicht nur theoretisch, sondern an Hand von praktisch erprobtem Betriebsmaterial nachgewiesen zu haben, daß **an Fernheizwerke angeschlossene Zentralheizungen bei gleich guter Bedienung weniger Wärme verbrauchen, als Einzelheizungen,** und daß die angeschlossenen staatlichen, städtischen und privaten Zentralheizungsanlagen Braunschweigs auch vorher mit bestem Wirkungsgrad gearbeitet haben (lebhafter Beifall!).

Obering. Krämer-Stettin: Meine Herren! In einem Flugblatt habe ich gelesen: Elektrizitätswerke, schmeißt das Geld nicht zum Fenster hinaus! Ich vertrete ein Kraftwerk mit einer augenblicklichen Jahreserzeugung von 100 Mill. kWh. Wir haben natürlich ein Interesse daran, unser Geld nicht zum Fenster hinauszuwerfen und wollen das vermeiden, indem wir ein Städteheizwerk bauen. Wir haben uns intensiv damit beschäftigt. Die Verhältnisse in Stettin liegen ganz ähnlich wie in Hamburg und Braunschweig. Wir haben uns zunächst ein Projekt gemacht für einen teilweisen Ausbau eines Fernheizwerkes mit einem Anschlußwert von 9 Mill. WE. Der endgültige Anschlußwert, der alles umfaßt, was in Stettin angeschlossen werden kann, beträgt 36 Mill. WE. Wir haben ausgerechnet, daß wir für den ersten Anschluß eine Stromlieferung von 1 Mill. kWh im Jahre bekommen und bei dem endgültigen Ausbau eine Stromlieferung von $5^1/_2$ Mill. kWh. 1 Million kWh entsprechen 1% unserer gesamten Erzeugung, $5^1/_2$ Mill. werden = ca. 3% sein, denn bis wir ausgebaut haben, wird unsere Erzeugung auf etwa 150 Mill. bzw. 200 Mill.

kWh gestiegen sein. 1% bzw. 2 bis 3% unserer Gesamterzeugung spielen überhaupt keine Rolle. Es gehen also die gesamten Unkosten, die durch die Inbetriebnahme des Fernheizwerkes entstehen, zu Lasten des Fernheizwerkes, denn die Kilowattstunde, die wir im Fernheizwerk erzeugen, ist uns nur 1 kg Kohle wert; sie kann uns nicht mehr wert sein, denn ob wir 1% mehr erzeugen oder weniger, das spielt in unserer großen Zentrale gar keine Rolle.

Wir haben nun eine Aufstellung gemacht. Wir bekommen allein für die Fernleitung, für den Umbau der Maschinen ein Anlagekapital von 670000 M. für den ersten Ausbau. Ich mache darauf aufmerksam, daß weiter nichts darin ist als das Fernleitungsnetz. Wir haben einen Bruttoüberschuß herausgerechnet von 113 000 M. im Jahre. Dabei haben wir für Verwaltungskosten, unter der Voraussetzung, daß nur ein einziger Betriebsingenieur gerechnet wird, nur 6000 M. eingesetzt (Zuruf: Direktor!). Nein, wir haben keinen Direktor, sondern nur einen Betriebsleiter, der unter Aufsicht der Leitung des Elektrizitätswerkes sein Fernheizwerk zu betreiben haben würde. Wir haben nichts eingesetzt für Verwaltungsunkosten, weil wir uns sagten, das können die Leute auch machen, die unsere Stromrechnungen ausschreiben. Diese 113 000 M. stellen einen Bruttoüberschuß von 17% des in das Fernleitungsnetz gesteckten Kapitals dar. Sie wissen, daß man eine Rentabilitätsberechnung so und so machen kann.

Wir könnten natürlich, wenn wir Optimisten wären — wir sind übrigens keine Pessimisten bei der Sache gewesen — auch 30% herausgerechnet haben, aber unter den heutigen Verhältnissen eine Anlage zu bauen mit 17% Bruttoüberschuß, womit also die Verzinsung und Amortisation des Anlagekapitals noch geschafft werden muß, das überlegt man sich zunächst sehr stark, wenn einem das Geld nicht wahllos zur Verfügung steht und dann überlegt man sich noch, ob man nicht lieber das Geld ausleiht und gar kein Risiko dabei hat. Für den endgültigen Ausbau des Fernheizwerkes errechnen wir einen Bruttoüberschuß von ungefähr 23%. Für die Instandhaltung unseres Rohrleitungsnetzes haben wir dabei $1^1/_2$% gerechnet. Nach dem, was wir heute über Rohrleitungsnetze gehört haben, kann dieser Betrag richtig sein, aber er kann unter Umständen auch bedeutend zu klein sein, denn die Erfahrungen, die jetzt über ein Rohrleitungsnetz in Fernheizwerken zur Verfügung stehen, sind noch gering. Wenn es einem dann schließlich passiert, daß man das ganze Rohrleitungsnetz mit den Kanälen neu verlegen muß, dann ist man hereingefallen.

Ich habe diese Zahlen hier gegeben, um diejenigen Herren, die bereits Fernheizwerke in Betrieb haben, anzuregen und um denjenigen, die Fernheizwerke bauen wollen, zu Hilfe zu kommen. Leider habe ich von Hamburg und Kiel noch nichts gehört. Es scheint, als ob Herren von diesen Heizwerken überhaupt nicht zugegen sind. Ich möchte trotzdem

hier anregen, daß die Herren, die schon Bilanzen einer Betriebszeit auf-
stellen konnten, uns, die wir Fernheizwerke bauen wollen, zu Hilfe kommen
und uns möglichst restlos ihr Material zur Verfügung stellen mögen.
(Zuruf: Werden sich hüten! Heiterkeit.) Ich denke natürlich nicht, daß
es hier in der öffentlichen Versammlung geschieht. (Zuruf: Warum nicht?)
Das macht niemand in einer öffentlichen Versammlung. Aber ich hoffe,
daß die Leute, die Fernheizwerke bauen wollen, nicht vor verschlossene
Türen kommen. (Zuruf: Welchen Wärmepreis haben Sie zugrunde
gelegt?) Für 1 Mill. WE 17 M., für die Kilowattstunde 2,1 Pf. (Zuruf: Dann gratuliere ich, wer das bezahlt! Ohorufe!) Das wird der
springende Punkt sein bei den bestehenden Fernheizwerken. Ich vermute, daß die Kilowattstunde in Hamburg, Kiel und Braunschweig
usw. mit einem viel höheren Betrage eingesetzt worden ist (Rufe: Nein,
3 Pf.!). Ich hoffe, daß wir nähere Aufschlüsse bekommen. Wir müßten
natürlich bei uns auch die Bedienung und Instandhaltung der Anlage
in vollem Umfange zu Lasten der Fernheizung gehen lassen, denn wenn
wir die Fernheizung nicht erhielten, dann würden die Anlagen überhaupt
stillstehen.

Eine weitere wichtige Frage ist für uns die: Wie sind die vorhandenen
Maschinen, die wieder verwandt werden sollen, zu bewerten. Für uns
liegt die Sache folgendermaßen: Die Anlage ist eine Reserveanlage und
soll in Notfällen zur Erzeugung von Energie verwandt werden. Mit
dem Moment natürlich, wo wir die Anlage in Betrieb nehmen und sie
abnutzen, müssen wir auch für die eventuelle Erneuerung der ganzen
Kessel- und Maschinenanlage Mittel bereit stellen, die auch zu Lasten
des Heizwerkes gehen würden.

Vorsitzender: Es liegen Wortmeldungen zu II e (Zentrale) vor. Ich
bitte zunächst, Herrn Dir. Rheineck, das Wort zu nehmen.

Dir. Rheineck: Meine Herren! Vorhin sagte Herr Baurat Oslender:
„ich möchte hier etwas zurückgreifen auf die Verwendung von Gas", —
und auch Herr Baurat de Gral führte an, daß das Gas evtl. als Wärmeträger benutzt werden könnte. Wir in Barmen haben sehr gute Erfolge
mit der Gasheizung erzielt, besonders da, wo die Koksanfuhr sehr teuer
ist. Wir haben allerdings einen verhältnismäßig niedrigen Gaspreis für
die Zentralheizung festgelegt. Bei uns kostet das Kubikmeter Gas 6 Pf.
(hört, hört! bravo!). Unser Gas hat etwa 4500 WE Heizwert, und man
kann mit guten Brennern, wie sie heute auf den Markt kommen, etwa
mit einem Nutzeffekt von 80 bis 90% rechnen. Die Anheizverluste sind
bei Gas geringer als bei der Koksfeuerung, das ist eine bekannte Tatsache. Wenn man mit 85% Wirkungsgrad eines gasgefeuerten Heizkessels rechnet, so kann man also für 6 Pf. etwa 3800 WE erzeugen.
Der Koks kostet in Barmen etwa 38 M. pro Tonne. Bei einem Wirkungsgrad des Heizkessels von 50% kann man ungefähr 3000 WE für 3,8 Pf.
bekommen, also 3800 WE für 5 Pf. Wenn noch in Betracht gezogen wird,

daß in der Übergangszeit der mit Koks gefeuerte Heizkessel sehr oft unnötig durchläuft, so kommt man mit dem Verhältnis von 5:6 sehr gut aus, und dann hat man auch die große Bequemlichkeit, die bei der Gasheizung ebenso groß ist wie bei der Ferndampfheizung. Allerdings kommt man mit Fernheizungen, wenn die Anlage gut bedient wird, um etwa 10% billiger weg bei den heutigen Dampfpreisen, aber wir können nicht überall mit der Fernheizung hinkommen. Wie Sie schon gehört haben, sind die Verlegungskosten der Rohrleitungen außerordentlich hoch und es ist vorläufig unmöglich, in entfernt gelegene Stadtteile mit der Fernheizung hinzukommen. Die Villen liegen in Barmen auf den Höhen und sind sehr gute Abnehmer für Gas geworden.

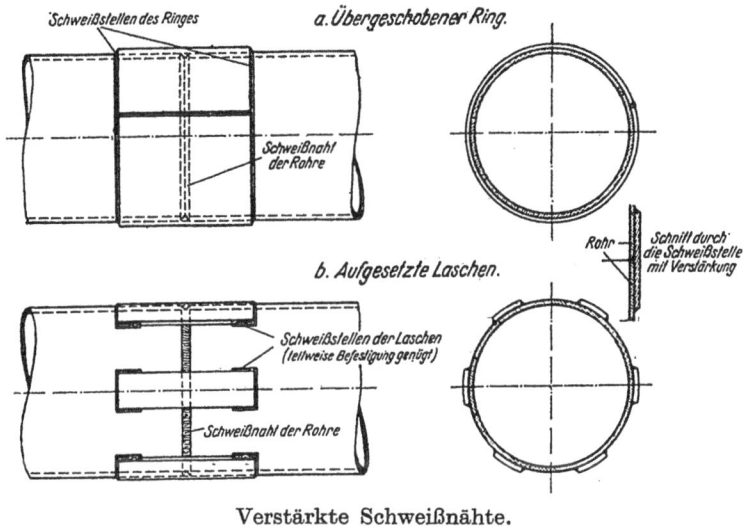

Verstärkte Schweißnähte.

Ich glaube, damit den Beweis erbracht zu haben, daß auch Gas sehr oft als Wärmeträger in Frage kommen kann.

Dann ein paar Worte zur Zentrale. Da ist unter Punkt 2 ausgeführt, daß der Umbau vorhandener Maschinen für Heizzwecke kaum in Frage kommt. Wir haben für die geringere Belastung in der Übergangszeit eine vorhandene Turbine vollständig verwenden können. Es ist das eine 5000 Kilowatt-AEG-Turbine, die hinter der Geschwindigkeitstufe angezapft werden kann. Außerdem verwenden wir noch den Abdampf der Oberflächen-Kondensationsturbine; diese liefert 5 t pro Stunde. Aus der Turbine können wir etwa 10 t Dampf pro Stunde entnehmen. Wir kommen also auf etwa 15 t insgesamt bei Vollast der Turbine, ohne besondere Änderungen in der Kessel- und Maschinenanlage vorgenommen zu haben. Das entspricht ungefähr 7 bis 8 Mill. WE. Für den späteren Ausbau ist allerdings der Wirtschaftlichkeit halber eine Gegendruckturbine vorgesehen.

Herr Baurat Schmidt führte aus, daß Hochdruckleitungen nicht geschweißt werden können, es sind aber tatsächlich schon viele solcher Leitungen geschweißt worden; man muß natürlich die bekannte V-Schweißung ausführen. Die einzelnen Rohrstöße werden abgeschrägt und v-förmig geschweißt. Wenn man noch Sicherheitslaschen über die Stöße schweißt, so ist es ausgeschlossen, daß dies bricht. An der Seite kann ein Zug entstehen, auch an der Schweißnaht. Es können dann nur Undichtigkeiten, aber keine gefährlichen Brüche auftreten. Es sind solche Anlagen für Drücke bis zu 30 at und mehr ausgeführt worden. (Siehe Abb. S. 127.)

Ich möchte dann noch auf die Verwendung von Warmwasser zu Fernheizzwecken zurückkommen. Es ist möglich, daß eine vorhandene Kondensationsmaschine verwendet wird. Es kommt dies aber nur für verhältnismäßig kleine Anlagen in Frage, bringt jedoch dann um so größere Vorteile, und man sollte das nicht außer acht lassen. Wenn z. B. mit 60% Vakuum gearbeitet wird —, das entspricht ungefähr einer Temperatur von 75°, — so genügt das für die meisten Fälle, auch für die kälteste Jahreszeit, und man hat nur einen Verlust an Stromerzeugung von ungefähr 25% und dafür einen Wärmegewinn, der ein Vielfaches ausmacht von dem, was man für die weniger erzeugten Kilowattstunden bekommen kann. An Hand einer kleinen Tabelle möchte ich Ihnen das Verhältnis vor Augen führen.

Gegen-druck	Temperatur	Aus 1 t Dampf = 770 000 WE wird erzeugt:						
		Strom		Einnahme (1 kWh à 5 ₰) ℳ	Abwärme WE	Einnahme: (1000 000 WE à 12 ℳ)	Gesamteinnahme ℳ	
		WE	kWh					
96% Vak.	27° C	146 000	170	8,50	624 000	nicht verwertbar	8,50	(Reine Strom-erzeugung.)
90% ,,	45° C	130 000	150	7,50	640 000	7,70	15,20	
60% ,,	75° C	108 000	125	6,25	662 000	7,95	14,20	
1 ata	100° C	86 000	100	5,00	684 000	8,21	13,21	
2 ata	120° C	65 000	75	3,75	705 000	8,46	12,21	
3½ ata	140° C	51 000	60	3,00	719 000	8,63	11,63	
		—	—	—	770 000	9,24	9,24	(Reine Dampf-erzeugung.)

Bei 96% Vakuum und einer Austrittstemperatur des Kühlwassers von 27° C sollen mit einer Tonne Dampf von 770 000 WE (das entspricht etwa 12 at und 350° Überhitzung) rund 170 kWh erzeugt werden. Bei 90% Vakuum und einer Kühlwassertemperatur von 45° C können 150 kW erzeugt werden. Bei 60% Vakuum und einer Kühlwassertemperatur von 75° C 125 kWh. Wir haben in Barmen eine Fernwarmwasserversorgung mit 45 grädigem Wasser für die Badeanstalten ausgeführt und wir kommen da auf eine Rentabilität von 66%; in noch nicht 1½ Jahren konnte die Anlage vollkommen abgeschrieben werden. Wir haben eine kleine Turbine der Müllverbrennungsanlage von 750 KVA dazu verwendet und haben das ganze Kühlwasser zwei städtischen Badeanstalten zugeführt.

Jetzt komme ich auf die höheren Drücke. Bei

1 ata Gegendruck und 100° kann ich erzeugen 100 kWh
2 ata Gegendruck und 120° kann ich erzeugen 75 kWh
3$^1/_2$ ata Gegendruck und 140° kann ich erzeugen 60 kWh.

Die Abwärme, welche hier anfällt, ist in allen Fällen ziemlich gleich. Bei dem Kondensationsbetrieb mit 96% Vakuum beträgt der Verlust an Abwärme 624 000 WE, während bei dem Gegendruckbetrieb mit 3$^1/_2$ ata 719 000 WE in der Abwärme enthalten sind. Die Zunahme der im Abdampf enthaltenen Wärmemengen ist verhältnismäßig gering, aber die Erzeugung der Kilowattstunden ist kolossal zurückgegangen. Wenn ich einen Preis für die Kilowattstunde von 5 Pf. zugrundelege, — der Preis ist ziemlich hoch, aber im Verkauf kann man ihn sicher bekommen — und einen Dampfpreis von 12 M. für 1 Mill. WE, so kann ich bei dem ersten Betriebe 8,50 M. herausholen. Bei dem Betriebe mit 45° bekomme ich 7,50 M. für Strom. Wenn ich die ganze Abwärme verkaufen kann, bekomme ich 7,50 M., plus 7,70, zusammen 15,20 M. usf. Wenn man, wie es bei den meisten Städteheizungen der Fall ist, zu 3$^1/_2$ ata übergehen muß, so kommen nur ungefähr 3 M. für die Abwärmeverwertung dabei heraus, das sind nur 35%. Wenn nur Kraft abgegeben wird, so bekommt man 8,50, wird nur Dampf abgegeben, bekommt man 9,20 M. Bei kombinierten Betrieben kommt desto mehr heraus mit je geringeren Gegendrücken man arbeitet und je mehr Abwärme man abgeben kann, aber die Anlagen werden teurer, weil die Rohrleitungen größer werden. Die Rohrleitungskosten in Barmen für die neue Anlage waren für uns nicht so erheblich, weil wir den größten Teil der Hauptleitung an die Wupper verlegten, d. h. wir hängten sie an der Wuppermauer auf; nur die kleinen Abzweigleitungen, die wir teilweise als Ringleitungen ausbildeten, verlegten wir in Kanäle.

Nun noch ein paar Worte zu den Kanälen. Die Kanalkosten für einen 1 m breiten und 1,20 m tiefen Kanal betrugen bei uns für den reinen Kanal, wie ihn der Tiefbauunternehmer ausführt, etwa 30 M. Aber man muß mit mindestens 100% Zuschlägen für die Beseitigung von vorhandenen Hindernissen rechnen, denn es liegen in den Straßen alle möglichen anderen Leitungen: Kabel, Gas- und Wasserleitungen, Kanalrohre, Fernsprechleitungen usw., und diese müssen umgangen, teilweise auch verlegt werden. Das kostet alles Geld, und man kann mit mindestens 60 M. pro laufenden Meter Kanal rechnen. Die Abdeckplatten, die wir verhältnismäßig billig in unserer Müllverbrennung herstellen ließen, kosten auch noch 15 M. Der Kanal kostet also ohne Rohrleitung und ohne Isolierung rund 75 M. bei 1 m Breite. Wenn dagegen 500er oder 300er Rohre in Kanälen verlegt werden, so sind die Kosten für diese Kanäle natürlich viel höher (Beifall).

Obering. Schubert-Dessau: Ich möchte auf einen Punkt hinweisen, der bisher viel zu wenig angezogen worden ist, der aber bei der Rentabilität einer Fernheizanlage eine große Rolle spielt. Es ist dies die Kesselanlage. Dieser Punkt ist in das Programm gar nicht aufgenommen worden. Es ist doch von der allergrößten Wichtigkeit, den Dampf so billig wie möglich zu erzeugen, abgesehen davon, ob der Dampf erst in einer Turbine oder Dampfmaschine ausgenutzt wird oder direkt in das Rohrnetz der Fernheizung geleitet wird. Es ist nicht einerlei, ob die Kesselanlage nur mit 50 oder mit 80% Nutzeffekt arbeitet, und ich halte es in vielen Fällen für falsch, alte unmoderne unrentabel arbeitende Anlagen umzubauen. Sie können den Dampf der Turbine oder der Dampfmaschine gut ausnutzen, berücksichtigen dabei aber nicht, daß die Kesselanlage selbst schlecht arbeitet, ja oft 30 bis 40% zuviel Brennmaterial verbraucht.

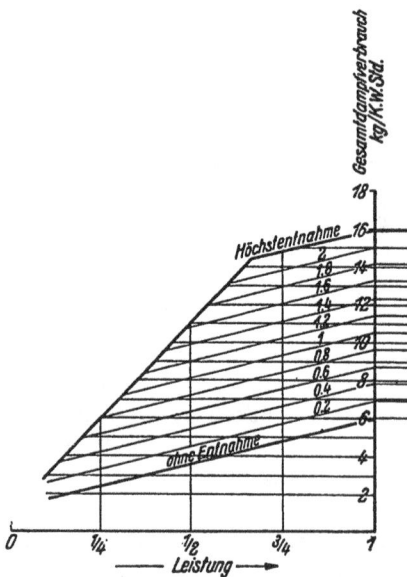

Rechnet man den hohen Kohlenverbrauch auf die Betriebskosten um, so werden sich ganz gewaltige Unterschiede ergeben, da die Brennstoffkosten bei den Betriebskosten die größte Rolle spielen. Es dürfte die Rentabilität der ganzen Anlage mit davon abhängen, daß die Kesselanlage rationell arbeitet. Es ist deshalb erforderlich, nur die neuzeitlichsten Kessel in der Zentrale zu verwenden, die mit dem größten Nutzeffekt arbeiten, oder, wo möglich, die vorhandenen Kesselanlagen zu modernisieren.

Ingenieur O. Fröhlich: Bezüglich der Wirtschaftlichkeit der Anzapfturbinen hört man oft die Meinung: wenn dem Dampf Gelegenheit gegeben wird, vor seinem Gebrauch als Heizmittel evtl. Arbeit zu leisten, so muß das doch unbedingt wirtschaftlicher sein, als wenn diese Arbeit durch einen besonderen Wärmeaufwand geleistet wird. In dieser Allgemeinheit dürfen diese Verhältnisse überhaupt nicht betrachtet werden. Es kommt auf den zeitlichen Verlauf der Arbeits- und Wärmeleistung an, ferner auf das Verhältnis von Heiz- und Arbeitsleistung. Das Diagramm des Dampfverbrauches einer Anzapfturbine wird uns gewöhnlich in obiger Form dargestellt:

Bei voller Last möge die Turbine unangezapft einen Dampfverbrauch von 6 kg/kW aufweisen, dann verbraucht sie nach diesem Diagramm, das nur einen Typus darstellt, bei $^1/_2$ Last 7,2 kg/kW, bei $^1/_4$ Last 9,6 kg/kW usw.

Bei einer Dampfentnahme (aus der Zwischenstufe), die = 0,1 des Dampfverbrauches der vollbelasteten nicht angezapften Turbine ist, beträgt der Gesamtdampfverbrauch bei Vollast 6,45 kg/kW, bei Halblast 8,1 kg/kW, bei Viertellast 11,4 kg/kW. Es handele sich um eine Turbine von 3000 kW, die mit halber Last arbeite und man wolle stündlich 1800 kg Dampf anzapfen. Dann ist der Dampfverbrauch nach vorstehendem: 12 150 kg/St. Bei getrenntem Betriebe dagegen 1800 + 10 800 = 12 600 kg/St. Es werden also nur 450 kg Dampf stündlich gespart. Hierzu muß man aber 1. die Turbine mit Sonderorganen ausstatten, 2. die Kesselanlage vergrößern, 3. den Anzapfdampf nach der Verbrauchsstelle transportieren, was einen Kapitalaufwand erfordert. Die Amortisation und Verzinsung des Kapitals kann demnach leicht den Gewinn durch die Dampfersparnis aufzehren. **Dies ist das Problem, welches bei der Projektierung einer kombinierten Anlage zu lösen ist.**

Nun kommt hinzu, daß das oben gezeichnete Diagramm wahrscheinlich noch nicht einmal richtig ist, sondern die Linien bei geringer Entnahme weiter auseinander rücken.

Im allgemeinen kann die Dampfentnahme nur wirtschaftlich sein, **wenn große Mengen im Verhältnis zur Leistung der Turbine angezapft werden.** Die oben genannte 3000 kW-Turbine anzuzapfen wird etwa lohnen, wenn ihr durchschnittlich 10 000 kg Dampf stündlich entnommen werden, was schon einem Durchschnittswärmebedarf von ca. 6 Mill. WE/St. entspricht.

Man kann sich bei einiger Übung im Projektieren dieser Anlagen leicht ein Bild machen, bis zu welchen Entfernungen der Transport solchen Anzapfdampfes noch vorteilhaft ist. Dies hängt stets von der Mächtigkeit der Heizung und dem Verhältnis der Anzapfmenge zur Belastung der Maschinen ab, wobei natürlich der Zustand, der am häufigsten auftritt, maßgebend ist. Man muß sich die wesentlichen Tagesdiagramme des Wärme- und Kraftverbrauches zusammenstellen, um den wirklichen Dampfverbrauch der Anlage festzustellen.

Solche Zusammenstellungen muß man für alle Monate oder besser für alle Tage von gleichem Wärmebedarf gesondert machen. Bei der Gegenüberstellung der nötigen Dampfmengen für gesonderten oder kombinierten Betrieb muß noch auf den verschiedenen Wärmeinhalt des Dampfes Rücksicht genommen werden.

Ing. Metzkow-Berlin: Wenn es sich um Neuanlagen handelt, dann wird man meistenteils in den Punkten, die hierfür in Betracht kommen, sich genügend Klarheit verschaffen können. Anders ist es, wenn man ein bestehendes Werk ausbauen will. Hier entwickeln sich schon die ersten Gegensätze zwischen Elektrizitäts- und Wärmeingenieur. Dank unserer Gesetzgebung ist ja den Elektrizitätswerken hinsichtlich des Stromverkaufes eine Monopolstellung eingeräumt worden, die es den Werken gestattet, unter Umständen den Strom zu Phantasiepreisen abzugeben (Zurufe), unter Umständen auch den Strom zu verschenken. (Sehr rich-

9*

tig! Widerspruch.) Unter diesen Verhältnissen haben die Elektrizitätswerke gar kein Interesse, noch Dampf zu verkaufen. Wenn sie für ihren
Strom genügend Geld herausbekommen, warum sollen sie da noch ein
Konto „Dampf" anlegen?! Sie haben natürlich nur das Interesse daran,
aus ihren Maschinen das höchstmögliche Maß an Energie herauszuholen.
Das wird eben so gemacht, daß man z. B. bei Kondensationsmaschinen
den Dampf bis auf das Höchstmaß dynamisch ausnutzt und die überschüssige Wärme im Kondensator totschlägt. Mit dem etwa noch an-
fälligen Abdampf aus Maschinen kann der Heizingenieur aber nicht viel
anfangen, denn wir können diesen Auspuffdampf nur in allernächster
Nähe der Zentrale, vielleicht in Warmwasserspeichern, verwenden, von
denen aus warmes Wasser mittels Pumpe evtl. unter nachträglicher
Überhitzung weiter fortgeführt wird. Das geht in den meisten Fällen
nicht. Wie sollen wir uns mit dem Heizungsbetrieb dem Maschinenbetrieb anpassen? Wir haben grundsätzlich hier zu unterscheiden zwischen Kolbenmaschinen und Turbinen (immer wieder gesagt, wenn es
sich um Neuanlagen handelt, spielt das keine Rolle, da wir uns dann
die Maschinen aussuchen können). Es handele sich aber darum, eine
bestehende Maschinenanlage umzubauen: haben wir eine Auspuff-
maschine und wollen den Gegendruck erhöhen, damit wir einen höheren
Auspuffdruck bekommen, dann reagiert die Kolbenmaschine bei Erhöhung des Gegendruckes mit einer Verbesserung, die Turbine dagegen
mit einer Verschlechterung des thermodynamischen Wirkungsgrades.
Nun fragt es sich aber: soll man eine Verschlechterung des thermodynamischen Wirkungsgrades in Kauf nehmen, wenn es gelingt, noch
Abdampf zu bekommen, den man mit 6—8 M. pro Tonne verkaufen
kann, oder will man den Dampf tatsächlich totschlagen? Wenn die
Maschine es einigermaßen gestattet, kann man mit dem Anfangsdruck
unbedenklich bis auf 20 at gehen und in der Turbine auf 6 at ent-
spannen — dann haben wir den Betriebsdampf, den wir für unsere
Maschinen brauchen. Das können wir bei Entnahmemaschinen genau
so machen; wir nehmen aus dem Entnehmer Dampf von der Spannung,
die wir brauchen. Die Elektrizitätsingenieure haben immer Bedenken
dagegen, aber wir sind doch alle einig darüber daß der Dampf im Hoch-
druckteil, zunächst mal wenigstens, was die Kolbenmaschine anbelangt,
den Hauptteil seiner Arbeit geleistet hat. — Wenn der in der Zwischenstufe entnommene Dampf nicht restlos für die Heizung aufgebraucht
wird, läßt sich der überschüssige Dampf einfach in den Niederdruckzylinder überleiten. So haben wir tätsächlich einen rationellen Betrieb.
Aber der Kernpunkt ist dabei: Diese Frage der Zentrale kann weder
der Wärmeingenieur, noch der Elektriker allein entscheiden. sondern
beide müssen sich an einen Tisch setzen und überlegen, was zweck-
mäßigerweise zu geschehen hat, nicht daß es in der üblichen Weise geschieht, daß der Elektriker sagt: Hier, ich habe soundsoviel Abfall-

wärme, mache damit, was du willst. Das geht nicht. Wir müssen ihm
sagen: Wir brauchen soundsoviel Dampf von bestimmter Spannung,
schaffe uns das. Wenn es gelingt, daß die beiden Herren wirklich so
zusammenarbeiten, dann werden wir Anlagen bekommen, wie wir sie
brauchen. (Beifall.)

Ing. L. Ranzi, Löbau, Sa. (schriftlicher Beitrag): Es wurde die Frage
aufgeworfen, ob für Heizwerke eine alte Kessel- und Maschinenanlage
Verwendung finden soll. Bei den bisher stillgelegten Werken werden
wohl in den seltensten Fällen noch Rücklagen vorhanden sein. (Die
Inflation hat sie meistens vertilgt.) Die Bewertung wird nun schwierig,
meist ist die Kessel- und Maschinenanlage veraltet, der Dampfdruck
niedrig, der Wirkungsgrad ein schlechter. Es muß bei Erstellung derartiger Anlagen mit entsprechenden Reserven gerechnet werden, da das
Heizwerk ja auch eine gewisse Verantwortung übernimmt. Die Rück-
stellungen müssen größer ausfallen, um bei Störungen Mittel zur Anschaffung verfügbar zu haben.

Herr Dipl.-Ing. Kloos schilderte die schlechte Funktion der Reduzierventile. Auch ich habe diese Erfahrung gemacht, und benütze heute
bei Anlagen, wo es auf Betriebssicherheit ankommt, nur mittels Servo-
Motor gesteuerte Reduzierventile.

Um derartige Reduzierventile für die Städteheizung nutzbar zu
machen, wird man verschiedene Anschlüsse von einem gemeinsamen
Servo-Motor betreiben. Die hierfür erforderliche Zahnradölpumpe könnte
je nach Örtlichkeit mit der Kondensationspumpe gekuppelt werden.
Der Lieferfirma wäre vorzuschreiben, daß der Druck auch beim Ausfall der Pumpe konstant gehalten werden muß. Die Anlagekosten werden
bei dieser Ausführung vielleicht etwas größer.

Es wurde während der Tagung die Zusammenarbeit von Maschinen-,
Elektro- und Heizungsingenieuren angeregt und dabei angedeutet, daß
die Elektrizitätswerke Schwierigkeiten bereiten.

Letzteres trifft nicht zu, Anschlüsse und Parallelschaltungen, verbunden mit Hin- und Rücklieferungen werden wohl von jedem Werke
gestattet. Die Elektrizitätswerke wünschen vor allem ein einwandfreies
Arbeiten aller parallel geschalteten Anlagen. Von einem Konkurrenz-
wettbewerb von Heizkraft- oder Städteheizwerken ist wohl nicht zu
sprechen, wenn man den Dampfverbrauch und die Leistung einer Heiz-
kraftmaschine mit einer modernen Kondensationsmaschine vergleicht.

Die Stromversorgung in Deutschland ist durch die in Bau und Betrieb befindlichen Großkraftwerke gesichert, da ja die größten Werke über
die 100-kV-Sammelschiene parallel arbeiten können. Bei der Kupplung
von Städteheizwerken ergeben sich noch verschiedene Vorteile:

Bekanntlich läßt sich der Drehstrom nicht speichern. Die meisten
Großkraftwerke sind in der Nähe größerer Kohlenwerke errichtet und
bilden ja dort selbst den Speicher. Es ist nun möglich, die vielen mitt-

leren und größeren Heizkraftwerke gleichfalls auf die gemeinsame Sammelschiene arbeiten zu lassen.

Beim Heizkraftwerk könnte man im vorliegenden Falle die Bestellung teurer Reservemaschinen ersparen, wenn bei Ausfall desselben das Großkraftwerk einspringt. Die vom Großkraftwerk hierfür bereitzustellende Leistung wird klein werden, da ja nicht sämtliche Heizkraftwerke gleichzeitig versagen. Im anderen Falle können Heizkraftwerke bei Ausfall von Großkraftwerken, wenn auch nur Teillasten, aufnehmen, auch dann, wenn das Heizkraftwerk zu diesem Zwecke zeitweise mit Auspuff arbeiten muß.

Vorsitzender: Gestatten Sie mir einige kleine Bemerkungen. — Herr Krämer hat bei Schluß des vorigen Kapitels darauf hingewiesen, daß von den beiden bestehenden Heizwerken, Kiel und Hamburg, keine Vertreter anwesend wären. Das stimmt nicht ganz. Mir liegt ein Zettel vor, unterschrieben von Herrn Stadt-Obering. Dillenberg. Der Herr wünscht das Wort, allerdings zu Punkt IId. Ich nehme an, daß Herr Stadt-Obering. Dillenberg, der Leiter des Kieler Fernheizwerkes ist. (Zuruf: Nein! Das ist Privatbetrieb!)

Dann bitte ich Sie, Herr Kollege Dillenberg, damit wir die Ordnung nicht unterbrechen, daß Sie bei Punkt IV das Wort ergreifen. — Dann möchte ich bei der Gelegenheit noch sagen, daß sich der Leiter des Hamburger Fernheizwerkes zur Zeit in Amerika befindet.

Wir fahren in der Diskussion zu Punkt IIe fort.

Direktor Warrelmann: Es ist sehr viel von dem Gegensatz zwischen dem Elektriker und dem Wärmeingenieur gesprochen worden, von ihren Bestrebungen und den Bestrebungen der Elektrizitätswerke. Ich glaube, diese Gegensätze bestehen gar nicht (Sehr richtig!); und es ist vielleicht doch eine gewisse Verkennung, wenn Sie glauben, daß unsere großen Kraftwerke von mehreren 100 000 PS von Elektrikern geleitet werden. Wir nehmen für uns in Anspruch, daß wir auf dem Gebiete der Wärmewirtschaft auch zu Hause sind. (Zurufe.) Ich muß für die allgemeine Kraft- und Elektrizitätswirtschaft in Anspruch nehmen, daß sie alle wirtschaftlichen Vorteile auszunutzen versucht und versteht, wie sie sich bieten; und wenn sich die Möglichkeit bieten sollte, daß wir durch Verquickung von Wärme- und Kraftversorgung — zwei sehr verwandten Gebieten — Vorteile erzielen sollten, so wäre es doch mehr als kindisch, wenn wir diese aus irgendwelchen Gründen ablehnen sollten. Sie hören aus Stettin, daß man trotz erheblicher finanzieller Bedenken doch den Schritt wagt; er wird versucht, und nur deshalb, weil man bestehende alte Anlagen hat und sich sagt: ehe wir die als Schrot verkaufen, wollen wir doch einmal versuchen, ob wir nicht etwas daraus machen können. (Sehr richtig!) Ob alle Rechnungen, die dabei angestellt sind, wirtschaftlich im engsten Sinne richtig sind, möchte ich bezweifeln; denn wenn das Großkraftwerk Stettin weiter wächst, dann spielt diese ört-

liche Reserve, wie sie im Zentrum von Stettin besteht, praktisch keine
Rolle. Daß das Grundstück, welches im Zentrum liegt, bei anderweitiger
Verwertung beachtenswerte Erträge liefern würde, dürfte wohl nicht
fraglich sein. Jedenfalls müßte für das Heizkraftwerk eine Belastung
im Ausmaße eines solchen Ertrages berücksichtigt werden. Ich habe
aber durch Rückfrage festgestellt, daß an eine solche Belastung nicht
gedacht ist, sondern die genannten Zahlen sich lediglich auf die Neu-
anwendungen erstrecken, die für Heizzwecke gemacht werden müssen.

Als Vertreter der Elektrizitätswirtschaft muß ich entschieden Ver-
wahrung dagegen einlegen, daß hier die Tarifpolitik der Elektrizitätswerke kritisch in die Debatte gezogen wird, und daß mit Strompreisen
operiert wird, die ohne Berücksichtigung der Entnahmeverhältnisse
teilweise übertrieben und teilweise als unter Selbstkosten bezeichnet
werden. Auch diese Auffassung rührt von einem mangelhaften Verständnis für unsere Aufgaben her. Ich glaube, ich sage vielen nichts
Neues, wenn ich erkläre, daß heute die Kilowattstunde mit 3 Pf. mit
Gewinn und mit 40 Pf. mit Verlust verkauft werden kann, und zwar
hauptsächlich wegen des ominösen Belastungsfaktors, den ich gestern
erläutert habe. (Heiterkeit.) Wenn Sie sich mit einer ähnlichen Aufgabe beschäftigen wollen, über die uns schon Erfahrungen aus mehreren
Jahrzehnten zur Verfügung stehen — nämlich von einer Zentralstelle
aus zu liefern —, dann werden Sie sich auch mit diesem Faktor zu beschäftigen haben und dabei finden, daß je kleiner der Belastungsfaktor
ist, desto schwieriger die wirtschaftliche zentrale Versorgung sein wird.
Ich habe gefunden, daß die Leitsätze für diese Tagung schon sehr wert-
volles Material gerade für den Belastungsfaktor enthalten. So ist ein
Beispiel gegeben, bei dem die Benutzungsdauer — nämlich der Quo-
tient aus der Jahreswärmemenge und der Höchststundenabgabe — sich
zu 1150 Stunden errechnet entsprechend einem Belastungsfaktor von
etwa 12—13%. Legt man bei Höchstbelastungen nicht den stündlichen
Mittelwert, sondern, wie bei Kraftwerken, den viertelstündlichen Mittelwert zugrunde, so fällt der Faktor noch niedriger aus und dürfte wahrscheinlich 10% nicht erreichen. Je kleiner dieser Faktor wird, um so
mehr wachsen die prozentualen Wärmeverluste sowie die Kapitalkosten
und alle übrigen festen Kosten für die gelieferte Wärmeeinheit. Ich habe
mir gestern den Hinweis erlaubt, daß derartige technisch-wirtschaftliche
Fragen in erster Linie mit dem Rechenstift entschieden werden müssen
und daß es darauf ankomme, daß der Rechenstift richtig geführt werde.
Insbesondere ist es wichtig, daß bei jeder Rentabilitätsberechnung von
den richtigen Voraussetzungen ausgegangen wird.

Die Rechnung, die sich hier noch zum Teil an der Tafel befindet (siehe
Tabelle S. 128), entspricht nicht diesen wichtigen Voraussetzungen und for-
dert meinen Widerspruch um so mehr heraus, als sie anscheinend sogar von
dem Vertreter eines Elektrizitätswerkes herrührt. So muß ich zunächst

die Bewertung des im Heizkraftwerk erzeugten Stromes beanstanden, die scheinbar nach dem Verkaufswert frei Abnehmer erfolgte. Als Bewertungsmaßstäbe können doch nur die Selbstkosten einer gleichwertigen direkten Erzeugung in einem normalen Kraftwerke in Frage kommen. Ferner ist die Wärmebilanz zu beanstanden, bei der schon die erste Zahl des Wärmewertes des Dampfes von etwa 15 at 375° mit 770 WE falsch sein dürfte. Diese Zahl dürfte für Dampf von 35 at und 400° in Frage kommen. Ferner darf nicht mit dem absoluten Wärmeinhalt des Dampfes gerechnet werden, sondern mit der Erzeugungswärme, die entsprechend der natürlichen Temperatur des Speisewassers niedriger liegt. Wenn aber schon mit hohem Dampfwärmeinhalt gerechnet wird, so befremdet dann der hohe Verbrauch von 5,8 kg/kWh. Bei derartig hochwertigem Dampf dürfte unter den heutigen Verhältnissen selbst bei Maschinen von nur 5000 kW 4,5 kg zu erreichen sein. (Sehr richtig!) Selbst wenn ich mit den Ziffern des Herrn Vorredners rechne — d. h. 5,8 kg Dampf und $6^1/_2$fache Verdampfung —, so würde diese Maschine bei Kondensationsbetrieb und 96% Vakuum nur 0,9 kg Kohlen verbrauchen. Es fragt sich nun: Was kostet die Kohle? Nach meiner Schätzung 22 M. pro Tonne. (Rufe: 21 M.), die Brennstoffkosten demnach weniger als 2 Pf. pro kWh. In Wirklichkeit erspart jedoch das Hauptkraftwerk nicht für jede vom Heizkraftwerk ihm abgenommene Kilowattstunde die vollen durchschnittlichen Kohlenkosten, sondern wegen der mangelnden Übereinstimmung zwischen Stromlieferung und Strombedarf nur die zusätzlichen Kosten, die vielfach nur 75% der durchschnittlichen Kohlenkosten betragen. Als weitere Ersparnisse kommen in Betracht etwaige Kosten an Bedienung und sonstige Aufwendungen im Hauptkraftwerk sowie vor allen Dingen die Vorhaltungskosten für die ersparte Maschinenleistung. Wegen der unzureichenden Überdeckung von Kraft- und Heizbedarf wird jedoch die Ersparnis an Betriebs- und Vorhaltungskosten des Hauptkraftwerkes außerordentlich fragwürdig, es sei denn, daß das Heizkraftwerk zu zeiten der Hauptbelastung den Betrieb mit unwirtschaftlich arbeitenden Entnahmeturbinen durchführt.

Der Fehler der Rechnung liegt jedoch nicht nur darin, daß an Stelle der ersparten Kosten im Hauptkraftwerk die Verkaufspreise des Stromes eingesetzt wurden, sondern daß die Kosten der im Heizkraftwerk ersparten Energie unvollkommen berücksichtigt wurden. Ein Herr aus Frankfurt hat bereits ganz richtig darauf hingewiesen, daß in der Elektrizitätswirtschaft nicht nur die elektrische Arbeit, sondern auch die elektrische Leistung, die Arbeit in der Zeiteinheit, bewertet werden muß. Die Selbstkosten können mit hinreichender Genauigkeit für alle Entnahmeverhältnisse durch einen Einheitssatz je Kilowatt Höchstleistung und unter Hinzurechnung eines Einheitssatzes für jede zusätzlich erzeugte Kilowattstunde ausgedrückt werden. Der Einheitssatz je Kilowatt Höchstleistung umfaßt alle festen Kosten, insbesondere die Kapitalkosten sowie die wesentlichsten Kosten für Unterhaltung, Gehälter und Löhne und außerdem einen Anteil von den gesamten Brennstoffkosten, die der Leerlauf erfordert. Diese festen Kosten haben in der Regel einen weit höheren Anteil an den Gesamtkosten als die zusätzlichen Brennstoffkosten. Bei unregelmäßiger Zusatzstromlieferung, insbesondere bei ungenügender Lieferung in den Haptbelastungszeiten, bestehen diese Kosten im Hauptkraftwerk unvermindert fort.

Ein einfaches Beispiel möge die wirtschaftlichen Wirkungen der Ergänzung eines bestehenden Kraftwerkes durch ein Heizkraftwerk am besten erläutern: Ein Kraftwerk möge unter den heutigen Verhältnissen je Kilowatt Leistung 300 M. kosten, wobei angenommen werden kann, daß die Hälfte der Kosten auf die Maschinenanlage, die Hälfte auf die Kesselanlage entfällt. Bei der Stromerzeugung im Gegendruckbetrieb wird für die Einheit der elektrischen Arbeit und Leistung etwa die doppelte Menge an Hochdruckdampf benötigt, so daß die beim Heizkraftbetrieb erzeugte elektrische Leistung auf die Hälfte zurückgeht, es sei denn, daß die Kesselanlage in der Leistung verdoppelt wird. Bei einer Verzinsungs und Abschreibungsquote von $17^1/_2\%$, mit der unter den heutigen Verhältnissen gerechnet werden muß, bedeutet der Verlust an Maschinenleistung oder die Mehraufwendung für Kesselleistung rund 26 M. pro Kw. Welchen Einfluß hat diese Kostenveränderung der Leistungseinheit? Bei einem hohen Belastungsfaktor einen verhältnismäßig geringen. Die ganze Maßnahme erfolgt jedoch zugunsten eines Heizbetriebes, der bekanntlich mit einem sehr niedrigen Belastungsfaktor entsprechend einer Benutzungsdauer von etwa 1150 Stunden verläuft. Der Leistungsverlust oder die Kesselmehrleistung belastet infolgedessen die Kilowattstunde mit $\frac{2600}{1150} = 2^1/_4$ Pf. Gegen diese einfache, rohe Rechnung kann eingewendet werden, daß die vergrößerte Kesselanlage des Heizwerkes zeitweise durch verstärkten Kondensationsbetrieb der Entnahmeturbine mehr elektrische Leistung als zu Zeiten höchsten Heizdampfbedarfes abgeben kann und infolgedessen die gesamten Mehrkosten der Heizanlage oder die Entwertung der Maschinenanlage nicht voll zu Lasten des Heizkraftbetriebes gerechnet werden dürfen. Dem gegenüber ist jedoch darauf hinzuweisen, daß im Interesse der Einfachheit der hier aus dem Stegreif durchgeführten Rechnung weder die Mehrkosten der Entnahmeturbinen und Rohrleitungen noch der Maschinen- und Kesselreserven berücksichtigt wurden, denn die Anlagekosten beziehen sich nur auf das installierte Kilowatt für Kondensationsturbinenkraftwerke. Würden diese Mehrkosten berücksichtigt, so würde selbst unter voller Berücksichtigung der anderweitigen Ausnutzungsmöglichkeit der vergrößerten Kessel- oder geänderten Maschinenanlage das Gesamtergebnis nicht günstiger werden. Die errechnete Ziffer zeigt jedoch sinnfällig, daß der Mehraufwand an

Kapitalskosten die durchschnittlichen Brennstoffkosten eines Kraftwerkes ohne Heizdampfabgabe bereits übersteigen kann. Bekanntlich werden aber die Brennstoffkosten, die wir vorher mit weniger als 2 Pf. pro kWh ermittelt haben, durch die Verwertung von Abdampf nur zum Teil erspart.

Solche aus dem Stegreif durchgeführten nüchternen Rechnungen und Überlegungen können selbstverständlich auf ziffernmäßige Genauigkeit keinen Anspruch erheben. Sie zeigen jedoch in sinnfälliger Weise, daß das ganze Problem nicht nur vom Standpunkt des Brennstoffverbrauchs beurteilt werden darf, sondern daß alle Faktoren, die für die Wirtschaftlichkeit mitsprechen, hinreichend berücksichtigt werden müssen. In heutiger, besonders schwerer Zeit halte ich es für unbedingt notwendig, daß Sie bei der Weiterverfolgung Ihrer Ziele auch den Aufgaben der Kraft- und Elektrizitätswirtschaft weitgehendstes Verständnis entgegenbringen und meine Äußerungen nicht lediglich als eine Abwehr Ihrer Bestrebungen betrachten. (Sehr richtig!) Ich kann nur wiederholen, daß es mehr als kindisch wäre, wenn wir Anregungen ablehnten, die für uns wirtschaftliche Vorteile brächten. Im Gegenteil, wir müssen durch Aussprachen, wie sie hier stattfinden, unsere beiderseitigen Bestrebungen möglichst klarlegen und im Interesse der gesamten Wirtschaft vertrauensvoll Hand in Hand arbeiten. (Großer Beifall.)

Vorsitzender: Da Herr Obering. Rheineck zunächst angegriffen worden ist, möchte ich ihm das Wort jetzt erteilen.

Obering. Rheineck: Die 770 000 WE pro Tonne Dampf entsprechen der Tabelle von Mollier, die heute allgemein anerkannt ist. Diese Sache dürfte damit wohl erledigt sein.

Noch ein paar Worte zu den Ausführungen des Herrn Dir. Warrelmann. Wenn Herr Dir. Warrelmann die Kilowattstunde nur mit 1,8 Pf. einsetzen will, dann kommt er ja noch viel schlechter weg. Er bekommt für die 170 kWh, die er mit 1 t Dampf erzeugt, nur 3,06 M. anstatt 8,50 M. Also ist es ein Trugschluß, wenn er meint, er könnte mit einem niedrigeren Kilowattstundenpreis ein besseres Resultat herausrechnen. Allerdings enthalten die Tabellen, die ich da angeschrieben habe, nur die möglich erzielbaren Einnahmen; es ist im allgemeinen ausgeschlossen, daß diese Einnahmen voll erzielt werden, weil selten vollkommene Abdampfverwertung stattfindet und die Belastung nur in den seltensten Fällen mit der Abdampfmenge übereinstimmt. Bei Städteheizungen wird es jedenfalls kaum eintreten.

Pause von $^1/_4$1—1 Uhr.

II. Tag, nach der Mittagspause.

Vorsitzender: Wir fahren in unserer Aussprache fort. Als letzter hat zu Punkt Zentrale Herr Regierungsbaumeister Günther das Wort.

Regierungsbaumeister Günther: Meine Herren! Ich habe es, ich glaube mit einer Reihe von Herren, unangenehm empfunden, daß uns nicht von allen Fernheizwerken eingehende Angaben gemacht worden sind, denn gerade aus der Praxis heraus müssen wir schöpfen. So z. B. ist auch von dem Fernheizwerk Schwerin bisher nichts erwähnt worden. Obwohl es ein kleines Heizwerk ist, so handelt es sich hier, wie Sie vielleicht wissen, um Dieselmotorenabwärme. Herr Obering. Bloes von der Firma David Grove, Berlin, scheint nicht in Berlin zu sein. (Rufe: Doch!) Dann bedaure ich lebhaft, daß er nicht hierher gekommen ist, um uns über diese Lieferung seiner Firma eingehend zu berichten; ich würde ihm gern den Platz einräumen. (Heiterkeit.) Auch vom Schweriner Heizwerk scheint niemand anwesend zu sein. (Es meldet sich niemand.) Das Schweriner Werk interessiert mich deswegen besonders, weil ich es selbst mit ins Leben gerufen habe, dadurch, daß ich angeregt habe, das Kühlwasser der Dieselmotoren nicht dauernd in den Ziegelsee hineinzulassen, obwohl sich vielleicht die Fische sehr freuen über die Warm-Badeanstalt, und die Abgase der Dieselmotoren nicht fortwährend durch den Schornstein in die frische Luft abzuleiten, damit die lieben Engelchen in den Wolken dadurch warme Beinchen bekommen. (Heiterkeit.) Jedenfalls ist eine große Ersparnis dadurch erzielt worden, daß reine Abwärme in diesem Falle zur Heizung verwendet wurde. Es sind zwar für Außentemperaturen unter —6° C. noch Zusatzkessel vorhanden, die aber nur selten in Betrieb genommen werden müssen. Besonders hat mich aber die Bemerkung auf Seite 17 der „Richtlinien" hier gereizt, „daß Maschinenfabriken für Dieselmotoren mit der Temperatur des Kühlwassers nicht gern höher gehen als 75° C". Es sind nicht nur 95, es sind 105° C erreicht worden, und zwar ist das leicht möglich, denn es ist dadurch noch kein Dampf erzeugt worden, weil auf dem Wasser der Druck der Wassersäule von 25—30 m lastet. Also kann man höher gehen, und wir müssen auch höher gehen, wenn wir mit Warmwasser heizen wollen; und ich glaube, von Herrn Prof. Nägle-Dresden werde ich unterstützt werden in der Behauptung, daß die Erhöhung der Kühlwasser-Ablauftemperatur sogar noch den Wirkungsgrad des Dieselmotores erhöht. Gerade bei Warmwasserheizungen, wie in Schwerin, ist ja die Regelung der Wärmemenge eine ganz besonders günstige; gerade durch die Temperatur des Warmwassers kann man ja eine bessere Regelung erzielen als das bei Dampf möglich ist. Es ist darauf hinzuweisen, daß man bei milder Witterung am meisten sparen kann und unter Umständen schon mit 45° bequem auskommen kann, so daß, wenn man bis 100° gehen kann, für normale Warmwasserheizungen ein großer Spielraum gegeben ist.

Erwähnen möchte ich noch die Verwendung von Gas als Heizmittel. Es ist viel dafür und dagegen gesprochen worden. Vorläufig mag der Gaspreis in vielen Fällen den Ausschlag dafür geben, daß man das Gas zur Fernheizung noch nicht verwendet. Wir wollen uns aber mal hineinversetzen in spätere Zeiten. Wer hat z. B. vor 20 Jahren an die Entwickelung des Rundfunks gedacht? Ich glaube, wenn wir in weiteren 20 Jahren die restlose Vergasung bei den Gaswerken richtig ausgebildet haben, werden wir die Gaserzeugung, der Menge nach, auch vergrößern und dadurch den Gaspreis herabdrücken können, so daß die Verwendung von Gas zu Fernheizzwecken noch einmal wirtschaftlich wird. (Beifall!)

Obering. Wilhelm Bloess (schriftlicher Beitrag): Die Entstehung des Städtischen Heizwerkes in Schwerin ist der Anregung und Mitwirkung des Herrn Hintze, Direktor des Städtischen Elektrizitätswerkes Schwerin i. Mecklenburg zu verdanken.

Im Schweriner Elektrizitätswerk wird die Antriebskraft zu den Generatoren ausschließlich von Dieselmaschinen hervorgebracht, und zwar von 4 stehenden M.A.N.-Dieselmotoren von je 800 PS und 2 Dieselmaschinen liegender Bauart von je 350 PS der Körting A.-G.

Die mittlere Tagesbelastung des Werkes beträgt etwa 1200 kW, die Belastung während der Nacht von 11 Uhr abends bis 6 Uhr morgens ca. 100 kW und die Spitzenbelastung 2000—2200 kW.

Das Kraftwerk liegt ca. 700 m vom Mittelpunkt der Stadt (am Spieltordamm), wo der Pfaffenteich an den um etwa 1,2 m tiefer gelegenen Ziegelsee grenzt.

Das Kühlwasser zum Kühlen der Dieselmotoren wurde seinerzeit dem Ziegelsee entnommen und nach Gebrauch in diesen zurückgeleitet.

Die im Kühlwasser enthaltene Wärme von stündlich 720000 WE wurde dabei verloren, ebenso die in den Abgasen enthaltene Wärme — also im ganzen 1000000 Kalorien in der Stunde.

Bei der wachsenden Beanspruchung des Kraftwerkes war vorauszusehen, daß nach wenigen Jahren mit einer mittleren Tagesbelastung von ca. 2000—2400 kW zu rechnen gewesen wäre, wobei eine Abfallwärme von stündlich 2000000 kcal abzutöten gewesen sein würde, falls bis dahin eine Abwärmeverwertungsanlage nicht geschaffen worden wäre.

Herr Direktor Hintze konnte es schon seinerzeit nicht verschmerzen, daß ihm so viel schönes, warmes und an sich reines Kühlwasser unausgenutzt verlorenging, doch mußte er einsehen, daß bei der verhältnismäßig niedrigen Temperatur nicht viel mit dem warmen Wasser angefangen werden konnte, weshalb er sich nach Anlagen umsah, die für Verwertung von warmem Kühlwasser bereits ausgeführt waren.

Eine solche Anlage fand Herr H. in dem gleichfalls mit Dieselmaschinen betriebenen Kraftwerk an der Holtenauer Schleuse in der Nähe von Kiel, in dem das Kühlwasser zur Heizung benutzt wird.

Bei Besichtigung dieser Anlage mußte Herr H. sich davon überzeugen, daß der hier eingeschlagene Weg zur Verwertung der Kühlwasserwärme nicht der richtige war. Das Gebäude war trotz der außerordentlich zahlreich vorhandenen Heizkörper auf eine erträgliche Temperatur nicht zu erwärmen; dies war darauf zurückzuführen, daß die Heizkörper mit dem von den Dieselmaschinen abfließenden Kühlwasser gespeist wurden, dessen Temperatur bei der beibehaltenen Kaltwasserkühlung für den beabsichtigten Zweck viel zu tief lag.

Herr Direktor H. ging nunmehr den Versuchen nach, die Herr Professor Nägle, Dresden, an Kruppschen Dieselmaschinen mit Heißwasserkühlung angestellt hatte, um festzustellen, wieweit auf diesem Wege eine Verminderung der Materialspannungen in den Zylindern erzielt werden könne.

Bei diesen Versuchen ergab sich, daß die Heißwasserkühlung die Maschinen selbst in keiner Weise nachteilig beeinflußt, im Gegenteil, den Wirkungsgrad der Maschinen sogar etwas erhöht.

Um festzustellen, ob und wieweit eine Heißwasserkühlung auch bei den Dieselmaschinen im Elektrizitätswerk Schwerin, unbeschadet der von den Lieferfirmen seinerzeit übernommenen Garantie für einen einwandfreien Gang der Maschinen, anwendbar sei, wurden an beide Firmen — an die M.A.N. und an die Körting A.-G. — entsprechende Anfragen gerichtet. Die M.A.N. verhielt sich zur Heißwasserkühlung zunächst ablehnend, stimmte aber später vorbehaltlos zu, während die Firma Körting einen grundsätzlich ablehnenden Standpunkt einnahm.

Herr Direktor H. wollte nun praktische Versuche mit der Heißwasserkühlung an den Dieselmaschinen seines Elektrizitätswerkes vornehmen. Sein Maschinenmeister, der die hierzu nötigen Einrichtungen herstellen sollte, erklärte ihm kurzweg, daß derartige Versuche nicht mehr nötig seien, denn die Temperatur des abfließenden Kühlwassers sei infolge Versehens bei der Bedienung bereits mehrfach bis über 100° C gestiegen, bei welcher die Maschinen einwandfrei und ohne Schaden gearbeitet hätten. Der Zufall wollte es, daß dies besonders bei den Körtingschen Maschinen der Fall war.

Der Weg zur Anwendung der Heißwasserkühlung war damit geebnet und das Kühlwasser infolge seiner erhöhten Temperatur zum leicht verwertbaren Produkt gemacht.

Eine Verwertung der rückgewonnenen Wärme konnte nur in der Zentralheizung gefunden werden, und zwar in verhältnismäßig vom Kraftwerk entfernt liegenden Gebäuden. Absatzgebiete in der Nähe des Kraftwerkes waren nicht vorhanden.

Da als Wärmeträger ausschließlich Kühlwasser in Frage kam, war damit eine Warmwasserfernheizung selbstverständlich geworden.

Für die Wärmebelieferung konnten auch nur solche Gebäude in Betracht kommen, die eigene Warmwasserheizungen bereits besaßen. Derartige Gebäude — in der Hauptsache Bank- und Geschäftshäuser, teilweise auch Privathäuser — befinden sich zum größten Teil im Innern der Stadt, in einer Entfernung von 700 bis 1100 m vom Kraftwerk, so daß lange Rohrleitungen zu ihrer Verbindung mit dem Kraftwerk angelegt werden mußten.

Nach erfolgtem Vertragsabschluß mit den Wärmeabnehmern und Bereitstellung der Mittel zur Errichtung des Fernheizwerkes erhielt die Fa. David Grove A.-G., Berlin, den Auftrag, einen Ausführungsplan aufzustellen und das Werk auszuführen.

Um die gestellte Aufgabe richtig zu lösen und Wärmeverluste aus dem Kühlwasser möglichst zu verhüten, mußte eine bisher noch niemals durchgeführte und daher nicht erprobte Zylinderkühlmethode angewandt werden, nach der das Kühlwasser in geschlossenem Ring durch die Heizungen und die Zylinderkühlkammern der Dieselmaschinen mit Hilfe von Umwälzpumpen zirkuliert. Dieses hatte zur Voraussetzung, daß die Dieselmaschinen für Kühlwasser (Rücklaufwasser der Heizung), dessen Temperatur etwa 60° C beträgt, aufnahmefähig waren. Mit Hilfe der vorhandenen Kolbenölkühlung sowie zentraler Preßschmierung wurde dies auch einwandfrei ermöglicht.

Die Zylinderkühlkammern übernehmen somit die Rolle von Wassererwärmern, denen das Wasser mit maximal +60° C zufließt und die es mit +80° C verläßt.

Eine Gefahr für die Dieselmaschinen ist bei dieser Kühlmethode nicht vorhanden, weil stets ein und dasselbe Wasser im System zirkuliert und infolgedessen eine Bekrustung der Kühlkammerflächen nicht stattfindet.

Die Temperaturdifferenz von nur 20° C (80 — 60°) zwischen dem zu- und abfließenden Kühlwasser bedingt zur normalen Zylinderkühlung eine Wassermenge von ca. 30 kg pro PS_e St.

Nachdem das Heizwasser in den Kühlkammern auf 80° C sich erwärmt hat, durchfließt es die im Kellergeschoß aufgestellten Abhitzekessel, in denen eine Nachwärmung des Umlaufwassers durch die Ausschubgase bis auf 87° C erfolgen kann.

Mit dieser Temperatur verläßt das Wasser das Kraftwerk, um durch Fernleitungen den zu beheizenden Gebäuden zugeleitet zu werden. Nach Abgabe seiner Wärme, d. i. auf ca. 62° C abgekühlt, wird das Heizwasser durch eine besondere Rückleitung in ununterbrochenem Kreislauf zu den Dieselmaschinen zurückgeführt. Jede Dieselmaschine hat ihren eigenen Abhitzekessel erhalten, der so eingerichtet ist, daß man in demselben auch Dampf erzeugen kann, wenn der Abhitzekessel zur Warmwasserheizung nicht benutzt werden soll (gegebenenfalls im Sommer).

Die Temperatur der Ausschubgase beträgt beim Eintritt in die Abhitzekessel etwa 290—300° C, beim Austritt ca. 120° C.

Wie eingangs erwähnt, ist das Kraftwerk nun während der Tagesstunden mit etwa 1200 kW belastet, die Spitzenleistung von 2200 kW mit 2 400 000 WE/St. Abfallwärme fällt auf die Zeit zwischen 4 bis 7 Uhr abends.

Die Heizungsanlagen weisen ihren Höchstwärmebedarf des Morgens von 5 bis 8 Uhr auf, d. i. während der Anheizzeit — etwa 2 600 000 kcal.

Die Zeit der intensivsten Wärmeproduktion fällt mit der des Hauptwärmebedarfs nicht zusammen. Um einen Ausgleich herbeizuführen, sind im Kraftwerk 2 Wärmespeicher von je 50 000 l Wasserinhalt bei ca. 2,6 m Durchmesser und 10 m Länge aufgestellt. Die Behälter sind mit 3 cm starken Korkplatten auf 10 mm starkem Kieselgurunterstrich isoliert. Im Wasser dieser Behälter wird der während des Tagesbetriebes sich bildende Wärmeüberschuß gespeichert, was durch Wasseraustausch nach dem Umwälzverfahren geschieht. Während der frühen Morgenstunden, d. i. während der Anheizdauer, zirkuliert der Speicherinhalt durch die Heizungsanlagen der angeschlossenen Gebäude zusammen mit dem Wasser, welches die Kühlkammern der Dieselmaschinen und die Abhitzekessel durchfließt. Der Temperaturverlust in den Wärmespeichern von 10 Uhr abends bis 6 Uhr morgens beträgt 1 ° C.

Um bei geringer Wärmeabnahme zu verhüten, daß das Kühlwasser mit höherer Temperatur als + 60 ° C den Kühlkammern zufließt, ist im Kraftwerk in die Rücklaufleitung der Heizung ein selbsttätig wirkender Umschaltapparat eingebaut, der bei Temperatursteigerung über 60 ° C einen Teil des Rücklaufwassers nach einem Rückkühler überleitet, in dem dieses abgekühlt wird.

Im weiteren Verlauf wird das abgekühlte Wasser durch einen Mischapparat der Rückleitung wieder zugeführt, und zwar in einem derartigen Mischungsverhältnis, daß die angestrebte Temperatur des Rücklaufwassers von 60 ° C nicht überschritten wird.

Für die Ausdehnungsmöglichkeit des Wassers ist durch ein offenes, entsprechend großes Ausdehnungsgefäß gesorgt, welches in 20 m Höhe im Kraftwerk Aufstellung gefunden hat.

Zum Umwälzen des Wassers dienen 2 Pumpenaggregate mit direkt gekuppelten Gleichstrom-Elektromotoren, von denen das eine 90 000 l und das andere 50 000 l Wasser in der Stunde fördert. Die größere Pumpe ist des Morgens kurzfristig während der Anheizdauer, die kleinere während des Beharrungszustandes im Betriebe. Die große Pumpe erfordert einen Energieaufwand von rund 16 kW, die kleinere einen solchen von rund 8 kW.

Sämtliche Apparate und Maschinen innerhalb des Werkes sind durch Wechselschieber im Nebenschluß der Hauptumwälzleitung hintereinandergeschaltet derart, daß jede beliebige Ein- und Ausschaltung eines der Apparate ohne Gefahr für diese selbst mit einem Handgriff vorgenommen werden kann.

Außer den Apparaten zur Ausnutzung der Abfallwärme sind im Kraftwerk 2 Warmwasserheizkessel von je 40 qm Heizfläche für Koksfeuerung aufgestellt und in den Heizring eingeschlossen. Diese Kessel haben den Zweck, an Sonn- und Feiertagen, an denen die Maschinen des Kraftwerkes schwach belastet sind und die Abfallwärme unzureichend ist, die Heizung zu unterstützen. Ein Anheizen der Hilfskessel ist nur in seltenen Fällen notwendig und auch nur dann, wenn eine geringe Maschinenbelastung auf einen besonders kalten Feiertag fällt.

Die Fernleitungen zwischen dem Kraftwerk und den angeschlossenen Gebäuden bestehen aus patentgeschweißten Siederöhren, die im Röhrenwerk in Längen von 14 m hergestellt und in Geländekanälen verlegt, in Strecken von je 84 m Länge autogen aneinandergeschweißt sind. Demnach entfällt auf je 84 m Rohrstrecke eine Flanschenverbindung.

Der Probedruck, dem die Rohrleitung unterworfen wurde, war auf 20 Atm bemessen. Die Röhren sind auf Kugelschlitten gelagert, deren Kugeln auf gußeisernen, in die Sohle der Kanäle einbetonierten Platten rollen. Als Längenausgleicher haben Rohrfedern in Posthornform Verwendung gefunden, die die Fernleitungen stets im gespannten Zustande halten.

Die Fernleitungen sind durch eine 40 mm starke Isolierung aus Kieselguhrmasse mit Bandage und Anstrich gegen Wärmeverluste geschützt. Die Wärmeverluste der Fernleitung haben sich als äußerst gering erwiesen und betragen nach vorgenommener Messung bei der ca. 2000 m langen Außenleitung und 50 000 l Wasserumlauf 2° C bei —10° C außen (an den Umwälzpumpen gemessener Temperaturunterschied zwischen Vor- und Rücklaufwasser bei ausgeschalteter Gebäudeheizung).

Die stündliche Geschwindigkeit des Wassers in der Fernleitung beträgt während der Anheizdauer 1,25 m und nimmt mit der Länge der Rohrstrecke bis auf 0,8 m ab; während des Beharrungszustandes ist $v = 0,8$ m/Sek.

Die Kanäle zur Aufnahme der Fernleitungen sind in ihren Abmessungen möglichst klein gehalten. Der größte Querschnitt derselben beträgt 60 cm in der Breite und 35 cm in der Höhe (i. Lichten), der kleinste Kanalquerschnitt ist mit 30 cm Breite und 25 cm Höhe i. L. bemessen. Die Kanäle selbst wurden aus Stampfbeton hergestellt mit 8 bis 10 cm starken Seitenwänden und Sohle und mit 10 bis 12 cm starker Abdeckung. Letztere besteht aus einzelnen Betonplatten mit Eiseneinlage und Falzdichtung mittels Zementabstriches. Gegen Eindringen von Feuchtigkeit sind die Seitenwände von außen mit heißem Gudron gestrichen, und die Decke ist mit Dachpappe abgedeckt. Die Sohle der tiefstgelegenen Kanäle befindet sich 0,5 m über dem höchsten Grundwasserstand, die Oberkante der Kanaldecke 0,5 m unter Geländeoberkante.

Die Anschlußrohrleitungen nach den Häusern der Wärmeabnehmer sind in sogenannte Stichkanäle verlegt worden und innerhalb der Gebäude mit Thermometern und Absperrschiebern versehen. Kurze Anschlußrohre zwischen den Absperrschiebern und den bestehenden Gebäudeheizungen vermitteln den Wasser- bzw. Wärmeaustausch.

Die Wärmeabnehmer haben zum Teil ihre bisherigen Kessel beibehalten und so eine Reserve zur Verfügung für ganz außergewöhnliche
Fälle, wie Generalstreiks oder ähnliche.

Die Montage des Fernheizwerkes wurde im Juni 1924 begonnen, und
am 1. November 1924 konnte die Anlage in Betrieb gesetzt werden.
Seit dem Tage der Inbetriebsetzung arbeitet das Heizwerk ohne Unter-
brechung. Mängel irgendwelcher Art haben sich bisher nirgends gezeigt.

Zur Zeit erhalten 9 Gebäude ihre Heizung vom Kraftwerk, und zwar
mit einem Anschlußwert von 1 200 000 WE im Beharrungszustande,
5 weitere Gebäude sind für den nächsten Anschluß vorgemerkt.

Das Werk ist in der Lage, bis zu 2 750 000 WE/St. im Beharrungszustande bzw. 3 500 000 WE während der Anheizdauer abzugeben.

Die Verrechnung mit den Wärmeabnehmern erfolgte bisher nach
dem jährlichen, mittleren Koksverbrauch der Abnehmer — nach Maß-
gabe der dem Anschluß vorausgegangenen Jahre —, doch soll eine ge-
nauere Berechnung eingeführt werden, sobald einwandfrei registrierende
Wärmezähler an den Markt kommen.

Die Erstehungskosten des Fernheizwerkes betragen ca. 150 000 M.
einschließlich der Fernkanäle und die jährlichen Einnahmen aus ver-
kaufter Wärme zunächst etwa 30 000 M.

Es dürfte sich diese Summe nach dem Anschluß weiterer Wärmeabnehmer erheblich erhöhen, da vom städtischen Elektrizitätswerk in
diesem Jahr ein weiterer Anschluß von 100% geplant ist, ohne daß
dem Werk irgendwelche Mehrkosten entstehen. Eine weitere Erhöhung
der Einnahmen dürfte eintreten, wenn für die Sommermonate ein Absatzgebiet für die Abfallwärme geschaffen worden ist.

Mit der Errichtung des Schweriner Fernheizwerkes war nicht eine
seinerzeit vielfach angestrebte Städteheizung beabsichtigt, wohl aber eine
gute Ausnutzung des für das Kraftwerk aufgewendeten Brennstoffes,
eine Aufgabe, die in einwandfreier Weise gelöst worden ist. Vor Errichtung der Fernheizung betrug der Ausnutzungswert des Brennstoffes
31,5% und nach der Inbetriebnahme der Fernheizung 33 + 38 = 71%.

Dipl.-Ing. Otto Ginsberg, beratender Ingenieur, Hannover: Die
Gestaltung unserer Zentralen für Städteheizung wird wesentlich davon
abhängig sein, unter welchen Gesichtspunkten wir sie entwerfen. Es
wird eine Zeit kommen, wo es einfach zum Zeichen einer gewissen Wohl-
habenheit gehört, an ein Städteheizwerk angeschlossen zu sein, und wo
man die armen Leute bedauern wird, die noch gezwungen sind, in ihrem
Haus einen Gliederkessel zu feuern. Wenn wir so weit gekommen sind —
und die Zeit wird kommen —, dann spielen die Kosten eine ganz unter-
geordnete Rolle, genau so, wie es heute eine verhältnismäßig geringe
Rolle spielt, ob bei der Beleuchtung der Strom etwas teurer oder etwas
billiger ist. Es wird eben einfach Strom genommen, weil die Anlage

soviel bequemer und einfacher ist, daß man glaubt, ohne diese nicht leben zu können. So wird es auch mit der Fernheizung werden. Heute sind wir noch nicht soweit, und heute müssen wir darauf sehen, in möglichst wirtschaftlicher Weise auszukommen. Bis jetzt ist immer nur davon gesprochen worden, daß wir den Dampf vom Kessel mit direkter Feuerung verwenden müssen, ihn entweder durch Kraftmaschinen oder unmittelbar in die Verteilung hineinschicken oder zur Erzeugung von Warmwasser verwenden müssen, und selbstverständlich werden solche Anlagen immer ein sehr großes Feld haben. Wir sollten uns aber bei der Anlage von Fernheizungen davor hüten, vorhandene Anlagen mit aller Gewalt erhalten zu wollen, obwohl sie vom Standpunkt des bisherigen Besitzers, z. B. des Elektrizitätswerkes, schon ausgedient haben. Solange wir mit aller Gewalt alte Anlagen erhalten wollen, kommen wir zu Verhältnissen, die ähnlich sind, wie ich sie am Anfang der Tagung für Hamburg beleuchtet habe, wo wir rechnungsmäßig zwar noch einen Gewinn herauswirtschaften können, wo wir aber tatsächlich durch die Stillegung unter Umständen wesentlich größere Gewinne erzielen können. Ich weise besonders auf den Begriff des entgangenen Gewinns durch Erhaltung der Werke hin. Durch Übertragung der Erzeugung auf eine große Zentrale können wir unter Umständen viel mehr herauswirtschaften als durch Erhaltung eines veralteten Werkes; vor allem wird das dann zutreffen, wenn das Werk eine schlechte Kesselanlage hat, und nach den Darlegungen, die wir gehört haben, ist die Hamburger Anlage derart, daß wir sagen müssen, es ist bedauerlich, daß die Kesselanlage nicht vollständig herausgerissen worden ist. Wie es bei den anderen Anlagen ist, wissen wir nicht, wir haben leider bisher noch keine zuverlässigen Angaben bekommen. Solange wir keine einwandfreien Ergebnisse über den Betrieb der verschiedenen Ausführungen haben, werden wir mehr oder weniger auf Vermutungen angewiesen sein, und ich möchte doch davor warnen, gar zu leichtsinnig mit diesen Rechnungen umzugehen und gar zu willig Vorteile herauszurechnen, die sich nachher vielleicht nicht bewahrheiten.

Erst der letzte Herr Redner hat auf die Schweriner Anlage hingewiesen, bei der eine Dieselmotorenanlage dazu verwendet worden ist, um eine größere Gruppe von Heizungen mit Warmwasser zu versorgen. Diese Art von Anlagen werden meiner Ansicht nach in Zukunft eine viel größere Rolle spielen, als wir bis jetzt angenommen haben, vor allem dann, wenn auf dem Wege, den gerade der letzte Herr Redner erwähnt hat, kräftig weitergegangen wird, wenn die Heißkühlung der Maschinen — es können ebensogut Gasmaschinen oder andere Verbrennungsmotore sein — in viel größerem Umfange vorgenommen wird als bisher. Schon vor dem Kriege ist eine größere Gasmaschinenanlage mit solcher Heißkühlung versehen worden. Dort hat man das Kühlwasser nicht dazu verwendet, um Heizungen zu versorgen, sondern das Wasser unter Druck stark überhitzt, dann an einer anderen Stelle eine Entlastung vorgenommen und auf diese Weise Niederdruckdampf erzeugt, der in Niederdruckdampfturbinen mit Kondensation zur Kraftgewinnung verwendet wurde. Es sind damit recht gute Erfolge erzielt worden, und wir werden es den Erbauern von Verbrennungskraftmaschinen recht oft vorhalten müssen. Es ist festgestellt worden, daß die Maschinen mit der hohen Wassertemperatur günstiger arbeiten, als sie vorher mit niedriger Wassertemperatur gearbeitet haben.

Eine wesentliche Bedingung für den Betrieb ist selbstverständlich die, daß bei solchen Heißkühlungen unter allen Umständen dem Zylinder die nötige Wärme entzogen wird, denn wenn das nicht geschieht, so entstehen innere Schäden, die den ganzen Betrieb unmöglich machen. Wir müssen unter allen Umständen die beabsichtigte Wärmemenge mit Sicherheit abführen. — Nun wissen wir ganz genau, daß in Heizanlagen der Wärmebedarf ein wechselnder ist. Wenn wir die Anlage so einrichten, daß bei bestimmter Witterung die ganze Wärme gerade in die Heizung hineingeht, so wird bei milderer Witterung ein Überschuß von Wärme zurückbleiben, und wir müssen dann ein unbedingt sicher wirkendes Mittel haben, um diesen Überschuß an Wärme in irgendeiner Weise zu vernichten. Wir müssen uns damit abfinden, daß dann ein Teil der Abwärme verlorengeht. Aber wir können diesen Verlust verschmerzen, denn wir haben immer noch den Teil der Abwärme gerettet, der sonst auch verloren gewesen wäre, und für einen großen Teil des Jahres gewinnen wir die ganze Abwärme.

Wir müssen diese überschüssige Abwärme auf irgendeine Weise vernichten, aber nicht so, daß wir nun etwa kaltes Wasser zur Kühlanlage, zusetzen, sondern wir müssen, um Kesselsteinablagerungen im Kühlmantel zu verhindern, immer dasselbe Wasser hindurchschicken. Dazu müssen wir eine Pumpenanlage und eine besondere Kühlvorrichtung haben, die entweder von dem bedienenden Maschinisten oder besser noch durch einen selbsttätigen Regler so geschaltet wird, daß unter allen Umständen, gleichviel, wie die Entnahme in der Heizung ist, in der Maschine die volle Wärmeleistung erzielt wird.

Wir haben noch andere Möglichkeiten für die Ausbildung der Wärmezentrale. Ein Herr hat schon darauf hingewiesen, daß uns beispielsweise in den Gaswerken ganz ungeheure Mengen Abwärme zur Verfügung stehen. Diese ist bis jetzt noch sehr wenig ausgenutzt worden. Die Einrichtungen zur Erfassung der Wärme sind aber ziemlich kostspielig, und es ist in jedem einzelnen Falle sorgfältig zu untersuchen, ob die Kosten nicht zu groß werden, um eine solche Erfassung zu rechtfertigen. Die Kosten der Erfassung gehen mitunter so weit, daß es sich nicht einmal lohnt, die Wärme aufzufangen, um sie im Gaswerk selbst wieder zu verwenden. Aber die Anlagen, die nur kurze Entfernungen aufweisen und die infolgedessen geringe Aufwendungen für Verteilung und Ausnutzung erfordern, werden doch eine größere Rolle spielen, wenn wir zur Wärmefernversorgung übergehen wollen. Jedenfalls gibt es eine Reihe von Fällen, wo diese Kosten noch gern getragen werden, wo wir noch mit wirtschaftlichen Anlagen rechnen können. Es ist das wieder eine von den Aufgaben, die nicht allgemein gelöst, sondern von Fall zu Fall untersucht werden müssen

Wir haben weiter in vielen Fällen industrielle Öfen, von denen große Mengen von Wärme in die Luft gehen. Die Erfassung dieser Abwärmemengen ist im allgemeinen viel leichter und wirtschaftlicher durchzuführen als die der Gaswerke, da wir bei industriellen Öfen oft sehr viel höhere Temperaturen haben. Nehmen Sie z. B. die Öfen der Eisenwerke, wo Temperaturen von über 1000° in Frage kommen; daß Sie damit recht wirtschaftlich arbeiten können, das leuchtet wohl ohne weiteres ein, wenigstens wenn man mit der Abkühlung dieser heißen Gase auf das richtige Maß geht. Welches Maß das richtige ist, ist allgemein nicht zu sagen, sondern das muß man von Fall zu Fall prüfen. Es gibt Feuerungen, bei denen man ohne weiteres bis auf 150° heruntergehen kann, andere, wo man besser mit 200 bis 300° rechnet. Bei der Verwertung dieser Wärmemengen spielt auch wieder die Lage der Verwendungsstellen eine sehr große Rolle. Wenn Sie ein solches Werk in 10 km Entfernung haben, so glaube ich kaum, daß es möglich sein wird, eine wirklich wirtschaftliche Anlage zu erzielen; da wird es richtiger sein, die Wärme ins Freie gehen zu lassen. Aber Vorsicht und immer untersuchen!

Über die Ausführung der Zentralen, über das System, ist wenig gesagt worden. Gestern hat Herr Brockmann die Frage der Verteilung angeschnitten. Wir werden häufig gut tun, den Dampf unmittelbar bis zu den einzelnen Verbrauchsstellen zu leiten, wir können aber in anderen Fällen besser fahren, wenn wir den Dampf in der Zentrale dazu verwenden, um Warmwasser zu erzeugen, auf gewisse Strecken fortzuleiten oder für diesen Zweck Unterzentralen einrichten.

Untersuchungen, welche Ausführungsart am vorteilhaftesten ist, müssen in jedem einzelnen Falle erfolgen.

Es wurde dann noch auf das Gas als Wärmeträger hingewiesen. Das Gas besitzt besonders im Ruhrgebiet und in den anderen Kohlenbezirken eine ganz besondere Bedeutung, aber das, was der Herr Redner hier beschrieben hat, ist eigentlich nicht eine Städteheizung in dem Sinne, wie wir sie hier betrachtet haben, sondern eine Fernversorgung mit Brennstoff. Wir bekommen dabei immer wieder Einzelheizungsanlagen mit einzelnen Feuerstellen. Ob wir damit kulturell sehr viel gewinnen, das möchte ich noch bezweifeln. Sicher ist, daß wir wirtschaftlich durch vollständige Entgasung bzw. Vergasung der Kohlen und durch Weiterleitung des Gases anstatt der festen Brennstoffe mancherlei erzielen können. Wir können vor allem durch die Gewinnung wertvoller Nebenprodukte wirtschaftliche Erfolge erzielen, wir können weiter unsere

Straßen und Beförderungsmittel wesentlich entlasten, und können schließlich an einzelnen Feuerstellen auch eine viel bessere Verbrennung durchführen, denn Gas läßt sich leichter vollständig verbrennen als irgendein fester Brennstoff. Aber es ist das eine Fernbrennstoffversorgung mit Einzelfeuerung, nicht eine Fernheizung in dem Sinne, wie wir sie behandeln wollen. Wir müssen sie immer in den Bereich unserer Betrachtungen ziehen, denn auf diese Weise können wir die zentrale Versorgung mit Wärme volkstümlicher machen und damit der Allgemeinheit dienen. (Beifall.)

Obering. Kloos-Braunschweig: Die Anschlußfrage und ihre Kosten spielen eine wesentliche Rolle. Denn diese Kosten haben sich oft in der Praxis als höher herausgestellt, als man ursprünglich dachte. Die Anlage selbst kann man leider nicht standardisieren, wohl aber kann man Ersparnisse dadurch machen, daß man mehrere, namentlich kleinere Häuser, zu einem einzigen Anschluß zusammenfaßt. Das haben wir in Braunschweig im ersten Ausbau nicht getan, wohl aber mit Erfolg im zweiten Ausbau: Wir führen jetzt die Dampfabzweigleitung nach dem günstigst gelegenen Hause über ein Reduzierventil nach einem Verteiler und zweigen dort nach den einzelnen Häusern ab, oder je nach den örtlichen Umständen vom Verteiler nach den einzelnen Häusern und reduzieren erst dort. Sämtliche Häuser bekommen dann eine gemeinsame Pumpenstation. Ich möchte Sie bitten, auf diesen Punkt aufmerksam zu sein, da dadurch die Anschlußmöglichkeit steigt. Es ist selbstverständlich ein Unterschied zu machen zwischen Anschluß einer Dampfheizung und Anschluß einer Warmwasserheizung, da, wie ich schon früher ausführte, der Anschluß einer Warmwasserheizung durch die Gegenstromapparate teurer als ein Anschluß für Dampf kommt. Jeweilig muß man ausrechnen, was den betreffenden Interessenten der Anschluß kostet mit Bezug auf seinen Betrieb.

Bei der Werbung derartiger Abnehmer darf man nicht falsche Erwartungen nähren; denn ich habe schon darauf hingewiesen, daß Abnehmer mit einem kleinen Anschlußwert nicht so große Vorteile durch den Anschluß an das Fernheizwerk haben wie große Abnehmer oder Gebäude mit Tag- und Nachtbetrieb, wie z. B. Post, Bahnhöfe, Feuerwehrgebäude usw.

Um auf die Anschlußanlagen selbst einzugehen, so will ich nur die wichtigsten Teile hervorheben, nämlich vor allem das Reduzierventil. Wir wollen uns klar sein, ein richtiges, ideal arbeitendes Reduzierventil, d. h. ein solches, welches unter allen Umständen sicher und störungsfrei arbeitet, haben wir noch nicht. (Widerspruch.) Irgendwo hapert es immer, und zwei Ventile von ein und derselben Firma, mögen sie von genau derselben Konstruktion und denselben Abmessungen sein, arbeiten manchmal sogar noch verschieden.

Ich schlage vor, gerade über diese wichtige Sonderkonstruktion einmal eine Zusammenstellung zu machen bezüglich der Betriebserfahrungen, um festzustellen, welche Konstruktion am betriebssichersten gewesen ist. Denn auf die Ausführungen der Vertreter der Konstruktionsfirmen können wir nichts geben. (Sehr richtig!)

Weiterhin, meine Herren, und darüber wollen wir uns ganz klar sein, der empfindlichste Punkt im ganzen Fernheizwerksbetriebe ist die Entwässerungsstation. Denn gerade bei ihr liegt die Möglichkeit der Betriebsstörungen. Bei der Entwässerung arbeiten wir nach dem Schwersystem, d. h. wir sammeln an den tiefst gelegenen Punkten das anfallende Kondenswasser und drücken es durch eine mittels Schwimmer betätigte Pumpe durch die Kondenswasserleitung in die Zentrale zurück.

In der Praxis stellte es sich heraus, daß beim Versagen der Pumpe das rücklaufende Kondenswasser die Anschlüsse überschwemmte. Rückschlagklappen waren oft trotz bester Ausführungen durch zwischengesetzte kleine, nicht vermeidbare Fremdkörper undicht. Die Folgen waren manchmal, daß die Pumpen fortwährend liefen. In diesem wichtigen Punkt, meine Herren, müssen wir uns mit unseren Erfahrungen gegenseitig helfen. Die Pumpen selber arbeiten wohl betriebssicher, wohl aber versagen mitunter außer den eingebauten Rückschlagklappen die Schnappschalter mit ihrer Möglichkeit des leichten Erdschlusses. Denn der Raum, in dem die Pumpen stehen, ist meistens feucht. Verlegen Sie möglichst die elektrischen Zuleitungen in Gummiadern oder Kabel, und schalten Sie zwischen Schalter und Motor ein Relais, um den Stoß des Anzugsmomentes aufzufangen. Denn wir haben festgestellt, daß zu schwache Sicherungen ohne Relais sofort durchschmolzen oder bei einer übernormalen Sicherung die Motoren derartig überlastet wurden, daß sie beim Einschalten durchschlugen.

Zurückgreifend möchte ich auf die Kosten der Kanäle selbst zu sprechen kommen. Denn ich habe vergessen, Ihnen einige Zahlen über die Betonkanäle in gewöhnlicher Ausführung, also im grundwasserfreien Gelände, vor allen Dingen bei großen Abmessungen, zu nennen. Die bautechnischen Kosten eines Kanalprofils von ungefähr 800 mm horizontal und 900 mm vertikal in lichten Maßen belaufen sich auf ungefähr 100—120 M. je laufenden Meter. Es hängt dieses natürlich von den ortsüblichen Lohnsätzen usw. ab. Außerdem von der Tiefenlage des Kanals unter der Oberfläche und von der Straßendecke. Die genannten Kosten von 100—120 M. enthalten jedoch sämtliche Unkosten für die Baugrube selbst, also Ausschachtung und Aussteifung nebst Abfuhr des überflüssigen Erdreiches, Ausführung des Kanalkörpers selbst und Wiederherstellung der Straßendecke, also Kosten, wie einer der Herren Vorredner sie unter „Unvorhergesehenes" gesondert aufgeführt hat. Meine Herren, gerade der Posten „Unvorhergesehenes" ist übrigens ein ganz besonders schwieriges Kapitel. Dafür hatten wir beim ersten Ausbau unseres Fernheizwerkes einige Prozent der laufenden Summe vorgesehen, kamen aber damit nicht aus. Sondern es wurden 30—40% der angesetzten Summe, je nach den Forderungen, die von den für den Straßenbau maßgebenden Behörden gestellt wurden. Diese nahmen natürlich die Gelegenheit wahr, um die Straßendecke in einen besseren Zustand als vorher zu versetzen. So z. B. wurde von uns verlangt, das Pflaster bzw. den Asphalt von der Mitte der Straße, wo der Kanal liegt, bis zu den Bordsteinen wegzureißen und zu erneuern, mit der Begründung, es könnten möglicherweise „Trennfugen" auftreten. Die Straßenbaubehörde selber aber hat jahrelang die Asphaltdecke an allen möglichen kleineren und größeren Stellen geflickt, ohne „Trennfugen" zu befürchten. Auch wegen der im Boden liegenden Gasleitungen entstanden oft Meinungsverschiedenheiten und große Kosten, und meistens wurde verlangt, daß entweder der große Fernheizwerkskanal den kleinen Gasleitungen aus dem Wege zu gehen habe, oder daß die Gasleitungen — natürlich auf Kosten des Fernheizwerks — abseits besonders verlegt werden müßten.

Ich empfehle Ihnen, sich in solchen Fällen möglichst zu widersetzen; denn die Betriebssicherheit der Gasleitungen wird durch den Betrieb des Fernheizwerkskanals in keiner Weise gestört, auch wenn die Gasleitungen in unmittelbarer Nähe des Fernheizwerkskanals liegen. Denn die vom Fernheizwerkskanal ausgehende Wärme pflanzt sich horizontal nur auf kurze Entfernung fort und beeinflußt das Gas nicht mehr. Ähnlich liegen die Verhältnisse für Wasserleitungen: Es ist durchaus unnötig, alle Wasserleitungen, die Sie mit dem Fernheizwerskanal anfahren, zu verlegen. Liegt z. B. der Fernheizwerkskanal tief genug, so kann die Wasserleitung für einen Hausanschluß ruhig im Bogen über den Kanal geführt werden, vorausgesetzt ist natürlich, daß der höchste Punkt der über den Fernheizwerkskanal führenden Wasserleitungen tief genug, also frostsicher liegt. Sollten Ihnen die Einwendungen gemacht werden, daß sich auf diese Weise in der Wasserleitung „Luftsäcke" bildeten, so weisen Sie drauf hin, daß bei einem Wasserdruck von 25 m oder noch mehr derartige Luftsäcke ohne weiteres abschieben würden, eine Tatsache, die Sie ja stets sehen, wenn eine abgestellte Wasserleitung wieder angestellt wird.

Noch einige Worte über die Verwendung alter Maschinenanlagen eines Elektrizitätswerkes für Fernheizwerkszwecke:

Es ist ein Unterschied, ob man diese Anlagen, weil veraltet, als Schrot verkauft, oder ob man noch eine Zeitlang nutzbringende Energie aus ihnen herauszieht. Man kann ja das im Anschluß an diese alte Anlage zu bauende Fernheizwerk so einrichten, daß eine später zu erstellende neuzeitliche Gegendruckturbinenanlage usw. ohne weiteres an den Hauptverteiler angeschlossen werden kann. Wir arbeiten in Braunschweig noch eine gewisse Anzahl von Jahren mit unseren alten Maschinen, um uns das Geld für die späteren neuen Maschinen zu verdienen.

Immer wieder weise ich auf die Notwendigkeit hin und auf den Vorteil, der darin liegt, daß, wie z. B. in Braunschweig, das gesamte Projekt in einer Hand liegt und so Maschinen-, Elektro- und Heizungsingenieure zusammen im gegenseitigen Verständnis arbeiten. Ein Heizungsingenieur vergibt sich nichts, und umgekehrt ein Maschineningenieur nichts, wenn er bei der Planung einer derartigen Anlage seinen Fachgenossen von der anderen Fakultät hinzuzieht.

Um auf die Frage der Gegendruckturbine selbst noch zu sprechen zu kommen:

Zuerst hat man sich von der sogenannten „Brünner-Turbine" etwas zu viel versprochen, was um so eher möglich war, weil die Werbung für die Brünner-Turbine etwas gar zu amerikanisch aufgezogen wurde.

Jetzt sind die Konstruktionen der Gegendruckturbine von seiten aller namhaften Turbinenfirmen in Deutschland so ausgebildet, daß ihr Wirkungsgrad mindestens ebensogut, ja, noch besser als der der Brünner-Turbine ist, und vor allen Dingen ist die Betriebssicherheit größer.

Die Schwierigkeit eines Fernheizkraftbetriebes liegt vor allen Dingen in der Regulierung, welche sich auf den Eintrittsdampf für die Turbine und den Austrittsdampf für das Fernheizwerk, und den elektrischen Teil des Generators, namentlich bei Parallelschaltungen mit anderen Kraftquellen, bezieht. Meine Herren, seien Sie in diesen Punkten recht vorsichtig, denn wir betreten hier Neuland! (Großer Beifall.)

Schilling-Barmen: Zunächst ein paar Worte zu einem Satz, der in dem Heftchen steht zu meiner eigenen Ehrenrettung: Das Kondenswasser der Straßenleitungen wird zweckmäßig in die Gebäude geführt. In Barmen wird dieses Wasser vor dem Wärmemesser eingeführt, der betreffende Abnehmer zahlt also die Straßenverluste unmittelbar selbst. Eine solche Einrichtung kann nicht empfohlen werden, weil dann die der Zentrale am nächsten liegenden Abnehmer verhältnismäßig viel für Straßenverluste zu zahlen haben. Am besten wird dieses Kondenswasser hinter dem Wärmemesser eingeführt, der entsprechende Betrag also auf die allgemeinen Unkosten geschlagen.

Ich möchte dazu sagen, daß es bei uns doch etwas anders liegt. Sämtliche Rohrleitungen werden zu Lasten des Fernheizwerkes entwässert und nur die Rohrverluste, die durch Kondensatanfall der eigenen Hausanschlüsse entstehen, gehen zu Lasten der Hausbesitzer, und zwar soweit es sich um ganz kurze Anschlüsse handelt. Es ist mir vorgeworfen worden, wir wucherten, aber das möchte ich hiermit zurückweisen.

Dann möchte ich die Ausführungen des Herrn Kloos unterstreichen, betreffend die Rückspeiseeinrichtungen bei Städteheizungen. Diese Rückspeiseeinrichtungen — ich benutze dazu dieselben Worte — sind einer der wundesten Punkte. Es sind bewegliche Aggregate, und deshalb muß ich den Wunsch aussprechen, daß man sowenig wie möglich derartige Aggregate anwendet. Ich mußte aber leider vor einiger Zeit feststellen, daß eine Firma, welche Städteheizungen baut, an einer Stelle 4 Rückleitungen schuf, wo man mit einer ausgekommen wäre. An diesen 4 Rückspeiseorganen verdient die Firma natürlich mehr als an einer, aber wir sind doch dafür da, daß wir die Sache richtigstellen. Jedenfalls empfehle ich sowenig wie möglich bewegliche Aggregate; das kostet allerdings mehr Konstruktionsarbeit. Die Konstruktionsarbeiten dieser ausführenden Firma bringen natürlich weniger ein als die vielen Pumpen.

Dann ein paar Worte bezüglich der Absperrorgane. Koll. Kloos hat über die Ventile, die bei den Anschlüssen zur Verwendung kommen, nichts gesagt. Wir haben die verschiedensten Ventile verwendet, z. B. die hier auf dem Tisch stehenden Koswaventile, und ich kann Ihnen mitteilen, daß ich mit diesen die besten Erfahrungen gemacht habe. Ich habe sie vor allem leichter dicht halten können, denn das Dichthalten aller Ventile bereitet in Fernheizwerken Schwierigkeiten. Die Praxis hat gezeigt, daß tatsächlich Ventile von geringem Widerstand sich besser dicht halten lassen. Der geringere Widerstand dieser Ventile wird in dem Augenblick, wo man mit dem Druck in den Straßenleitungen heruntergeht, sehr wünschenswert sein. Ich fühle mich frei davon, um mit anderen Rednern zu sprechen, im Interesse einer Firma zu sprechen, denn soviel ich weiß, werden diese Ventile von mehreren Firmen gebaut. (Beifall.)

Brockmann-Berlin: Wir haben gehört, daß die Hausanschlüsse noch ganz beträchtliche Kosten verursachen, und ich halte daher diesen Teil einer Fernheizung für außerordentlich wichtig, da man gerade bei der Anlage eines Fernheizwerkes dieserhalb mit den Hausbesitzern doch in einige kaufmännische Schwierigkeiten kommt. Sie dürfen versichert, sein, daß der Hausbesitzer, wenn er für seinen Anschluß etwa 3—4000 Mark und mehr zahlen soll, die doch eine solche Umformstation immerhin kostet, heftigen Widerstand leistet, und besonders die Berliner Hausbesitzer. Zuerst sind sie dafür sehr interessiert, sowie es aber Geld kostet, schwindet das Interesse. (Heiterkeit.) Gestern haben wir unter den Braunschweiger Bildern eine sehr schöne Umformstation zu sehen bekommen, wo eine große Kesselanlage von 7—8 Kesseln beseitigt werden konnte und dafür eine Umformstation eingerichtet wurde. Zweifellos war die Vereinfachung des Kesselhauses sehr zu schätzen, aber bei einem Anschluß an eine Fernwasserheizung wird das noch viel einfacher. Meine Herren, wir müssen danach streben, daß wir den Wärmeabnehmern das Leben nicht schwer machen. Wir müssen dafür sorgen, daß wir ihnen Anschlüsse bringen, die mit wenig Kosten verbunden sind. Deswegen müssen wir unser Augenmerk bei der Projektierung von Fernheizungen darauf besonders richten. Bei der Fernwasserheizung sind diese Schwierigkeiten behoben, wir haben da nur eine einfache Zu- und Rückleitung nötig, wodurch ganz minimale Kosten entstehen. Auf diese Weise werden die kaufmännischen Verhandlungen mit den Abnehmern leichter werden. (Beifall.)

Obering. Kloos-Braunschweig: Die Anschlußkosten können auf zweierlei Weise behandelt werden: Entweder liefert das Fernheizwerk den Abnehmern den Anschluß, oder der Anschluß an das Fernheizwerk wird von den einzelnen Abnehmern selbst hergestellt. In beiden Fällen ist, wenn eine Entwässerungs- bzw. Pumpstation auf dem Grundstück des Anliegers stehen muß, diese unter allen Umständen vom Fernheizwerk zu liefern. Für den Fall, daß die Anlage durch das Fernheizwerk ausgeführt wird, empfiehlt es sich, in den Verträgen mit den Abnehmern die Bestimmung aufzunehmen, daß der Abnehmer, trotzdem er den Anschluß bezahlt hat, nicht das Recht haben soll, eigenmächtig über den Anschluß zu verfügen oder diesen zu verändern. Dasselbe gilt, wenn der Abnehmer seinen Anschluß selbst ausgeführt hat. Auf diese Weise erreichen Sie, daß nicht jeder Abnehmer bei irgendeinem kleinen Versager oder aus anderen Gründen selbst oder durch einen Nichtfachmann an der Anlage herumbastelt und damit das sichere Arbeiten gefährden kann.

Der Anschluß selbs besteht im wesentlichen aus der Verbindungsleitung vom Hauptstrang des Fernheizwerks bis zu dem Anschlußraum. Hier kommt für den Fall eines Dampfheizungsanschlusses der Verteiler mit Reduzierventil, Manometer, Entlüftung, Entwässerung, Absperrorganen usw. zur Aufstellung. Bei Warmwasserheizungsanschluß ohne Reduzierventil die Gegenstromapparate, bei denen die beste und solideste Ausführung im Laufe der Zeit die billigste wird. Es empfiehlt sich, bei großen Anlagen stets den für die Anlage benötigten gesamten Wasserraum auf zwei Gegenstromapparate zu verteilen.

Sie wissen selbst, man kann derartige Anschlußanlagen zu ganz verschiedenen Preisen je nach der Güte des zu verwendenden Materials ausführen.

Bei Klagen über die Höhe der Anschlußkosten wurden mir öfter entsprechende Kostenanschläge beliebiger Heizungsfirmen vorgehalten. Aber die verwendeten Apparate waren nicht von der Güte der von uns vorgeschlagenen. Ein Hinweis auf die längere Lebensdauer und das einwandfreie Arbeiten der etwas teureren Apparate zerstreut gewöhnlich die Bedenken der Anzuschließenden. Aber immerhin können Sie diesen Klagen noch dadurch aus dem Wege gehen, daß Sie den Abnehmer den Anschluß von einer guten Heizungsfirma ausführen lassen. Sie müssen sich aber in diesem Falle die Kontrolle und die Abnahme vorbehalten, ganz entsprechend den von einem Elektro-Installateur ausgeführten Installationen. Genau so wie beim Elektro-Installateur viel gepfuscht wird, so wird auch, wie Sie ja selbst wissen, im Heizungsfach außerordentlich viel gesündigt, vor allem dadurch, daß meistens der billigste Kostenanschlag zur Ausführung kommen soll. Dem gehen Sie aus dem Wege, wenn Sie meinen obigen Vorschlag der Kontrolle befolgen, die sich von der Zeichnung ab bis auf die offizielle Abnahme erstreckt.

Ganz ähnlich wie bei den Elektro-Installationen durch unser Elektrizitätswerk haben wir auch beim Anschluß an das Fernheizwerk den Hausbesitzern Verteilung der Anschlußkosten auf mehrere Jahre ermöglicht.

Die Pumpenanlage empfehle ich Ihnen stets selbst zu liefern, schon aus dem Grunde, weil Sie durch geschickte Wahl für sämtliche Anschlüsse mit zwei, höchstens drei Pumpengrößen auskommen und dadurch nur wenige Modelle auf Lager zu halten brauchen. Sie sind so imstande, sofort das gesamte Pumpenaggregat mit einem solchen vom Lager sofort auszuwechseln.

Auch bei der Pumpenanlage empfehle ich Ihnen beste Konstruktion der Pumpe, und vor allen Dingen vollkommen geschlossene, mit der Pumpe direkt gekuppelte Motoren.

Bei der Gewinnung der Abnehmer für den Anschluß an das Fernheizwerk spielt auch der durch Fortfall der Kessel erzielte Raumgewinn in den Kelleranlagen eine erhebliche Rolle. Namentlich für Gebäude wie Warenhäuser u. dgl., bei denen auch die Kellerräume für Lagerzwecke benutzt werden.

Zu dem Platzgewinn durch Fortfall der Kessel kommt auch der durch Fortfall der Koksvorräte.

Wenn ein Abnehmer mit Ihnen über die Kosten des Anschlusses seiner Heizungsanlage an das Fernheizwerk spricht, so vernachlässigt er bei der Angabe seiner eigenen Unkosten Ihnen gegenüber gerade diese von mir eben erwähnten Vorteile, wie Platzgewinn usw. Gewöhnlich heißt es bei den Verhandlungen: „Ich brauche in einem Winter soundso viel für Koks, und das sind meine gesamten Unkosten." Weisen Sie auf den Fortfall der Bedienung hin, so erhalten Sie die Antwort: „Meinen Hausmeister muß ich doch haben." Weisen Sie auf die Platzersparnisse hin, so heißt es: „Den Platz habe ich nicht nötig" usw.

Aber alle diese Gewinne einschließlich Fortfall des Zinsverlustes für den am Anfang der Heizperiode doch sofort zu bezahlenden Gesamt-Koksvorrat und einschließlich der fortfallenden Unkosten für das Herausschaffen der Asche usw. sind bei einer unparteiisch aufgemachten, vergleichenden Unkostenrechnung einzusetzen. Dazu kommt der Kapitaldienst und die Abschreibung für die eigene Kesselanlage sowohl wie für den Anschluß an das Fernheizwerk, die Sie bei dem letzteren wegen seines geringen Verschleißes kleiner einsetzen können. Alle diese in Ziffern ausdrückbaren Unkosten gereichen dem Fernheizwerk zum Vorteil.

Weiterhin wird Ihnen bei den Verhandlungen sofort von den Interessenten die Frage vorgelegt nach der Betriebssicherheit, die ich vorhin schon berührte, und dem Verhalten des Fernheizwerks bei Streik.

In Braunschweig wies ich bei derartigen Verhandlungen darauf hin, daß selbst in den glorreichen Novembertagen des Jahres 1918 unser Elektrizitätswerk nie versagt hat, und in den bisher durchgeführten Heizzeiten auch das Fernheizwerk nicht, weil wir entsprechende Kohlenvorräte stets auf Lager haben. Dazu kommt, daß sowohl ein Heizwerk wie auch ein Elektrizitätswerk unter die Bestimmungen der Technischen Nothilfe fallen.

Gestatten Sie mir am Schluß noch eine persönliche Bemerkung: Auf Grund der von mir gestern gemachten Nennung der Firma Rud. Otto Meyer-Hamburg bin ich von verschiedenen Herren gefragt, ob ich Angestellter dieser Firma wäre. (Heiterkeit.) Diesen Herren sowie anderen, die etwa ähnlicher Meinung sind, möchte ich mich hierdurch dahin vorstellen, daß ich Angestellter der Elektrizitätswerks- und Straßenbahn-A.-G. Braunschweig bin, an welche das Fernheizwerk als ein Teil des Betriebes angeschlossen ist. (Wiederholte Heiterkeit.)

Vorsitzender: Für unsere Beratungen stehen uns nur noch 2 Stunden zur Verfügung. Wir kommen jetzt zu einem interessanten Punkt: Fernleitungen. Ich bitte trotzdem, sich kurz zu fassen. Die Herren, die nicht mehr zum Wort kommen, bitte ich, ihre Ausführungen, die sie hier nicht machen können, dem Ausschuß schriftlich einzusenden. Wir sind hier nur Gäste in der Hochschule, also in der Benutzung der Räume beschränkt, und wollen doch das Hauptthema, Fernleitungen, ergiebig behandeln.

Stadtbaudirektor Pfeiffer-Leipzig: Ich will Ihr Hauptaugenmerk nur kurz darauf lenken, was in Leipzig seit einigen Jahren im Bau ist. Ich habe zwei Pläne dort an die Wand gehängt, die vielleicht schon von dem einen oder anderen der Herren beachtet worden sind. Wir bauen ein Fernheizwerk im Anschluß an ein Elektrizitätswerk; es ist eigentlich ein integrierender Bestandteil unseres Elektrizitätswerkes Nord. Wir haben früher eine Gleichstromzentrale gehabt, die stillgelegt worden ist, und es ist von dieser abgebrochenen Zentrale eigentlich nichts weiter übriggeblieben als eine Umfassungsmauer, und zwar diejenige des Maschinenhauses, denn das Kesselhaus ist vollkommen neu gebaut worden mit normalen Wasserrohrkesseln von 20 at Spannung. Die Maschinen bestehen aus 2 Turbogeneratoren, von denen einer für 4000 kW mit Kondensator versehen ist und der andere für 2000 kW als Gegendruckanzapfturbine für die Abwärmezentrale ausgebildet ist. Die Zentrale ist fertig, das Fernheizwerk selbst im Bau. Ich bedaure, Ihnen Betriebszahlen nicht nennen zu können. Ich kann nur sagen, daß wir im Laufe dieser Winterkampagne anfangen, den eigentlichen Turbinendampf in die Fernheizung zu geben. Unser Werk liegt im Norden der Stadt. Wir haben 4 Fernleitungsstränge. Der erste, auch zeitlich der erste, ist der Abdampfstrang mit 2,5 atü ab Zentrale, der zweite eine Heißwasserleitung nach dem Nordwesten, ein dritter geht zu 3 Schulen und ein vierter, später hoffentlich der wichtigste und einträglichste, herunter nach Süden, ein Abdampfstrang mit einer 500 mm starken Leitung. Wir denken, wenn sich die Sache rentiert, später diesen Ring zu schließen.

Als Abnehmer haben wir zunächst städtische Gebäude, als wichtigsten ein städtisches Bad, das ein ausgezeichneter Abnehmer ist, und dann das Leihhaus (Heiterkeit), auch ein guter Abnehmer; dann verschiedene Bureaugebäude, Staatsgebäude, alle ausgezeichnete Wärmeverbraucher, denn die Herren im Bureau sitzen gern warm. (Wiederholte Heiterkeit.) Und ich habe es mit Freuden begrüßt, wenn die Herren auch das Fenster geöffnet haben. (Lachen.) Dann einige Schulen und dann eine ganze Anzahl Privathäuser. Ich komme nun auf einen Punkt zu sprechen, der sehr wichtig ist, nämlich auf die Werbetätigkeit. Wir haben da zwar einen Ingenieur, der sich sehr gut dafür eignet und der die Interessenten besucht, aber ich habe auch erfahren, die Herren kommen von ganz allein, und schon während der umfangreichen Erdarbeiten interessierten sich die Leute dafür und frugen: Können wir nicht auch Wärme haben? Und da muß ich sagen, sind gerade die Herren, die am Brühl ihre Geschäfte machen, sehr interessiert, und sie waren die ersten Anschließer. (Heiterkeit.) Dann haben wir im Zoologischen Garten das sog. Dickhäuterhaus angeschlossen, auch ein guter Wärmeverbraucher (Heiterkeit), und dann noch verschiedene andere öffentliche Gebäude. Schulen sind im allgemeinen schlechte Abnehmer, das mag sein, aber wir haben die sog. Fach- und Fortbildungsschulen dabei, und das sind meiner Meinung nach sehr gute Abnehmer (sehr richtig!), denn diese brauchen gerade in den späten Nachmittags- und Abendstunden wieder die Wärme. Und dann haben wir eine ganze Anzahl Hotels angeschlossen. Wir haben es bisher noch nicht vermocht, die Hotels restlos anzuschließen, einige sind sofort gekommen, andere haben sich nun, da die Verhandlungen sich in die Länge zogen, syndiziert, und mit dem Syndikus der Hotelbesitzervereinigung ist entsprechend schlecht zu verhandeln. (Heiterkeit.) — Wir haben hier einen großen Komplex von Warmwasserheizungen. Der Stadtteil entstand damals, als die Warmwasserheizungen sehr beliebt waren, einer hat es dem andern nachgeahmt, und wir haben uns das zunutze gemacht und unsere Heißwasserleitung dorthin geführt. Wir haben eine Schule, die bislang Dampfheizung hatte, umgebaut zu Warmwasserheizung, und da kann ich nur die Erfahrungen von gestern bestätigen, es ist das ein sehr kostspieliges Stück Arbeit, denn alle Heizkörper waren undicht in dieser alten Schule, in der sich örtliche Öfen mit unmittelbar anschließenden Schlangen befanden. Da wir aber mit der Temperatur niedriger kommen, so haben wir Zusatzleitungen als Dampfheizung eingebaut. Ich glaube, das wird sich gut bewähren, denn wir haben dann die Möglichkeit, bei milderer Jahreszeit die Zusatzheizung nur in Betrieb zu nehmen, bei strenger Kälte beide. Außerdem kommen wir nicht in irgendwelches Mißgeschick mit den Fertigstellungsterminen, denn jeder der Herren, der im Bau steht, weiß, daß Liefertermine einzuhalten eine ganz prekäre Geschichte ist, namentlich wenn man von allerlei Zufälligkeiten abhängt, und hier hat uns der große Bauarbeiterstreik ein Schnippchen geschlagen, weil Maurerarbeiten in großem Umfange auszuführen waren.

Im allgemeinen haben wir uns bezüglich der Kanäle an das gehalten, was sich bisher in der Praxis bewährt hat. Ich bin allerdings etwas vorsichtig geworden durch die heutigen Mitteilungen verschiedener Herren; aber insofern scheide ich doch immerhin froh aus diesem Kreise, denn man hat eine ganze Masse gehört, und wir haben ja doch nicht so viel Grundwasser wie in anderen Städten; ich muß sagen: unsere Kanäle liegen durchaus trocken, und da befürchte ich nichts für diese Zement- oder Eisenbetonkapseln, die wir über die Röhren hinweglegen, denn, meine Herren, der Beton verträgt an sich sehr wohl Hitze, er verträgt nur nicht den dauernden Wechsel von Hitze und Kälte. Speisewasser-behälter haben sich tadellos gehalten mit 60—70° Temperaturen. Wenn man aber plötzlich auf Null abkühlt, das vertragen sie nicht. Aber so liegen ja die Verhältnisse nicht, die Kanäle bilden um sich eine Wärme-hülle in der Erde, die dafür sorgt, daß der Ausgleich allmählich erfolgt.

Bezüglich der Trace der Leitung kann man sich im allgemeinen nicht von vornherein festlegen; das hängt von der Örtlichkeit ab. Wir haben ja im allgemeinen ebenes Gelände, aber es gibt zweifellos auch gebirgige Städte, wo das Längsprofil sehr viel zu schaffen macht; da ist es richtig, künstliche Entwässerungen und Entlüftungen zu machen. Wir haben in unserer Heißwasserleitung verschiedene Entlüftungsstellen, während wir in der Dampfleitung eine Menge Entwässerungsstellen einbauen mußten, aus dem einfachen Grunde, weil man eben auf Hindernisse aller Art stößt und Bögen nicht umgehen kann. (Großer Beifall.)

Magistratsbaurat Schmidt-Charlottenburg: Es handelt sich um den Durchgang von Rohrleitungen durch Keller bewohnter Häuser. Ich glaube, daß man als Stadtverwaltung wohl dazu kommen kann, nicht durch Keller fremder Gebäude zu gehen, wie ja z. B. die Gas- und Wasser-leitungen auch nicht hindurchgelegt sind. Meiner Meinung nach müßte das Recht, mit Heizrohrleitungen durch ein Gebäude zu gehen, zum minde-sten grundbuchamtlich eingetragen werden, denn sonst kann beim Ver-kauf eines Hauses der Fall eintreten, daß der Nachfolger die Leitung entfernen läßt. Ich bitte Sie, da mit großer Vorsicht zu Werke zu gehen. Es ist wohl möglich, aber nur bei Gebäuden, die dem Besitzer des Fern-werks gehören. Bei Privatgebäuden möchte ich, wenn irgend möglich, davon abraten.

Obering. und Stadtbaurat a. D. Stiegler: Von den Herren Vor-rednern ist gesagt worden, daß sie Bedenken haben, Rohrleitungen bei Dampfdrücken über 15 at noch zu schweißen. Ich möchte auf eine besondere, allerdings patentierte Schweißung hinweisen, die eine wesentliche Verstärkung der Rohrwandung ergibt. Es ist dies das Einschweißen von dachförmig profilierten Ringen in die Schweißnaht.

Hinsichtlich der Ausführung der Kanäle möchte ich noch einiges ausführen. Ich hatte als Heizungsingenieur bei der Eisenbahn in Karlsruhe i. B. Ferndampfleitungen unter den Gleisen zu verlegen, und es war mein Bestreben, darauf hinzuwirken, daß bei Reparaturen an den Rohrleitungen der Eisenbahnoberbau nicht wieder aufgerissen werden mußte. Ich wählte einen Kanal, der Platz für zwei Röhren bot. In den einen Kanalabschnitt legte ich das eine Rohr auf die rechte Seite und ging dann in einem Revisionsschacht mit einem S-Bogen im nächsten Kanalabschnitt auf die linke Seite. Die Röhren waren auf Wagen gelagert. Ich hatte dadurch die Möglichkeit, ein Rohr einmal abzuflanschen und in den anderen Kanalabschnitt hineinzufahren. So hatte man Gelegenheit, schadhafte Isolierungen auszubessern, den Anstrich zu erneuern, auch schadhafte Rohre zu reparieren, ohne die Oberdecke wieder aufreißen zu müssen.

Obering. H. Menk (schriftlicher Beitrag): Bei Fernheizungen ist dem Kapitel Rohrleitung, der Schlagader des ganzen Fernheizbetriebes, besonders große Beachtung zu schenken. Entfallen doch auf diese vielfach 50% des Gesamtanlagekapitals und mehr, je nach Ausdehnung des Netzes. Die richtige Ausführung der Rohrleitung ist daher von ausschlaggebender Bedeutung für die Rentabilität der ganzen Fernheizanlage, sowie in erster Linie auch für die Betriebssicherheit. Ich erlaube mir, noch einige ergänzende Angaben zu diesem Thema zu machen.

Bei den diesbezüglichen Ausführungen der Herren Referenten vermißte ich die Betonung eines Trennungsstriches zwischen Niederdruck- und Hochdruckleitungen. Es ist denn doch ein erheblicher Unterschied, ob unter belebten Straßen und Plätzen bis in die Wohnhauskeller hinein Leitungen mit niedrigen, gewissermaßen harmlosen Drücken von einigen wenigen Atmosphären verlegt, oder wenn Hochdruckleitungen mit Betriebsspannungen von beispielsweise 15—20 at mit ihren Launen und Tücken auf die Menschheit losgelassen werden.

Die bei dem Bau von Niederdruckleitungen angewandten Methoden dürfen keinesfalls in ihrer Gesamtheit auf den Hochdruck übertragen werden; während für Leitungen größeren Durchmessers autogen geschweißte Blechrohre mit einer Wandstärke von 5 mm für Niederdruck genügen, sollten derartige Leitungen für Drücke von 4—5 at aufwärts auf alle Fälle als im Feuer oder mittels Wassergas überlappt geschweißte Rohre in Wandstärken von mindestens 6—7 mm, wie dieses schon durch die Fabrikation bedingt, hergestellt werden. Für die l. W. bis 350 mm, neuerdings sogar bis 400 mm, fertigen die Röhrenwerke nahtlose Rohre mit normalen Wandstärken an, die nach Möglichkeit für Mittel- und Hochdruck zu verwenden sind.

Für die Verbindung der Rohre untereinander für Hochdruck wurden bereits Ausführungen mit Schweißmuffe, Sicherungshülse, Schweißring u. dgl. gezeigt, aber auch die einfache Stumpfschweißung, von fachkundiger Hand ausgeführt, kann, wie die Praxis bestätigt hat, bei Drücken von beispielsweise 15—16 at angewandt werden. Es ist für alle geschweißten Leitungen bei Hochdruck jedoch eine sachgemäße Lagerung Bedingung. Aufhängungen mittels Schlaufen, Bandeisen, Ketten u. dgl., die der Rohrleitung Bewegung nach allen Richtungen gestatten, sind für derartige Leitungen unbrauchbar, in erster Linie aus dem Grunde, weil die Rundschweißungen nur auf Zug und Druck und sowenig wie möglich auf Biegung beansprucht werden sollten. Es ist deshalb ein seitliches Ausbiegen und Aufbäumen der Leitungen zu vermeiden. Dieses erreicht man dadurch, daß die geraden Stränge mittels hinreichend langer Gleitschuhe auf Rollen- oder Kugellager mit Führungen verlegt werden. Bei Richtungsänderungen werden dann die Krümmer auf Kugellager oder dgl. ohne Führungen gesetzt.

Außerordentlich kräftige Fixpunkte sowie Verankerung derselben ist Hauptbedingung. Die Hochdruckleitung soll nur die Bewegung ausführen, welche ihr von vornherein bei der Anordnung der Fixpunkte zugedacht ist. Nur so werden unzulässige Beanspruchungen der Bauteile, insbesondere der Kompensatoren, welche häufig bei willkürlicher, freibeweglicher Verlegung auftreten, vermieden.

Es erübrigt sich wohl, noch besonders darauf hinzuweisen, daß bewegliche Auflager so auszubilden sind, daß die Isolierung nicht unterbrochen werden braucht und eine Beschädigung derselben im Betriebe an den betreffenden Auflagestellen nicht eintritt.

Unumgängliche Flanschverbindungen an den Armaturen, Wasserabscheidern usw. werden fast allgemein mit Aufwalzflanschen bewerkstelligt. Bei Hochdruck von über 12 at und namentlich bei Anwendung überhitzten Dampfes empfiehlt es sich dringend, eine Sicherung gegen Abstreifen oder Losdrehen der Aufwalzflanschen vom Rohr vorzusehen, beispielsweise durch eine Heftnietung. Neuerdings wird als Sicherung ein Sonderverfahren empfohlen, bei welchem das Rohrmaterial in einige entsprechende Vertiefungen im Flanschenmittelloch gedrückt wird. Dieses Verfahren ist einfach und zweckmäßig.

Von weit größerer Bedeutung als bei Niederdruckleitungen ist ferner die Kompensationsfrage bei Hochdruckdampfleitungen. Für die Lösung der Frage des Längenausgleiches ist die örtliche Situation der Anlage zum erheblichen Teile mit ausschlaggebend. Sind Richtungsänderungen von nennenswertem Ausmaße vorhanden, so sollten die hierdurch entstehenden Bögen mit zur Kompensation herangezogen werden. Allerdings müssen die Biegungen aus dem Rohr im Feuer mit Radien, die eine Schwächung der Wandung beim Biegeprozeß ausschließen, d. h. mit mindestens vier- bis fünffachem Rohrdurchmesser, ausgeführt werden. Kurzschenklige, eingeschweißte Krümmer sind für die Montage wohl bequem, für Hochdruck jedoch nicht am Platze, Außerdem verursachen diese besonders bei stärkeren Leitungen und höheren Dampfgeschwindigkeiten nennenswerte Spannungsverluste.

Linsen-Kompensatoren kommen für Hochdruck natürlich nicht mehr in Betracht. Lyrabogen-Kompensatoren sollen möglichst aus einer Rohrstange durch Biegen im Feuer hergestellt werden. Rundschweißungen sind hierbei tunlichst zu vermeiden. Ist eine Teilung im Scheitel des Kompensators nicht zu umgehen, so sollte hier eine Flanschverbindung mit Nut und Feder angebracht werden. Will man die kostspieligen Kanalausbauten für Unterbringung der Lyra-Kompensatoren auf ein Mindestmaß beschränken, so bietet sich hierzu Gelegenheit durch Verwendung von Bauarten mit großem Dilatationsvermögen. Hierzu eignet sich u. a. eine Sonderkonstruktion mit ovalgedrücktem Querschnitt, die Ausdehnungen von 250—400 mm gestattet und verhältnismäßig geringe Reaktionsdrücke auf die Fixpunkte verursacht. Im Gegensatz zu anderen Ausführungen besteht bei dieser vollkommen glatte Beschaffenheit des Rohres im Innern bei entsprechendem Querschnitt, so daß die Spannungsverluste des durchströmenden Dampfes praktisch nicht höher sind als bei Lyrabogen mit rundem Querschnitt.

Auch Kugelgelenke in Sonderbauart für Hochdruck haben sich für Ferndampfleitungen mit höheren Betriebsspannungen mehrfach bewährt.

Sehr sorgfältig ist auch die Entwässerung der Hochdruckleitungen zu behandeln. Es muß dem Dampf an den Hauptknotenpunkten und vor Ansteigungen der Leitungen Gelegenheit gegeben werden, das namentlich beim Anstellen sich reichlich bildende Kondenswasser sicher abzuscheiden. Die zur selbsttätigen Ableitung desselben angeschlossenen Kondenstöpfe müssen genügend Abflußquerschnitt freigeben, wie dieses beispielsweise bei einer neuen Bauart mit Schieberabschluß der Fall ist. Bei dieser ist gleichzeitig die Gewähr gegeben, daß das Abschlußorgan sich selbsttätig von Fremdkörpern freihält.

Vorstehende Ausführungen sollen natürlich keinen Anspruch auf Vollständigkeit haben, vielmehr nur einige Hauptgesichtspunkte angeben, welche bei der Disposition und dem Bau der Leitungen, insbesondere der Hochdruckdampfleitungen zu beachten sind. Es ließe sich noch viel über zweckmäßige Detailausführungen sagen — beispielsweise Bauart der Hochdruckarmaturen, Anordnung elektrischer Fernbetätigung der Absperrorgane vom Heizwerk u. dgl. —, doch würde dies hier zu weit führen. Damit ist aber wohl ziemlich bestimmt zu rechnen, daß die Verwendung von Hochdruck bei zukünftigen Fernheizungen für Städte zur Überbrückung größerer Entfernungen und zwecks Verringerung der Leitungs- und Kanalkosten den Niederdruckteilungen gegenüber eine überragende Rolle spielen dürfte. Wenn dies von den Erbauern derartiger Werke gebührend erkannt wird, so ist der Zweck meiner Ausführung erreicht.

H. Karl Dietze (schriftlicher Beitrag): Der Herr Versammlungsleiter sagte, daß wegen Zeitmangels evtl. Redner ihr Material der Kommission zur Weiterverabreitung schriftlich zur Verfügung stellen sollen, was ich hiermit tue.

Zu (IIIa). Man soll in keinem Falle die Verwendung von autogen geschweißten Rohren abhängig machen von einem bestimmten Durchmesser der Leitung. Solche Rohre gibt es nämlich bereits von 100 mm an aufwärts, und diese sind auch für Niederdruck mit vollem Erfolg angewandt worden. Ausschlaggebend für die Wahl des Rohrmaterials wird vielmehr in jedem Falle der Preis sein. Allerdings ist dabei Voraussetzung, daß die Wandstärke der autogen geschweißten Rohre nicht beliebig oder gar übermäßig stark gewählt wird, sondern daß vielmehr die Berechnung nach der DIN-Formel geschieht:

$$s = \frac{p \cdot d}{2 \cdot kz \cdot 0{,}7} + c\,.$$

Hierin bedeutet:

s = Wandstärke in Millimeter,
kz für Wasser = 1000 kg,
kz für Dampf = 600—700 kg,
0,7 = Sicherheitsfaktor für die autogene Schweißnaht,
c = 1 mm Zuschlag für Abrosten.

Zu (III c). Der besonderen Wichtigkeit, die den Kompensationsstücken zukommt, hat die Versammlung nicht genügend Rechnung getragen. Entscheidend für die maximale Länge der Rohrstrecken ist einmal die Art der Rohre und dann die jeweilige Temperatur des Dampfes. Das glatte Lyra-Rohr hat den Nachteil, daß beim Herstellen die äußere Faser gestreckt wird und zur Schwächung des Rohres bzw. auch zum Riß führt. Um diese vorgenannte Gefahrenquelle zu vermeiden, besteht die Möglichkeit, einen gewellten Lyra-Ausgleicher zu wählen, wie dies folgende Figur zeigt, und bei dem nur ein Auseinanderziehen bzw. ein Zusammenpressen der Wellen ohne Schwächung der Wand in Frage kommt.

Handelt es sich um Turbinenanzapfdampf, der für die Fernheizung verwandt werden soll, so wird man bei der Druckstufe bzw. Anzapfstufe von 3 atü noch mit 30—40° Überhitzung zu rechnen haben, d. h. also pro laufenden Meter kommt eine Ausdehnung des Rohres von etwa 2,2 mm in Frage. „Wellenrohre" nach Art der zweiten Figur nehmen aber nur ca. 10 mm auf. Obiges Beispiel verlangt demnach für eine Teilstrecke von 40 m Einbau von 9 Linsen hintereinander. Es fragt sich, ob man in diesem Falle nicht besser einen Wellrohr-Lyrabogen wählt, der je nach Ø bis über 200 mm aufnehmen kann, so daß die Teilstrecke sogar noch länger gewählt werden kann als oben angegeben, also auch weniger Festpunkte braucht.

Zusammengefaßt ergibt sich selbstverständlich unter Beachtung der Einbaumöglichkeit

für Durchm. ab 100 mm aufwärts und geringen Schub: gerade Wellenrohre oder Linsen genannt,

für kleine und große Durchm., aber großen Schub: lyraförmige Wellenrohre.

Beratender Ingenieur Baurat Schmidt-Dresden: Einige Angaben über Schlammbildung in den Fernleitungen werden weitere Kreise interessieren. Als wir die Braunschweiger Fernleitung in Betrieb setzten, hatten wir viel Undichtigkeiten in allen Armaturen (Schiebern, Ventilen, Kondenstöpfen, Rückschlagklappen usw.). In den Kondenstöpfen fand sich eine derartige Menge von feinem Eisen, Sand,

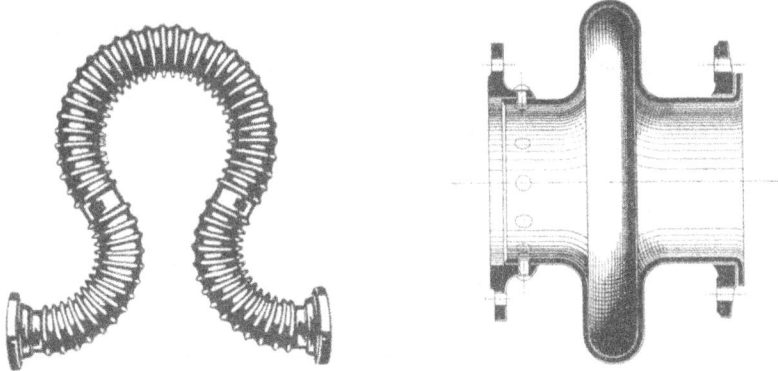

Schlamm, Schweißperlen usw. vor, daß die Schwimmer überhaupt im Schlamm festsaßen. Nach Beendigung der ersten Heizperiode ließ ich dann einmal eine große Hauptleitung auseinandernehmen. Die Rohrstrecken wären vor der Verlegung mit größter Sorgfalt gereinigt worden, trotzdem fanden wir beim Öffnen vor allen Dingen große Mengen von Schweißtropfen und einen ganz feinen Schrot, der sicher nachher allemal weitergespült worden und in alle Dichtungen der Armaturen hineingekommen wäre. Diese ungewöhnlich große Schlammbildung hängt besonders mit der jetzt mehr oder weniger in Aufnahme gekommenen Schweißung der Rohre zusammen. Wir haben deswegen bei dem zweiten Ausbau des Städteheizwerkes Braunschweig gewisse Schutzmaßnahmen getroffen, um den Schlamm möglichst vor Eintritt in die Armaturen abzufangen. Diese Maßnahmen bestehen darin, daß jedesmal nach dem ersten Anlassen sämtliche Schlammfänge geöffnet werden. Diese Entleerung der Schlammfänge wird in kurzen Zwischenräumen solange wiederholt, bis aller Schlamm und Schmutz aus der Leitung ausgespült ist. Die Armaturen, Ventile, Schieber usw.

11*

werden zuerst soweit möglich überhaupt nicht betätigt, um die Dichtflächen intakt zu halten.

Diese Mitteilung wird vielen Heizungsfirmen und besonders den
Armaturenfabrikanten gewiß willkommen sein; denn das geschilderte
Verschlammen und dadurch bedingte Zerstören der Armaturen tritt
nicht nur bei Fernheizungen auf, sondern auch bei sämtlichen neuzeitlichen Zentralheizungsanlagen. Es werden sich, wenn Sie
nach 1—2 Jahren die Ventile und sonstigen Armaturen einmal nach-
sehen, überall an den Dichtflächen kleine Ritze finden, die früher oder
später zu Undichtigkeiten führen. Es möchte also bei allen Dampf-
und Warmwasserheizungen Fürsorge getroffen werden, daß die Ver-
unreinigungen der Leitungen stets erst sorgfältig abgefangen
und entfernt werden, ehe an die Betätigung der Ventile und
Schieber geschritten wird. Diese Maßnahme ist den Monteuren und
Montage-Ingenieuren immer und immer wieder einzuprägen.

O. Fröhlich (schriftlicher Beitrag): Hochdruckdampfleitungen. Für
die Fortleitung des Dampfes auf große Entfernungen galten noch vor
kurzem Prinzipien, deren Rechtmäßigkeit heute nicht mehr anerkannt
werden kann. Schon seit einiger Zeit erhoben sich Zweifel an ihrer Gel-
tung. Heute sind diese Zweifel zur Gewißheit verdichtet. Ausgehend von
der Meinung, daß man, insbesondere zu Heizzwecken, Sattdampf durch
die Leitungen zu schicken habe, glaubte man, auf alle Fälle zahlreicher
Vorrichtungen zur Entwässerung der Rohre zu bedürfen. Erst die durch
die Einführung immer weiter ausgedehnter Fernheizwerke geschaffene
Lage, welche die Unzuträglichkeiten der Anhäufung von Kondenswasser-
ableitern immer deutlicher erkennen ließ und die beinahe dazu geführt
hat, daß man der Dampfverteilung für solche Zwecke die Berechtigung
absprach, brachte es mit sich, daß man nach neuen Grundlagen für die
Anlage der Dampffernleitungen suchte. Wollte man die zahlreichen
Entwässerungen loswerden, so mußte man den Dampf in den Leitungen
trocken erhalten. Dieser Gedanke lag ziemlich nahe. Der hierauf
folgende Schluß ergab sich ebenfalls beinahe von selbst: Ist der Dampf
trocken, so kann die Leitung wie eine Luftleitung behandelt werden;
man braucht also auf die Gefälleverhältnisse keine Rücksicht zu nehmen.
Aber hier begannen die Schwierigkeiten. Um den Dampf trocken zu
erhalten, muß man ihn genügend überhitzen. Um aber die Wärmeverluste nicht unnütz zu steigern, darf man die Überhitzung nicht zu
weit treiben. Man muß also die Wärmemenge kennen, die durch die
Oberfläche der Rohrleitung hindurch von dem überhitzten Dampf ins
Freie geleitet wird. Erst in allerjüngster Zeit beginnen die Anschauungen
über diesen Punkt sich zu klären.

Noch wichtiger aber war die Frage: Wie verhält sich eine solche
Leitung nach den Betriebspausen? Man nahm an, daß die infolge der
Rohrerwärmung eintretende Kondensation zu großen Wasseranhäufungen

führen müsse, so daß es in ansteigenden Leitungen zu Wasserschlägen kommen müsse. Diese Frage brachte es mit sich, daß die ersten Versuche, Dampfleitungen nach den hier erörterten Prinzipien zu konstruieren, skeptisch beurteilt wurden.

Einer der ersten, wenn nicht überhaupt der erste, der sich entschloß, mit alten Gewohnheiten zu brechen, war Baurat Osslender, Düsseldorf. Er hat die von ihm ausgeführten Anlagen in seinem Buche: Fern-heizungen (1921, Selbstverlag) beschrieben. Man ersieht aus dieser Be-schreibung, daß der Entschluß zur Durchführung dieser neuen Prinzipien hier, wie so oft, einer glücklichen Intuition entsprang, die das Richtige sieht und fühlt, ohne es andern sofort glaubhaft darstellen zu können.

Daß eine gut isolierte Leitung, welche von Anfang bis Ende über-hitzten Dampf enthält, im warmen Zustande keiner Entwässerungen bedarf, sieht jeder Fachgenosse ein. Daß sie deren an sich aber auch nicht während des Anheizens bedarf, möge im folgenden logisch (d. h. ohne Mathematik, obwohl der Beweis mathematisch geführt werden kann) auseinandergesetzt werden. Die am Ende B offene Rohrstrecke A—B möge anfänglich kalt sein. Sie ist mit Luft vom Atmosphärendruck

p_0 angefüllt. Vor dem anfänglich geschlossenen Ventil A, das die Leitung mit einem Dampfbehälter verbindet, befinde sich überhitzter Dampf von der Temperatur T_1 und der Spannung p_1. Das Ventil werde schnell geöffnet. Die Bewegung des in der Leitung vorhandenen Stoffes geht dann unter der Druckdifferenz $p_1 - p_0$ vor sich. Das Öffnen des Ven-tiles A erfordert, da es sich hier um große Querschnitte handelt, einige Zeit. Ein unzuträglicher Stoß auf den Inhalt der Rohrleitung tritt hierbei nicht ein, insbesondere auch deshalb nicht, weil nirgends im Rohre irgendwelche Wassermassen angehäuft sind. Die Bewegung geht beim Anlassen einer luftgefüllten Leitung so vor sich, daß der Dampf die Luft langsam vor sich her treibt[1]). An der Grenze zwischen dem Dampf- und Luftvolumen, die sich langsam vorschiebt, findet ein Tem-peratursprung statt, der an der Rohroberfläche deutlich zu merken ist. Je besser die Isolierung ist, desto allmählicher ist jedoch der Übergang von der Dampf- zur Lufttemperatur. An dieser Grenze findet natur-gemäß Kondensation statt, auch wenn der Dampf überhitzt ist.

---

[1]) Die Luftbewegung ist also eine sehr langsame und der Druckunterschied zwischen Punkt C und Punkt B ein sehr geringer. Fast der gesamte Druck p_1-p_0 steht also für die Dampfbewegung zur Verfügung, die mit großer Geschwindig-keit erfolgt.

Das Vorwärtsschreiten dieser Grenzzone finde nun zu irgendeinem Zeitpunkte mit der Geschwindigkeit von 10 m/sec statt, so würden in einer Leitung von 300 mm l. Ø an der Begrenzungsstelle dem Dampf etwa 6000—7000 WE in 1 Sek. entzogen werden, also etwa 10—15 kg Wasser gebildet werden. Die Kondensation findet aber an dem ganzen Umfange der Leitung statt; das Wasser bildet also auf der Fläche des Rohres zunächst einen Niederschlag, der wegen seiner geringen Stärke (weniger als 1 mm) nicht leicht herunterrieseln kann. Dieses Wasser wird, da es sofort von neu ankommendem, überhitztem Dampf bespült wird, in wenigen Sekunden wieder verdampft. Die Schnelligkeit dieses Prozesses hängt von der Dampftemperatur ab. Dabei wird auch dieser Dampf gesättigt. Man kann es leicht dahin bringen, daß die nach Obigem in 1 Sek. gebildete Wassermenge schon in 5 Sek. wieder verdampft ist. Nach abermals 5 Sek. ist auch die im nächsten Abschnitt in 1 Sek. gebildete Wassermenge wieder verdampft. Ein Rohr von 500 m Länge würde in 50 Sek. mit Dampf angefüllt sein und in 300 Sek. von Wasser wieder befreit sein. Daß es bei diesem Vorgang gar nicht zu Wasseransammlungen kommen kann, ist klar.

Das ganze Problem läuft also darauf hinaus, beim Anheizen eine genügend hohe Überhitzungstemperatur des in die Leitung eintretenden Dampfes herzustellen und die Dampfzufuhr schnell zu bewirken[1]).

Der Umstand, daß die Leitung nicht in gerader Linie verlegt ist, sondern Tiefpunkte wie bei D enthält, verdient besondere Beachtung. Ein solcher Punkt muß während des Ruhezustandes von Wasser befreit sein.

Hieraus ergibt sich die Notwendigkeit, Kondenswasserableiter an solchen Tiefpunkten anzuordnen, die lediglich dazu dienen, die geringe Wassermenge, die während des Erkaltens der Leitungen gebildet wird, unter dem Drucke des Dampfes (resp. der Luft) beim Ansetzen der Heizung abzuführen. Diese Ableiter müssen so angelegt werden, daß die Einmündungen der Entwässerungsrohre in die Dampfleitungsrohre s i c h e r wasserfrei bleiben. Sind diese Bedingungen erfüllt, so erfolgt das Anheizen ohne jedes Geräusch, d. h. ohne Wasserschläge. Nötig ist hierzu, daß die Strömung des Dampfes mit erheblicher Geschwindigkeit (Größenordnung 100 m/sec) erfolgt. Demgemäß herrscht in den Leitungen ein großer Druckabfall.

Die Berechnung des Reibungsverlustes in Leitungen für überhitzten Dampf geschieht nach der Formel

$$(1) \qquad \frac{p_1^2 - p_0^2}{l} = \frac{3{,}58\,Q^{1{,}852}\,(T_1 + T_0)}{10^8\,D^{4{,}973}}.$$

---

[1]) Das Öffnen des Ventils hat also im Gegensatz zu dem bei Sattdampf zu beobachtenden Verfahren schnell zu erfolgen. Hierzu ist erforderlich, daß die Rohre gut gelagert sind, so daß die ziemlich plötzlich auftretende Ausdehnung ohne übermäßige Beanspruchung der Rohre und Unterstützungen erfolgen kann.

Hierin bezeichnen:

p_1 den absoluten Druck am Anfang einer geraden, horizontalen Rohr-strecke in kg/qm (mm/WS),

p_0 den absoluten Druck am Ende der Rohrstrecke in kg/qm,

l die Länge der Strecke in m,

D den lichten Rohrdurchmesser in m,

Q das Dampfgewicht, welches die Leitung durchströmt in kg/h,

T_1 die absolute Temperatur des Dampfes am Anfang der Strecke in ° C abs.,

T_0 die absolute Temperatur des Dampfes am Ende der Strecke in ° C abs.

Es bezeichne ferner:

ϑ die absolute Temperatur der das Rohr umgebenden Luft in ° C abs.,

ε Summe der Dicke des Rohres und der Isolierung in m,

c die spezifische Wärme des Dampfes in WE/kg,

k den Wärmeübergangskoeffizienten von überhitztem Wasserdampf an Luft durch das isolierte Rohr hindurch (bezogen auf die Außen-fläche der Isolierung) in WE/qmh,

γ das Gewicht der Raumeinheit des Dampfes in kg/cbm,

w die Geschwindigkeit des Dampfes in der Leitung in m/sec.

Die Ableitung der Formel (1) geschieht in folgender Weise: Es gilt bekanntlich für die Bewegung überhitzten Wasserdampfes in einer geraden, horizontalen Rohrstrecke bei den hier in Frage kommenden Geschwindigkeiten die Gleichung

$$(2) \qquad dp = - \frac{\beta \gamma w^2 dl}{D}.$$

Hierin bezeichnet β den von Fritzsche[1]) angegebenen Wert

$$\beta = \frac{3,044\,D^{0,027}}{10^3\,Q^{0,148}}.$$

Es ist

$$w = \frac{Q}{\gamma D^2 \pi\, 900} \quad \text{und} \quad \gamma = \frac{p}{R\,T},$$

wo R die Gaskonstante (für Wasserdampf $= 47$).

Somit ist

$$\gamma w^2 = \frac{Q^2\,R\,T}{p\,D^4\,\pi^2\,900^2},$$

---

[1]) Mitteilungen über Forschungsarbeiten V.D.I.-Verlag. Im allgemeinen er-gibt dieser Koeffizient etwas zu große Werte für den Druckverlust. Jedoch ist die Abweichung nur für kleinere Rohrdurchmesser erheblich. Bei großen Rohren und sehr geringen Durchflußmengen wird der Wert sogar zu klein. Will man mit Hilfe der Formel (1) Tabellen zur Bestimmung der Rohrleitungen auf-stellen, so würde es einige Schwierigkeiten bereiten, die genaueren Werte für β, für welche neuere Versuche von Dr. H. Speyerer vorliegen, einzuführen. (Siehe Forschungsarbeiten des V. D. I. Heft 273.)

und Formel (2) geht über in

$$d p = - \frac{\beta Q^2 R T d l}{p D^5 \pi^2 900^2}.$$

Wir können nunmehr schreiben

(3)
$$p \, dp = - A T d l \, ,$$

wo

$$A = \frac{\beta Q^2 R}{D^5 \pi^2 900^2}.$$

Bezüglich der Abkühlung des Dampfes machen wir die vereinfachende Annahme, daß sie proportional der Rohrlänge erfolgt, daß sich also verhält

$$\frac{d l}{- d T} = \frac{l}{T_1 - T_0}.$$

Ersetzen wir in Gl. (3) $d l$ durch den aus der vorstehenden Gleichung sich ergebenden Wert, so erhalten wir

$$p \, dp = \frac{A l T d T}{T_1 - T_0}.$$

Durch Integration dieser Gleichung finden wir

$$p_1^2 - p_0^2 = \frac{A l (T_1^2 - T_0^2)}{T_1 - T_0}$$
$$= A l (T_1 + T_0).$$

Dies ist aber Gl. (1), wenn man A durch seinen Wert $\frac{\beta Q^2 R}{D^5 \pi^2 900^2}$ ersetzt.

Der Wärmeverlust der Leitung berechnet sich aus folgender Gleichung

(8)
$$(T_1 - T_0) c Q = \left(\frac{T_1 + T_0}{2} - \vartheta \right) \pi (D + 2 \varepsilon) k l \, .$$

Man kann die Gl. (1) noch in die Form bringen

(9)
$$\frac{p_1 - p_0}{l} = \frac{3,58 \, Q^{1,852}}{10^8 \, D^{4,973}} \left(\frac{\dfrac{T_1 + T_0}{2}}{\dfrac{p_1 + p_0}{2}} \right).$$

Für die Einzelwiderstände gilt die Gleichung

$$\varDelta p = \Sigma \xi \frac{w^2}{2g} \gamma = \Sigma \xi \frac{Q^2 R T}{2 g p D^4 \pi^2 900^2}.$$

Hier ist für T ebenfalls die mittlere absolute Temperatur und für p

der mittlere absolute Druck in der betrachteten Rohrstrecke einzusetzen, also kann man schreiben:

$$(10) \qquad \varDelta p = \Sigma \xi \frac{29{,}97\, Q^2}{10^8\, D^4} \left(\frac{\dfrac{T_1 + T_0}{2}}{\dfrac{p_1 + p_0}{2}} \right).$$

Geht man bei der Rohrberechnung von p_0 aus, so ist auch T_0 gegeben, das man für den **Endpunkt der gesamten Rohrleitung einige Grade über der Sättigungstemperatur beim Druck p_0 zu wählen** hat.

Aus Gl. (8) folgt

$$(11) \qquad \frac{T_1 + T_0}{2} = \frac{T_0\, 2\, c\, Q - \vartheta\, l\, \pi\, (D + 2\,\varepsilon)\, k}{2\, c\, Q - l\, \pi\, (D + 2\,\varepsilon)\, k}.$$

Man bestimmt mittels dieser Gleichung, nachdem für D eine Wahl getroffen ist, den Wert $\dfrac{T_1 + T_0}{2}$.

Die Berechnung des Koeffizienten k ist ziemlich umständlich. Zur Bestimmung der Werte $\dfrac{T_1 + T_0}{2}$ kann man sich am besten der von Dipl.-Ing. K. Wrede herausgegebenen Tafeln bedienen. (Mitt. a. d. Forschungsheim f. Wärmeschutz, München, Heft 5.)

Für $\dfrac{p_1 + p_0}{2}$ wählt man zunächst einen angenäherten Wert und bestimmt mittels Gl. (9) und (10) den Druckverlust.

Die Werte $\dfrac{3{,}58\, Q^{1{,}852}}{10^8\, D^{4{,}973}}$ und $\dfrac{29{,}97\, Q^2}{10^8\, D^4}$ kann man sich leicht in tabellarischen Übersichten zusammenstellen.

Obering. A. Taubert-Berlin: Ich hatte eigentlich die Absicht, über das Material der Rohrleitungen zu sprechen, über welchen Punkt wir in der Diskussion bereits hinaus sind. Wenn es Ihnen angenehm ist, darüber noch etwas zu hören, bin ich gern dazu bereit, andernfalls würde ich auf das Wort verzichten. (Rufe: Reden!)

Mir scheint gerade die Materialfrage bei unseren Städteheizungen von großer Bedeutung zu sein. Wenn auch darüber manches gesprochen worden ist, so halte ich diese Frage doch für wichtig genug, um noch besonders darauf einzugehen. Wie ich in meinen gestrigen Ausführungen schon erwähnte, sind wir bei den Fernwarmwasserheizungen sicher, wenn wir diese Leitungen aus dem üblichen Material der patentgeschweißten Siederohre herstellen, daß wir bei richtiger Ausführung eine Lebensdauer von etwa 30 Jahren ohne weiteres garantieren können. Anders ist es bei Dampf. Ältere, vor 40—45 Jahren verlegte Dampfleitungen, die jetzt bei verschiedenen Anlagen herausgenommen wurden, haben sich als ganz einwandfrei und tadellos erwiesen. Diese Rohre bestanden allerdings aus Puddelschweißeisen, das heute für Rohre nicht mehr verwendet wird, und es sind infolgedessen schlechtere Erfahrungen gemacht worden, indem Dampfleitungen, die in geschlossenen Kanälen verlegt worden sind, schon nach 10—15 Jahren Durchfressungen aufwiesen. Derartige Erfahrungen geben natürlich zum Nachdenken Anlaß.

In der vorangangenen Aussprache wurde mit Recht besonders hervorgehoben, daß die Rentabilität einer Anlage wesentlich von deren Lebensdauer abhängt. Wenn wir große Städteheizungen ausführen, die, wie ich gestern schon sagte, in erster Linie wohl als Dampfheizungen auftreten müssen, so müssen wir uns darüber klar werden, welches Material wir für die Rohrleitungen verwenden können. Ich möchte diese Frage auch deshalb aufwerfen, weil viele der hier anwesenden Herren Gelegenheit gehabt haben, Dampfleitungen, die 20 und mehr Jahre in den Kanälen liegen, im Betrieb zu untersuchen. Sind bei diesen Beschädigungen vorgekommen, die meine Befürchtungen berechtigt erscheinen lassen oder nicht? Hierbei denke ich auch an das Fernheizwerk Dresden, wo in begehbaren Kanälen jederzeit dahingehende Beobachtungen angestellt werden konnten. Die Bekanntgabe der gesammelten Erfahrungen wird Klärung darüber bringen, ob wir es wagen können, bei sorgfältigster Ausführung und Fernhaltung jeglicher Einflüsse, die zu Korrosionen Anlaß geben, auch unsere Städte-Dampffernleitungen in festgeschlossene unzugängliche Kanäle zu verlegen.

Im übrigen ist hier über die Rohrleitungen noch wenig gesagt worden. Wir haben in den Leitsätzen die Bemerkung stehen, daß Rohrleitungen bis zu 340 mm lichtem Durchmesser aus dem üblichen Rohr hergestellt werden können, im übrigen geschweißte Rohre von 7 mm Wandstärke zu verwenden sind. Ich bin der Meinung, daß 7 mm Wandstärke doch schon reichlich stark ist. Man wird bei Drücken von 1—2 ät mit 5 bis 6 mm sehr gut auskommen und bei dieser Stärke auch schon die Korrosionen genügend berücksichtigt haben.

Zu erwähnen wäre noch das Material für die Kondenswasserleitungen.

Es wurde noch nicht besonders hervorgehoben, daß die Rückführung des Kondensates bei den Ferndampfheizungen eine Selbstverständlichkeit ist. Ich erwähne es hier auch nur nebenbei. Wir gewinnen mindestens 10% an Wärme, was für die Wirtschaftlichkeit einer Anlage natürlich von großer Bedeutung ist, und außerdem große Mengen kesselsteinfreien Wassers, wenn auch die chemische Reinheit uns in dieser Beziehung nicht immer besonders nützlich ist, weil ja, wie Ihnen bekannt, die begierige Sauerstoffaufnahme dieses Wassers sehr dazu beiträgt, schädlich auf die Leitungen einzuwirken (Korrosionen).

Bezüglich der eisernen Kondensleitungen wird Ihnen wohl bekannt sein, daß wir im allgemeinen nur mit geringer Lebensdauer derselben rechnen können. Ich würde es nicht wagen, bei einer Städteheizung mit Kilometerlängenausdehnung eiserne Kondensleitungen in fest geschlossene Kanäle zu legen, denn die Erfahrung hat gelehrt, daß schon nach 5—10 Jahren ganze Kondensleitungsrohrnetze ausgewechselt werden mußten und zwar in Kellerräumen und begehbaren Kanälen, wo äußere schädliche Einflüsse nicht vorhanden waren, sondern nur die Einwirkung des durchgeleiteten Wassers. Wo Kondensleitungen in geschlossenen Straßenkanälen verlegt werden müssen, sollte deshalb Kupfer verwendet werden. Kupferrohr ist zwar etwa dreimal so teuer als Eisenrohr, leistet uns aber dafür Gewähr, daß wir mit einer Lebensdauer der Leitung von mindestens 30 und mehr Jahren rechnen können. Bei einer Anlage, die in den Jahren 1880/81 ausgeführt wurde, wiesen die kupfernen Kondensleitungen bis heute nicht die geringsten Angriffe auf.

Meine Ausführungen möchte ich dahingehend zusammenfassen, daß ich bei Fernwarmwasserleitungen die Verlegung schmiedeeiserner Rohre in geschlossenen Kanälen ohne Bedenken befürworte. Bei Dampfleitungen halte ich große Vorsicht für geboten und empfehle vor allen Dingen, auf eine ganz saubere Ausführung der Schweißung zu achten. Für die starken Rohre über 340 mm lichte Weite ist auf Verwendung vorzüglichen Eisens zu sehen. Kondensleitungen, welche in geschlossenen Straßenkanälen verlegt werden, rate ich, aus Kupfer herzustellen.

Obering. Kloos-Braunschweig: Ich bin anderer Meinung bezüglich der Kondenswasserrohre. Die Heizungsingenieure als solche gehen immer von der Tatsache aus, daß vielfach Zerfressungen, sogenannte Korrosionen, der Kondenswasserleitungen in gewöhnlichen Sammelheizanlagen vorgekommen sind.

Wir haben aber in der Kondensleitung eines Fernheizwerkes, wenigstens wenn sie so wie in Braunschweig ausgeführt ist, nicht eine Kondenswasserleitung im gewöhnlichen Sinne, wie innerhalb eines Gebäudes. Wir haben vielmehr nichts weiter als eine unter Druck stehende Warmwasserleitung, bei der das Wasser nicht mehr als höchstens 60° hat. Die Rohre selbst stehen infolge des Pumpendruckes in ihrem vollen Querschnitt unter Wasser. Ich wüßte nicht, woher die Gefahr der Korrosionen kommen sollte, die bekanntlich teilweise darauf zurückzuführen ist, daß die Rohre nicht in ihrem vollen Querschnitt ausgefüllt sind und dadurch den in dem Wasser und in der Luft enthaltenen Gasen Gelegenheit zum Angriff auf die Rohrwandungen geben. Vor allen Dingen fällt auch der Wechsel von Luft und Wasser in den Rohren fort.

Es käme lediglich als Begründung für Korrosionen der Einwand in Frage, daß das in den Wasserbehältern der einzelnen Pumpstationen stehende Kondenswasser Gelegenheit hat, auf seiner Oberfläche Gase aufzunehmen. Meine Herren, das sind berechtigte Bedenken, aber die hieraus entstehende Gefahr für die Kondenswasserleitungen selbst halte ich für weniger groß als die Gefahr, welche durch die Verwendung derartigen Wassers zu Kesselspeisezwecken besteht. Ich lasse unser Kondenswasser ständig auf seinen Gasgehalt prüfen und werde nicht zögern, der empfindlichen Steilrohrkessel wegen eine Entgasungsanlage, z. B. nach dem Rostex-Filter-Verfahren einer Düsseldorfer Firma, auszuführen.

Wir haben in unserer Tagesordnung stehen: „Die Kondenswasserleitung soll in jedem Falle aus Kupfer hergestellt werden!" Meine Herren, diese Fassung in solcher bestimmter Form ist irreführend! (Widerspruch.) Wir haben uns in Braunschweig, und bei denjenigen Anlagen, wo ich als Sachverständiger hinzugezogen bin, stets eingehend über diese Frage unterhalten. Sie erscheint mir so wichtig, daß ich vorschlage, gemeinsam hierüber besondere Erfahrungen zu sammeln. Man könnte z. B. in einer Stadt, wie Dresden, oder in Braunschweig, ein Stück der Eisen-Kondenswasserrohrleitung herausschneiden und über dessen Zustand einen allen zugänglichen Bericht machen. In diesem muß stehen, ob die Rohrleitung als Druckwasserleitung ausgeführt wurde oder als reine Kondenswasserleitung, also ob der Querschnitt ganz oder nur teilweise ausgefüllt war, wie lange sie im Betriebe war, und ob und welche Gase das Kondenswasser hatte.

Man könnte auch ein Stück einer Kondenswasserleitung durch ein solches aus Kupfer ersetzen. Bei dieser Gelegenheit weise ich auf eine Ausführung der Firma Thyssen hin, welche Stahl- oder Eisenleitungen inwendig mit einem Kupferrohr überzogen zu wirtschaftlich erschwinglichen Preisen liefert.

Voraussetzung für alle derartigen Untersuchungen ist die Festlegung der jeweiligen physikalischen und technischen Zustände.

Entschließen wir uns ohne Kenntnis der diesbezüglichen Vorgänge, einfach Kupfer zu verwenden für die Kondenswasserleitung, so tragen wir die Verantwortung für diesen großen Kapitalaufwand, der sich vielleicht gar nicht verantworten läßt, auch wenn das Kupfer jetzt verhältnismäßig billig ist.

Ich glaube, meine Herren, man soll in der Frage des für die Kondenswasserleitung zu verwendenden Materials nicht zu ängstlich sein. Was ich in Braunschweig nach längerem Betrieb bisher gesehen habe bei den Kondenswasserleitungen, waren an gewissen Stellen charakteristische ringförmige Spuren. Diese Spuren waren aber nicht „Korrosionen", sondern Erscheinungen, welche sich scheinbar bei der Inbetriebsetzung gebildet hatten und entweder wieder ganz verschwanden oder im Laufe des Betriebes nicht weiter an Tiefe zunahmen.

Einige Worte, meine Herren, noch über das Durchführen der Rohrleitungen des Fernheizwerks durch Keller anstatt durch den Straßendamm.

Ich empfehle Ihnen dringend, wenn es die örtlichen Umstände zulassen, die Rohrleitungen an der Wand der Keller zu verlegen, auch wenn die hierbei gemachten geldlichen Ersparnisse, welche je nach der örtlichen Beschaffenheit verschieden hoch sind, nicht ausschlaggebend sein sollten. Sie sparen sich aber sehr viel Überwachungsarbeit und Zeit in der Ausführung.

Bei den Verhandlungen mit den betreffenden Hausbesitzern kommt es auf den Verwendungszweck der Keller an, welche von den Rohrleitungen berührt werden. Wir wollen uns klar darüber sein, daß selbst durch eine sehr gute Wärmeisolierung im Betriebe des Fernheizwerks die Temperatur der Kellerräume doch erhöht wird, und diese dadurch für das Lagern von Kartoffeln usw. ungeeignet werden. Am besten legt der Hausbesitzer in einen derartigen Keller seinen Rotspon od. dgl. Müssen aber doch die Keller zur Aufbewahrung von Lebensmitteln verwendet werden, so empfiehlt es sich, die sorgfältig wärmeisolierten Leitungen mit Brettern dicht zu umkleiden und den so geschaffenen Raum nach außen hin zu entlüften.

Vernünftige Hausbesitzer sind stets zur Genehmigung zu gewinnen, namentlich bei Häusern, deren Keller feucht sind. Es kommt aber vor, daß in einer Häuserreihe der eine oder andere Hausbesitzer sich gegen eine derartige Ausführung sträubt. Auf diesen können Sie durch seine Nachbarn einen gewissen Zwang ausüben lassen durch den Hinweis, daß dann die ganze Häuserreihe eben nicht angeschlossen werden kann. Es empfiehlt sich aber, mit den betreffenden Hausbesitzern stets eine schriftliche Vereinbarung über das Verlegen der Rohrleitungen in ihren Kellern zu treffen, die im Grundbuchamt als dingliche Last einzutragen ist. Mancher Hausbesitzer scheut sich jedoch gegen eine derartige Eintragung. In diesem Falle ersetzen sie diese durch eine vor einem Notar abzugebende Erklärung, worin sich der Hausbesitzer verpflichtet, bei einem etwaigen Verkauf seines Grundstückes in dem Kaufvertrag dem neuen Besitzer die Bedingung aufzuerlegen, die Rohrleitungen im Keller zu belassen.

Erleichtert können derartige Verhandlungen werden durch den weiteren Hinweis, daß ein Grundstück durch den Anschluß an das Fernheizwerk in seinem allgemeinen Werte steigt, ganz ähnlich wie durch den Anschluß an das Kanalsystem oder an das elektrische Netz oder an das Gaswerk.

Im übrigen haftet ja auf Grund des Bürgerlichen Gesetzbuches das Fernheizwerk dem Hausbesitzer gegenüber für die etwaigen, durch den Betrieb des Fernheizwerks auftretenden Schäden. Gegen diese können Sie sich durch Versicherungen decken. In einem derartigen Versicherungsvertrag empfiehlt es sich, auch eine Bestimmung über Überschwemmung beim Bruch der Rohrleitungen und eine Bestimmung über Ersatz von Schäden, welche die in den Straßenkörpern und in den Kellern liegenden Rohrleitungen durch etwaiges Hochwasser von außen her treffen können, aufzunehmen.

Obering. Rheineck: Ich möchte Ihnen vorschlagen, die Kanäle, soweit es überhaupt geht, zu vermeiden, denn die Kanäle sind ein teures Kapitel in der ganzen Fernleitung. Wir haben sie bei unseren Heizungsanlagen, soweit es ging, vermieden, wir haben die Leitungen an der

Wuppermauer befestigt, haben den Uferwechsel an den Brücken vorgenommen, damit wir auch Kompensation für die Leitung bekamen und sind an dem Bahndamm entlang gegangen und außerdem auch an Häusermauern, an Höfen vorbei und durch die Keller. Die meisten Schwierigkeiten haben uns die Keller gemacht, denn die Leute hatten nicht gedacht, daß die Rohre so groß sein würden mit der Isolierung. Wenn man eine Leitung durchlegte von 150 mm lichtem Durchmesser mit einer Isolierung von 8 cm, so kamen ca. 30 cm dicke Rohre in den Keller, die das Licht versperrten, und so gab es große Klagen. Wieder anderen wurde die Kohlenschütte zugebaut oder zu viel Platz weggenommen, kurz, wir hatten hiermit sehr viele Schwierigkeiten. Außerdem ist die Verlegung in den Kellern durch die Mauerdurchbrüche, wenn man in mehreren Häusern nebeneinander die Leitung durchführt, gar nicht so billig, denn die Durchbrüche müssen im Tagelohn gemacht werden. (Zuruf: Preßluft!) Das wird teuer. Wir haben im ganzen mit dieser Anordnung schlechte Erfahrungen gemacht, es ergaben sich oft sehr unangenehme Krümmungen für die Rohrleitungen. Daß wir Kartoffel- und Weinlager queren mußten, das halten wir nicht für so schlimm. Die Isolierung ist gut ausgeführt und eine Temperaturerhöhung findet nur in geringem Maße statt. Durch die Rohreinführungen kommen unter Umständen aber auch Ratten in die Keller, und wenn der Hausbesitzer die Fernheizung evtl. dafür verantwortlich macht, so ist das unangenehm.

Vorsitzender: Es ist merkwürdigerweise zu Punkt IIIc noch nicht gesprochen worden. Wir wissen alle, wieviel Lehrgeld die Firmen gezahlt haben, um für Hochdruckleitungen brauchbare Lagerungen zu konstruieren. Ich denke hierbei an die bekannten Lagerungen mit den Kugelböden und Schlitten, und es wäre interessant, wenn einer der Herren Kollegen, die ein Werk gebaut haben, seine Erfahrungen zum besten gäbe über die Lagerung und die Bewährung dieser Konstruktion, von der ich eben sprach.

Dipl.-Ing. Bock-Dresden: Herr Baurat Schmidt-Dresden machte darauf aufmerksam, daß er in den Dampfleitungen eine Anzahl Schweißtropfen gefunden hat. Es wird sich bei der normalen Stumpfschweißung nicht ganz vermeiden lassen, daß Tropfen hineinkommen. Ich möchte Ihre Aufmerksamkeit darauf richten, daß es auch Schweißmuffenrohre gibt. Die Rohre sind nahtlose Stahlrohre, auf der einen Seite ein Stückchen aufgeweitet derartig, daß man das Zapfenende des nächsten Rohres um 6—7 cm tief hineinstecken kann. Wenn man die Schweißmuffe warm macht und in das Rohr klopft und die betreffende Stelle verschweißt, dann ist es ausgeschlossen, daß Schweißtropfen in die Leitung hineinkommen können. Natürlich ist damit nicht gesagt, daß man die Leitung vorher nicht recht sorgfältig ausblasen und ausspülen soll, denn der feine Schlamm, der sich in den Rohrleitungen vorfindet, ist der Zunder vom Walzprozeß, der bei dem wiederholten Erwärmen und

Abkühlen der Rohrleitungen glasartig abspringt. — Ich möchte bei dieser Frage der Schweißmuffenrohre noch ein Kuriosum erwähnen. Ich führe jetzt in Dresden eine derartige Fernleitung aus, wo Schweiß-muffenrohre vorgesehen werden. Diese Rohre gibt es in Längen von 12—15 m im Handel. Sie sind sehr bequem. Aber es gibt ein besonderes Schweißmuffenrohrsyndikat, und dieses liefert diese Rohre nur bejutet und asphaltiert oder nur asphaltiert. Die Leute hatten mir das Rohr angeboten und geschrieben: Ohne Jute und Asphalt 5% billiger; ich habe es dann angefordert, sie konnten es aber nicht liefern, da es als Dampfrohr nicht verwendet werden dürfe, es wäre nur zu Wasser- oder Gasleitungszwecken lieferbar. Die beiden Syndikate arbeiten also gegeneinander. Es blieb nichts übrig, als das Rohr in asphaltierter Form zu beziehen und den Asphalt herunterzukratzen. (Hört! Hört! Heiter-keit.)

Dann noch eine Erfahrung: Mir ist in meiner Praxis kein einziger Fall bekannt geworden, daß Dampfleitungen korrodiert wären, — Kondensleitungen ja, und zwar handelt es sich im wesentlichen dabei darum, in welcher Stadt die betreffende Leitung verlegt wird, je nach dem Wasser. Es gibt gewisse Städte (Leipzig, Jena, Plauen, Zwickau), da ist das Wasser geradezu gefährlich, es gibt andere Orte, namentlich in der Nähe des Gebirges, wo das Wasser so stark absetzt, daß die Rohr-leitungen mit der Zeit vollkommen bedeckt werden und in der Zeit von 5 Jahren eine Rohrleitung sich vollständig zugesetzt hat.

Es ist bei der Frage der Wassertemperaturen nicht darüber gesprochen worden, mit welchen Wassertemperaturen man die sog. Heißwasser-leitungen betreiben kann. Mir sind von Heißwasserfernheizungen nur die beiden bekannt geworden in Charlottenburg und Neukölln; diese sind als Heißwasserleitungen nominell ausgeführt, sind aber als solche, soviel ich weiß, nicht betrieben worden; dann kann man sie auch nicht als Heißwasserleitungen anführen. Ich möchte die Herren bitten, die bisher Heißwasserleitungen in Betrieb haben, die Betriebserfahrungen bekanntzugeben. Ich für meinen Teil werde mit einer gewissen Vorsicht an solche Leitungen herantreten, denn es ist nicht ausgeschlossen, daß in denselben ganz bedeutende Schläge entstehen. Ich denke dabei an die Leitungen von Economisern, wo ähnliche Verhältnisse herrschen; wir haben dort Temperaturen von 120—130°, und mir sind Anlagen bekannt, wo ganz erhebliche Wasserschläge vorgekommen sind, die zu Zertrümmerungen der Rohrleitungen geführt haben.

Dipl.-Ing. v. Pazsiczky-Hamburg: Mit folgendem möchte ich mir erlauben, in Kürze auf einige Leitsätze bei der Wahl von Isolierungen, d. h. von Wärmeschutzmitteln hinzuweisen. Gestern wurde gesagt, daß Fernheizungen meistens in warmem Zustande isoliert werden müssen. Die Erwärmung solcher langen Leitungen während der Anbringung der Isolierung ist sehr lästig und kostspielig, daher erachte ich es für richtig, die Isolierung von Fernleitungen nur mit solchen Materialien auszuführen, die auch im kalten Zustande der Rohrleitungen angebracht werden können. Dieser Umstand ist bei der Preisbeurteilung der Isoliermaterialien sehr zu beachten, da meistens die billigen Isolierungen sich nicht in kaltem Zustande anbringen lassen, so daß zu deren Offertenpreis auch noch die Kosten der Vorwärmung der Leitung während der Dauer der Isolierung zuzurechnen wären. Mir ist z. B. ein Fall bekannt, wo ein großer Dampfer, es handelt sich in diesem Fall um den Dampfer „Bismarck", nur aus dem Grunde mit einer an und für sich teuren Isolierung versehen wurde, weil der Mehrpreis durch die Ersparung der Vorwärmung mehr als wettgemacht wurde.

Ferner spielt bei der Bemessung der Isolierung und bei der Wahl derselben die Aufspeicherungsfähigkeit von Wärme eine große Rolle, denn einerseits muß man die Stärke einer Isolierung, um die Wirkung derselben zu erhöhen, vergrößern, andererseits vergrößert man aber durch die Erhöhung der Isolierstärke die Wärmeaufspeicherungsfähigkeit. Bei Berechnung der wirtschaftlichen Isolierstärke bei unterbrochenem Betriebe ist infolgedessen von der Wirkung der Isolierung der Verlust an Wärmeaufspeicherung stets abzuziehen. Die so erhaltene Wirkungskurve erhält ein Maximum. Die zu diesem Maximum gehörige Isolierstärke ist sodann zu wählen, d. h. wo Wirkung der Isolierung abzüglich Wärmeaufspeicherung am günstigsten sind. Besonders wichtig ist diese Eigenschaft bei dünnen Rohrleitungen, wo eine einigermaßen wirkungsvolle Isolierfähigkeit (bei mittleren und minderwertigen Isolierstoffen) nur durch verhältnismäßig sehr große Stärken zu erreichen ist. Durch diese großen Stärken ist aber die Wärmeaufspeicherungsfähigkeit eine äußerst große und so die wirkliche Wirkung der Isolierung eine sehr kleine. Daher muß man auf die Verwendung allerwirksamsten Isoliermaterials bei dünnen Leitungen besonders bedacht sein, um eine möglichst intensive Wirkung durch eine möglichst dünne Schicht zu ermöglichen und so eine möglichst hohe Isolierfähigkeit mit einer geringsten Wärmeaufspeicherungsmöglichkeit verbinden. (Beifall.)

Direktor Brandt-Berlin: Meine Herren! Herr Oberingenieur Kloos hat uns gestern vorgeführt, wie schwer es ist, in engen Kanälen eine Rohrleitung gleichmäßig gut zu isolieren. Er machte darauf aufmerksam, daß namentlich die aufsichtführenden Herren darauf achten müssen, daß an der unteren Hälfte der Rohre genügend stark isoliert wird, ebenso in den Zwischenräumen, wo man nicht gut ankommen kann. — Ich darf kurz Mitteilung machen über eine Isolierung, die am kalten Rohr außerhalb des Rohrkanals ausgeführt werden kann, die schon an mehreren Leitungen, allerdings nur für Warmwasser- und Heißwasserfernleitungen, ausgeführt worden ist. Ich erwähne die Warmwasserleitung vom Wasserwerk Spandau nach der städtischen Badeanstalt Spandau. Es sind dabei die Flanschenrohre von 11—12 m Länge außerhalb der Baugrube auf 2 Böcke gelegt worden; auf die eine Flansche wurde eine Kurbel aufgeschraubt, an der ein Mann das Rohr drehte und ein anderer die flachen Expansitzöpfe, mit Expansitkork gefüllt, stramm auflaufen ließ. Dies ist eine sehr einfache und billige Ausführung. Die Leitung von 7500 m wurde in $3^1/_2$ Wochen isoliert und verlegt. Über die Expansitzöpfe wurde damals, da es sich um Überlaufwasser von 40—45° C der Kondensatorpumpen des Wasserwerks handelte, eine ungesandete Dachpappe gelegt und verklebt. Die langen Rohre wurden dann in ein Tonrohr eingeschoben und die Flanschen nachträglich unten in der Baugrube ebenso isoliert, mit einem Halbrohr zugedeckt und mit Zement gedichtet. Die Leitung liegt seit 14 Jahren, und ich habe von der ausführenden Firma und von Spandau die Mitteilung bekommen, daß sich keinerlei Anstände gezeigt haben und das Wasser mit demselben geringen Wärmeverlust von $1^1/_2$ bis 2° C auf $7^1/_2$ km Entfernung in der Badeanstalt ankommt. — Die zweite Ausführung betrifft die von einem Vorredner schon erwähnte Fernleitung vom Elektrizitätswerk Charlottenburg nach dem Charlottenburger Rathaus. Dort wurden im Jahre 1913 drei Fernleitungen, zwei von 114 mm Durchmesser und eine Winterleitung von 191 mm lichtem Durchmesser, verlegt. Die Leitungen gingen über den Steg der Spree und dann in flachen Zementkanälen durch die Straßen, teilweise auch durch die Keller des Feuerwehrgebäudes. Diese Leitung war für 130° C berechnet (Heißwasserleitung). Es ergab sich ein Wärmeverlust von $1^1/_2$—2° C auf je 800 m Länge. Die Ausführung war eine etwas andere. Während bei der ersten Ausführung in Spandau der flache Expansitzopf direkt auf das Rohr gewunden würde, was bei 45° keinerlei Bedenken hat, da wir dies mit diesen Zöpfen bis zu 110° C ruhig machen können, wurden in Charlottenburg zunächst gezackte Weißblechstreifen auf die Rohre spiralförmig gewunden, die einen Luftzwischenraum von 5 mm ergaben. Über diese Luftschicht wurden dann die 80 mm breiten und 30 mm starken Korkzöpfe fest und dicht aufgewunden, damit der Zwischenraum zwischen den einzelnen Windungen möglichst eng ausfiele. Dann kam über die Korkzopfbekleidung eine Asbest- und eine Dachpappe. Außerhalb des Rohrkanals wurden die Rohre fertig isoliert und durch Schlitze und Kontrollschächte in die Zementkanäle eingeschoben. — Nach meinen Erkundigungen hat sich auch diese Leitung vollkommen bewährt. Ich hatte Gelegenheit, verschiedene dieser isolierten Rohre, die gelegentlich der Erweiterung des Elektrizitätswerkes entfernt werden mußten, zu sehen, und ich fand, daß die Expansitzöpfe nach 12jährigem Betrieb noch vollkommen tadellos erhalten waren. Wie mir mitgeteilt wurde, sind sie für Isolierungen an anderen Stellen im städtischen Heizbetrieb verwendet worden.

Ing. Herzog: Wir haben in der Anstalt Bethel schon lange vor dem Kriege diese Expansitzöpfe auch für Niederdruckdampfleitungen ohne Unterstrich benutzt, und wir brauchen sie jetzt, um nicht unnötige Wärmeverluste zu bekommen, immer wieder. Wir haben damit nur gute Erfahrungen gemacht.

Baurat Oslender: Ich habe zu dem Kapitel „Wärmeschutz" gegen den Wortlaut des zweiten Satzes in der Denkschrift etwas zu sagen, der lautet: „Der Wärmeschutz darf höchstens 10% Verlust bei 0° Außentemperatur, also 5% Verlust bei minus 20° Außentemperatur zulassen." Das ist mir nicht klar. Ich weiß nicht, ob der Redakteur dieses Satzes da ist, — aber ich würde Ihnen empfehlen, diesen Satz zu streichen und dafür die bisherigen Vorschriften, die wir benutzt haben, zu setzen: „Der verlangte bzw. garantierte Isoliereffekt ist in Prozenten gegenüber dem Wärmeverlust beim nackten Rohr anzugeben, wie es im Heizungs- und Isolierfach gebräuchlich ist." Dann bekommen wir ein klares Verhältnis des Lieferanten zu dem Besteller, und es läßt sich dann immer feststellen, ob die Bedingungen erfüllt sind oder nicht, was z. B. durch Kondenswassermessungen vor und nach der Isolierung geschehen kann. Das lassen wir bei größeren Lieferungen für unsere Verwaltung durch die für die betreffenden Anlagen zuständigen Dampfkesselüberwachungsvereine machen. In einem Falle ist hierbei folgendes festgestellt worden: Der betreffende Lieferant hatte auf einer etwa 200 m langen Doppeldampfleitung von 89 und 76 mm äußerem Durchmesser einen Asbestunterstrich wie üblich etwa 10 mm dick und darauf Kieselgur 50 mm stark unter Zusatz von Haaren aufgetragen. Er hatte 83—85% Isoliereffekt garantiert, und es sind 87—89% dabei herausgekommen. Das hat der Direktor des zuständigen Dampfkesselüberwachungsvereins durch Messung des Kondenswassers festgestellt. Der Unternehmer war selbstverständlich dabei, die Verwaltung war auch vertreten — und zwar ergab sich dieser Isoliereffekt bei einer Dampfspannung von 0,1 atü, also der üblichen Dampfspannung die wir bei der Niederdruckdampfheizung haben. Sie sehen, daß es möglich ist, mit einer solchen Isolierung ganz gute Leistungen zu erzielen, und es nicht immer erforderlich ist, auf Seidenzöpfe zurückzugreifen; Kork ist auch noch immer sehr teuer.

Dann steht hier noch: „Die Kondensleitung muß in jedem Falle ebenfalls isoliert werden; die Wärmeverluste würden zu groß sein." Das kann ich auch nicht unterschreiben. Wir haben durch Messung der Temperatur des Kondenswassers und der diese Rohrleitung umgebenden Luft und durch daran anschließende Berechnungen festgestellt, daß die Isolierung der Kondenswasserleitungen bei größerer Länge in begehbaren Kanälen nicht wirtschaftlich ist, sich einfach nicht lohnt. Das Kapital für die Isolierung zu verzinsen und zu tilgen kostet mehr, als die Isolierung Brennstoff spart, besonders auch darum, weil die Kondenswasserleitung im Vergleich zur Dampfleitung eine verhältnismäßig kurze Lebensdauer hat. Solch eine Kondenswasserleitung hält bei einer Niederdruckdampfheizung etwa 10—12 Jahre, dann muß sie, mindestens streckenweise, erneuert werden, und damit auch die Isolierung. Es empfiehlt sich jedenfalls, vor Anschaffung zu berechnen, ob durch Isolierung einer Kondensleitung etwas gespart werden kann.

Dann ein paar Worte zu den Aufhängevorrichtungen, „ob die Kugellagerteller und die Rollenhängelager sich bewährt haben", eine Frage, die der Herr Vorsitzende aufgeworfen hat. Ich habe beide Aufhängearten angewandt. Die Kugellageraufhängungen sind jetzt 16 Jahre alt und wurden gebraucht für Rohre von etwa 200 bis 60 mm Durchmesser. Das sind die bekannten gußeisernen, viereckigen, mit Rand versehenen Teller, worauf die Kugeln gelegt werden; oben auf den Kugeln liegt ebenfalls ein solcher Teller, der an dem Rohr befestigt wird. Der untere steht fest am Konsol. Diese Konsolen und Kugellagerungen sind sämtlich noch vorhanden und bewähren sich gut. Ich lade Sie ein, wenn Sie in unsere Gegend kommen, dieselben zu besichtigen; wir halten mit Bekanntgabe unserer Erfahrungen durchaus nicht zurück. Melden Sie sich bei uns, und Sie werden von einem Betriebsingenieur geführt und können sich diese Sachen ansehen. Es ist nichts zerbrochen, auch keine Kugel herausgesprungen. Die Kugellagerung ist sowohl für Warmwasserheizung wie für Dampf gebraucht worden. Es sind lange Rohrstrecken, etwa 5 km, die auf diese Weise gelagert worden sind; nicht eine einzige Kugellagerung hat versagt.

Die Rollenlagerung hat sich ebenfalls bewährt, es sind keine Schwierigkeiten aufgetreten, es ist auch nichts ausgewechselt worden. Die Lagerung ist in folgender Weise gemacht: Es ist eine Schelle fest um das Rohr gelegt. Die Schelle trägt die Rolle, und diese Rolle hängt auf einem vorn mit einer Nase versehenen Eisen, das umgebogen und dann an der Kanalwand befestigt ist, so daß das Rohr in der Längsrichtung sich auf der Rolle hin und her bewegen kann, und das tut es auch. Das Rohr kann sich dann außerdem auf der Rolle aus der Mitte schief stellen bei der Dehnung. Man muß allerdings da, wo eine Biegung im Rohrkanal vorhanden ist, das Rohr festhalten mit sog. Kettenzäumen, wenigstens bei Kugellagerung, damit es nicht herausrutscht. Wenn Sie das beachten, dann werden Sie gute Erfahrungen machen, denn wir haben im zwanzig- und mehrjährigen Betrieb nicht nötig gehabt, irgend etwas anderes dafür zu nehmen. Wir wählen immer wieder dieselbe Einrichtung in dieser Beziehung.

Dipl.-Ing. Otto Ginsberg, beratender Ingenieur, Hannover: Ich habe allerdings nicht mitgewirkt bei der Abfassung der Leitsätze, doch will ich ein paar Worte zur Ehrenrettung des Ausschusses sagen. Diese 5 oder 10% für die Verluste beziehen sich auf die gesamte Wärmeleistung, und sie sind nicht eine Vorschrift für den Lieferanten des Wärmeschutzes als vielmehr ein Anhaltspunkt für den Entwurf der ganzen Anlagen. Wenn es nicht gelingt, mit 5% der Höchstleistung bzw. 10% der mittleren

Wärmeleistung durchzukommen, dann ist der Wärmeschutz noch nicht ausreichend, dann muß eine höherwertige Isolierung gewählt werden.

Dann ist hier eine besondere Wärmeschutzmasse erwähnt worden. Die Expansitisolierung ist eine Korkmasse mit einer Umspinnung, die nach den Angaben des ersten Herrn Redners sehr gut für Warmwasserheizungen ist, und es ist gesagt worden, daß auch bei Niederdruckdampfheizungen gute Erfahrungen damit gemacht worden seien, und daß die Masse auch bei höheren Temperaturen ausreichen wird. Wir müssen uns aber vorsehen, derartige Isolierungen anzuwenden; sowie die Temperatur in den Leitungen zu hoch ansteigt, besteht die Gefahr der Verbrennung, und das müssen wir bei jeder Isolierung berücksichtigen. Wir dürfen unter keinen Umständen bei Rohren mit sehr hohen Temperaturen Isolierungen verwenden, die der Gefahr der Verkohlung bzw. Verbrennung ausgesetzt sind. Wir haben seinerzeit verschiedene Proben in der Technischen Hochschule an der Hochdruckdampfleitung angebracht und festgestellt, daß die Isoliermittel sich sehr verschieden verhalten und z. B. die vielgerühmten Seidenzöpfe, wenn sie unmittelbar auf das heiße Rohr aufgetragen werden, nach einiger Zeit versengen, wodurch sie geringwertig werden. Ein Unterstrich gibt dagegen einen gewissen Schutz. Die Versuche sind ausführlich veröffentlicht worden.

Einer der Herren Vorredner hat als allgemeinen Gesichtspunkt aufgestellt, man solle die kalte Auftragung bevorzugen. Soviel ich weiß, spielte er besonders auf die Glasisolierung an. Diese hat einen sehr hohen Isolierwert, gibt sehr große Wärmeersparnisse und in vielen Fällen hat sie sich tadellos bewährt. Auch darüber sind in der Technischen Hochschule Versuche gemacht worden, und die Proben sind nach mehrjährigem Betrieb tadellos im Stande gewesen. Ich möchte aber fragen: Wie verhält sich diese Isolierung bei Leitungen, die lebhaften Erschütterungen ausgesetzt sind? Wir müssen bei der Städteheizung immer damit rechnen, daß die Rohrleitungen Erschütterungen erfahren. Ist in diesem Falle die Isolierung dauernd haltbar, oder sackt sie sich zusammen und verliert dadurch ihren Wert? (Beifall.)

Vorsitzender: Dazu kann ich schon aus eigener Praxis mitteilen, daß solche Leitungen, die besonderen Erschütterungen ausgesetzt sind, auch mit Schlackenwolle oder Glas isoliert werden, und zwar in zwei Lagen. Nach Aufbringung der ersten Lage folgt eine Schicht ganz eng gewebter Drahtgaze, dann wieder eine Schicht Glasgespinst oder Schlackenwolle und dann wieder eine Schicht Drahtgaze, schließlich die Isolierung mit Segeltuch und das übliche Anstrichmittel. Es hat sich, solange ich die Werke kenne, ungefähr 6 Jahre, nichts gezeigt, im Gegensatz zu anderen Leitungen, bei denen durch starke Erschütterungen die Isoliermasse einfach heruntergesackt ist. Man kann letzteres verhindern, indem man ein- oder zweimal eine Drahtgazeumwicklung anbringt.

Obering. Tilly: Einige Worte zum Korrosionsproblem. Herr Kloos hat gewünscht, wir möchten ihm die Ursachen der Korrosionen angeben. Ich habe darüber in unserem Bezirks-Verein Berlin einen Vortrag gehalten, der demnächst im Druck erscheinen wird. Daraus möchte ich kurz einiges vortragen. — Die Ursache der Korrosionen des Eisens liegt in der Wirkung des Sauerstoffs. Das Eisen hat immer die Neigung, begierig Sauerstoff aufzunehmen, und da sind interessant die Versuche des Materialprüfungsamts. Dieses hat Metallplättchen aus Fluß- und Gußeisen jeweils in weiches und in hartes Wasser gelegt und die Gewichtsabnahme festgestellt. Dabei hat es sich herausgestellt, daß beim Flußeisen 44% Mehrgewichtsabnahme stattfand, wenn die Eisenplatte in weichem statt in hartem Wasser gelagert war; bei Gußeisen waren es nur 29%. Nun entfernte man den Sauerstoff aus dem Wasser, und siehe da, es traten keine Korrosionen mehr ein. Damit ist doch klar bewiesen, daß der Sauerstoff das wirksame Agens war, neben der Elektrolyse. Es tobt in den Spalten der Zeitschrift des VDI. ein Streit darüber, ob reines Kondensat chemisch als Säure aufzufassen sei; daß dies nicht der Fall ist, dürfte wohl durch die obigen Versuche bewiesen sein. Es ist wirklich nur der Sauerstoff, der hierbei wirksam ist und der immer wieder in die Leitungen eindringt, und zwar besonders da, wo das Kondensat gesammelt wird, wie in Zisternen. Wenn Herr Kloos meint, daß ganz mit Wasser gefüllte Röhren nicht rosten, so irrt er sich auch. Ich habe der Hochschule eine kleine Sammlung von korrodierten eisernen Kondensröhren überwiesen, unter denen viele in ihrem früheren Zustande ganz mit Wasser gefüllt waren und trotzdem durchgerostet sind. Kupferleitung für Kondensatförderung ist am besten, aber sehr teuer und wird erheblich die Rentabilität eines Städteheizwerkes herabsetzen. (Beifall.)

Direktor Schanze-Frankfurt a. M.: Über den Wärmeschutz im allgemeinen herrschen noch sehr verschiedene Auffassungen, und man ist sich über die zweckmäßigste Art und Weise seiner Ausführung in den seltensten Fällen im klaren. Es wird nirgendwo so viel gesündigt wie gerade auf diesem Gebiete, und zwar nur deswegen, weil man die Frage in vielen Fällen nicht vom wissenschaftlichen Standpunkte aus betrachtet, sondern den Preis ausschlaggebend sein läßt. Eine billige Isolierung kann nicht gleichzeitig eine gute sein; ausschlaggebend muß bei der Beurteilung einer Isolierung die Wärmeleitzahl sein. Es ist notwendig, daß selbst bei der kleinsten Heizungsanlage die Wärmeleitzahl entsprechend berücksichtigt wird.

Wärmeleitzahlen der Kieselguhrmasse.

Raumgewicht der fertigen ausgetrockneten Isolierung:	Wärmeleitzahl bei 100° C mittlerer Temperatur:
500 kg	0,074
550 ,,	0,081

Raumgewicht der fertigen ausgetrockneten Isolierung:	Wärmeleitzahl bei 100° C mittlerer Temperatur:
600 kg	0,088
650 „	0,096
700 „	0,103
750 „	0,111
800 „	0,118
850 „	0,125
900 „	0,133

Durch den Schmidtschen Wärmeflußmesser ist eine Prüfung von Wärmeleitzahlen wohl in allen Fällen möglich, jedoch erfordert die Handhabung des Apparates einige Übung. Bei großen Anlagen, speziell bei Fernheizungen usw. dürfte sich die Nachprüfung mit dem Wärmefluß- messer aber lohnen; bei kleineren Objekten kann man sich mit einer einfacheren Prüfung begnügen, da einwandfrei festliegt, daß wohl fast in allen Fällen die Wärmeleitzahl abhängig ist vom Gewicht der Isolierung. — Aus obenstehender Aufstellung ersehen Sie, wie die Wärmeleitzahl vom Gewicht abhängig ist. Man braucht also letzten Endes den Isolierstoff, wenn es sich um Kieselguhrmasse oder ähnliches handelt, lediglich auf sein Gewicht hin zu prüfen, um sich vor ganz geringwertigen Materialien zu schützen[1]).

Bei Fernheizungen wird besonders die Frage wichtig sein, ob auf kaltem oder auf warmem Wege die Isolierungen vorgenommen werden sollen. In den meisten Fällen wird sich wohl die Notwendigkeit ergeben, die Isolierung auf kaltem Wege herzustellen, da die Kanäle gleich nach Verlegung der Leitung aus verkehrstechnischen Gründen geschlossen werden müssen.

Es gibt auf dem Wege des Kaltisolierens die verschiedenartigsten Methoden. Diese richten sich nach der in Frage kommenden jeweiligen Temperatur. Eine mechanisch feste Isolierung ist natürlich wegen der größeren Stabilität vorzuziehen. Da, wo man Isolierungen nach dem Stopfverfahren wählt, ist unter allen Umständen darauf zu achten, daß die ausführende Firma auch tatsächlich dafür sorgt, daß die Stopfung sorgfältig vorgenommen wird. Gerade darin liegt die große Gefahr beim Stopfverfahren, daß durch die Unaufmerksamkeit der Monteure und Arbeiter von weniger geübten Kräften die Stopfung ungleichmäßig oder unvollkommen vorgenommen wird und man dadurch lediglich einen Hohlmantel, aber keinen Isoliermantel erhält. Dem äußeren Schutze der Isolierung ist besondere Aufmerksamkeit zu widmen, denn man muß sich darüber klar sein, daß die Leitungen, die einmal in die Erde verlegt werden, Jahrzehnte den Witterungseinflüssen standhalten müssen.

Vielfach findet man bei derartigen Zentralanlagen die Flanschen, Ventile, Schieber usw. so gut wie gar nicht isoliert. Auf Befragen bekommt

---

[1]) Siehe Dr.-Ing. E. Schmidt, Die Wärmeleitzahlen von Stoffen, Heft 5 der Mitteilungen aus dem Forschungsheim für Wärmeschutz.

man dann die Antwort: „Das hat doch keinen großen Zweck!" Diese Auffassung ist natürlich nicht richtig. Es gibt heute schon Flanschenkappen, die wärmetechnisch vollkommen auf der Höhe sind und auch in der Handhabe außerordentlich einfach, die aber immerhin etwas teurer sind als die bisher üblichen Konstruktionen, die wärmetechnisch so gut wie keinen Wert hatten. Wenn man sich aber über die Wärmeverluste von Ventilen, Flanschen, Schiebern usw. klar ist, so braucht man eigentlich über die Notwendigkeit der Isolierung auch dieser Teile kein Wort zu verlieren.

Zum Schlusse nochmals: Erst die Qualität und die Ausführungsart der Isolierung geprüft und dann die Preise, und nicht, wie es bisher meistens der Fall war, umgekehrt!

Wendt-Bielefeld: Wir haben in Bielefeld Versuche mit Isolierungen gemacht an einer Leitung von 250 mm, und da hat sich verkokter Torf sehr gut bewährt bei einer Dampfspannung von $^1/_2$ at. Ich möchte fragen, ob weitere Resultate vorliegen mit verkoktem Torf.

Baurat Fichtl: Der verkokte Torf ist ein Produkt der Torfoleumwerke, die dasselbe erst vor kurzer Zeit auf den Markt gebracht haben. Es sind Torfschalen, die ganz schwarz aussehen und außen noch armiert werden mit einem Aluminiumblech. Warum? Weil dieser verkokte Torf eine geringe Festigkeit hat und weil er bei größeren mechanischen Beanspruchungen leicht zerfallen würde. Ich habe mir einige Proben davon näher angesehen und habe, ohne Betriebserfahrungen zu besitzen, doch den Eindruck, daß dieser verkokte Torf feuergefährlich ist, d. h. wenn Sie ein glühendes Streichholzköpfchen auf diesen Torf fallen lassen, dann brennt er wie Zunder, genau so wie die übrigen Torfschalen, die in der Zeit der Kohlennot aufs Tapet gekommen sind. Außerdem ist ein Nachteil der, daß diese Schalen hygroskopisch sind, d. h. begierig Wasser ansaugen, und das scheint mir ein ganz besonderer Nachteil zu sein. — Bezüglich des Wärmeschutzes dieses Isoliermaterials wird ja wohl von der Firma eine sehr günstig zu nennende Zahl, nämlich $\lambda = 0,04$ und etwas höher, garantiert, aber ob das in der Praxis tatsächlich eintritt, muß dahingestellt bleiben. Aber diese Zahlen bringen mich auf einen Gesichtspunkt bezüglich der Prüfung des Isoliermaterials. Der Herr Vorredner hat uns hier erzählt: „Nachdem wir den Schmidtschen Wärmeflußmesser haben, sind wir Heizungsingenieure aus allen Schwulitäten heraus, wir nehmen einfach diesen Messer, legen ihn um die Isolierung herum, lesen ab, fertig ist die Laube. Zeigt er weniger als 0,04, raus damit, zeigt er mehr, gut. Aber wie alle menschlichen Einrichtungen und Erfindungen hat auch dieser Wärmeflußmesser seine Schwächen. Wir haben vor kurzem Gelegenheit gehabt, mit ihm zu arbeiten, wir hatten uns drei Bänder beschafft, an einem Tage war das eine Band gelockert, am nächsten Tage das andere, und wie wir richtig messen wollten, waren schließlich alle drei kaputt. (Heiterkeit.) Außerdem, wenn heute der Herr X. an dem

Messer abliest und morgen ein anderer Herr und dann wieder ein anderer, so liest jeder ein anderes Resultat ab. Und außerdem ist noch sehr zu beachten, daß das Messen an sich eine große Kunst ist, und daß nicht jeder Heizungsingenieur, der nicht langjährige Erfahrungen im Laboratorium gesammelt hat, in der Lage sein wird und sich einbilden darf, er könne richtig messen. Da muß man doch sehr vorsichtig sein, und durch die Konstruktion des Wärmeflußmessers an sich, so sehr begeistert ich ihm gegenüberstehe, ist die Frage noch nicht endgültig gelöst: „Wie kann sich der Heizungsingenieur in zuverlässiger Weise von dem Wert und der Wirkung der Isolierung überzeugen?"

Dr.-Ing. I. S. Cammerer-Berlin (schriftlicher Beitrag): Wie alle Aufgaben in der Wärmeschutztechnik ist auch die Frage des Wärmeschutzes von Fernheizleitungen in erster Linie unter dem Gesichtspunkt der Wirtschaftlichkeit zu betrachten, dergestalt, daß die erzielten Ersparnisse mit dem notwendigen Kapitaldienst für Amortisation und Verzinsung der Anlagekosten in einem möglichst günstigen Verhältnis stehen. Betrachtet man die heute in Deutschland üblichen Isoliermaterialien und vergleicht ihre Wirksamkeit mit den dazugehörigen Anlagekosten, so kann man etwa sagen, daß Materialien mit einem Kubikmeterpreis des eigentlichen Isoliermaterials von mehr als etwa 180—200 M. nur in ganz seltenen Fällen wirtschaftlich noch konkurrieren können, auch wenn sie hinsichtlich ihrer Isolierwirkung den höchsten, zur Zeit als technisch möglich zu bezeichnenden Effekt erreichen; denn anderenfalls stehen immer Materialien zur Verfügung, bei denen das erwähnte Verhältnis zwischen Anlagekosten und Ersparnissen sich günstiger stellt.

Neben dem Gesichtspunkt der Wirtschaftlichkeit ist allerdings bei der Isolierung von Fernheizleitungen das Moment der betriebstechnischen Bewährung besonders im Auge zu behalten, da die Leitungen vielfach in nicht begehbaren Kanälen verlegt werden müssen, so daß eine Erneuerung oder Reparatur der Isolierung außerordentliche Kosten verursachen würde.

Diese Verhältnisse werden vielfach unterschätzt bei Verwendung organischer Wärmeschutzstoffe, von denen vor allem Torf- und Korkfabrikate mit Rücksicht auf ihre vorzüglichen Eigenschaften bei niedrigen Temperaturen vielfach auch für Fernheizanlagen bevorzugt werden, obwohl hierbei die Verhältnisse durchaus anders liegen. Man hat nämlich versucht, organische Materialien dadurch auch für Temperaturen, denen sie an sich nicht mehr gewachsen sind, verwendbar zu machen, daß man auf die zu isolierenden Objekte zunächst eine Schutzschicht aus anorganischen Isolierstoffen (meist Wärmeschutzmasse) aufbringt. Die Stärke dieser Schutzschicht ist dabei so bemessen, daß die Temperatur der Grenzfläche zwischen ihr und dem eigentlichen Isoliermaterial keine Gefahr mehr für letzteres bildet.

Bei dieser auch heute noch viel verwendeten Konstruktion pflegt man jedoch zwei Momente außer acht zu lassen:

1. ist nach neueren Untersuchungen[1]) die Anordnung des isoliertechnisch hochwertigeren organischen Materials als äußere Schicht auf einer Rohrleitung wärmeschutztechnisch unzweckmäßig, da die mittlere Wärmeleitzahl der Gesamtkonstruktion überwiegend von der inneren, also schlechteren Schicht beeinflußt wird;

2. pflegt man die notwendige Stärke des Unterstrichs zu unterschätzen und dadurch den organischen Materialien unzulässig hohe Temperaturen zuzumuten.

Nachstehend seien in Form einiger Zahlentafeln die einschlägigen Verhältnisse klargelegt.

Als Temperatur, welche die äußere Oberfläche der Schutzschicht unter dem eigentlichen Isoliermaterial besitzen darf, kann man bei den in Frage stehenden organischen Materialien etwa 100°C betrachten.

Zwar tritt ein Verkohlen erst bei nicht unerheblich höheren Temperaturen ein, aber man kann mit Rücksicht auf die notwendige absolute Beständigkeit der Isolierung doch nicht über die genannte Grenze hinausgehen, da das Material sonst durch allmähliche trockene Destillation im Laufe der Zeit mürbe wird und, wenn es bei der Aufbringung nicht vollkommen trocken ist, zur Rissebildung neigt[2]).

Die notwendige Stärke der Schutzschicht und damit der wirtschaftliche und betriebstechnische Effekt hängen außer von der zulässigen Höchsttemperatur des eigentlichen Isoliermaterials noch von folgenden Größen ab:

> Gesamtisolierstärke,
> Wärmeleitzahl der Schutzschicht,
> Wärmeleitzahl des Isoliermaterials,
> Rohrtemperatur,
> Lufttemperatur.

Zur Vereinfachung des Überblicks sei im folgenden nur das Verhältnis der Wärmeleitzahlen der Schutzschicht und des Isoliermaterials angeführt, da ihre absolute Größe von untergeordneter Bedeutung ist, unter Beschränkung auf die beiden Verhältnisse:

$$\frac{\text{Wärmeleitzahl der Schutzschicht}}{\text{Wärmeleitzahl des Isoliermaterials}} = 1,5 \text{ bzw. } 2,0.$$

Geringere Werte können mit Rücksicht auf den höheren Preis organischer Materialien gegenüber den üblichen Schutzunterstrichen nicht in Frage kommen, weil sonst die Konstruktion ihren wirtschaftlichen

---

[1]) Vgl. Heft 2 der Mitteilungen des Forschungsheims für Wärmeschutz E. V., München: I. S. Cammerer, „Der Wärmeverlust isolierter Rohrleitungen".

[2]) Auch die Wärmestelle Düsseldorf des Vereins Deutscher Eisenhüttenleute nennt in ihrer Mitteilung Nr. 42 diese Temperaturgrenze.

Sinn verliert. Höhere Werte des Verhältnisses sind ebenfalls ausgeschlossen, weil eine allzu minderwertige Unterschicht einen so großen
Anteil an der Gesamtstärke einnehmen müßte, daß man von vornherein
zweckmäßiger zu anorganischen Stoffen greifen würde.

Als weitere Vereinfachung sei die Gesamtstärke der Isolierung laut
folgender Tabelle vorausgesetzt, die die normalerweise wirtschaftlichsten
Werte wiedergibt.

Wirtschaftlichste Isolierstärken

Lichter Rohr-durchmesser in mm	Lufttemperatur 0° C bei einer Rohrtemperatur von			Lufttemperatur 40° C bei einer Rohrtemperatur von		
	125	150	200° C	125	150	200° C
50	35	40	45	30	35	40
100	45	50	60	40	45	50
200	55	60	70	50	55	60

Hierbei ist die Lufttemperatur mit ihren Hauptwerten für Freileitungen
und geschlossene Kanäle zugrunde gelegt.

Nachstehende Tabelle gibt dann die notwendigen Stärken der Schutzschicht in Prozenten der Gesamtstärke für verschiedene Verhältnisse
der Wärmeleitzahlen, der Schutzschicht und des Isoliermaterials und
für verschiedene Temperaturen. Die an sich vorhandene geringe Abhängigkeit vom Rohrdurchmesser kann dabei außer Betracht bleiben.

Stärke der Schutzschicht in % der Gesamtstärke

Verhältnis der Wärmeleitzahlen	Lufttemperatur 0° C bei einer Rohrtemperatur von			Lufttemperatur 40° C bei einer Rohrtemperatur von		
	125	150	200° C	125	150	200° C
1,5	25	42	60	40	57	75
2,0	32	50	68	50	66	83

Man sieht also, daß die in der Praxis üblichen Schutzschichten
von 10 und 20 mm, die einem prozentualen Anteil an der Gesamtstärke
von etwa 30% entsprechen, nur etwa bis Rohrtemperaturen von
125° C richtig sind. Höhere Temperaturen verlangen eine wesentliche Verstärkung des Unterstrichs.

Da aus praktischen Gründen die Stärke der eigentlichen Isolier-
schicht mindestens 20 mm betragen muß, so ist dadurch die Stärke der
Unterschicht auf ein gewisses Maß beschränkt, das zwar bei Lufttempe-
raturen von 0° C noch keine Bedeutung besitzt, jedoch bei Luft-
temperaturen von 40° C von vornherein etwa 150° C Rohrtemperatur als die oberste Grenze festsetzt, bis zu welcher
die Verwendung organischer Isoliermaterialien normalerweise in Frage
gezogen werden kann.

Diese Grenze wird noch weiter herabgesetzt durch die Forderung
genügend wirtschaftlicher Vorteile derartiger Kombinationen, und zwar,

wie nachstehend gezeigt wird, sogar bis auf etwa 125° C herab. Folgende Tabelle enthält die Verschlechternug der Wärmeleitzahl der Gesamtisolierung durch die Schutzschicht in Prozenten der Wärmeleitzahl des eigentlichen Isoliermaterials. Auch hier ist wieder die Abhängigkeit vom Rohrdurchmesser unerheblich.

Verschlechterung der Wärmeleitzahl der Gesamtisolierung durch die Schutzschicht in % gegenüber der Wärmeleitzahl des eigentlichen Isoliermaterials

Verhältnis der Wärmeleitzahlen	Lufttemperatur 0° C bei einer Rohrtemperatur von			Lufttemperatur 40° C bei einer Rohrtemperatur von		
	125	150	200° C	125	150	200° C
1,5	12	18	27	17	26	35
2,0	24	37	56	35	54	73

Setzt man den für Fernheizleitungen wichtigeren Fall einer Lufttemperatur von 40° C voraus, so ergibt sich, daß schon etwa von 140° C Rohrtemperatur ab die Wärmeleitzahl der Gesamtisolierung gleich dem arithmetischen Mittel der Wärmeleitzahl der Schutzschicht und des Isoliermaterials wird. Wenn man bedenkt, daß die Gestehungskosten der Schutzschicht wesentlich geringer sind, sieht man daraus, daß es einer eingehenden Nachprüfung bedarf, ob man nicht besser gleich die ganze Isolierung aus dem Schutzmaterial herstellt bzw. Ausschau nach sonstigen anorganischen Materialien hält, die eine wirtschaftliche Isolierung ermöglichen.

Setzt man beispielsweise die Wärmeleitzahl des Isoliermaterials mit den beiden Werten 0,045 bzw. 0,06 kcal/mh°C voraus, sowie eine Rohrtemperatur von 150° und eine Lufttemperatur von 40° C, so wird:

Wärmeleitzahl des Isoliermaterials	0,045
Verhältnis der Wärmeleitzahl der beiden Schichten	1,5
Mittlere Wärmeleitzahl der Gesamtisolierung	0,057
Verhältnis der Wärmeleitzahl der beiden Schichten	2,0
Mittlere Wärmeleitzahl der Gesamtisolierung	0,069
Wärmeleitzahl des Isoliermaterials	0,06
Verhältnis der Wärmeleitzahl der beiden Schichten	1,5
Mittlere Wärmeleitzahl der Gesamtisolierung	0,076
Verhältnis der Wärmeleitzahl der beiden Schichten	2,0
Mittlere Wärmeleitzahl der Gesamtisolierung	0,092

Da heute anorganische Isoliermaterialien entsprechenden Preises zur Verfügung stehen, die bei der fraglichen Temperatur eine garantierte Wärmeleitzahl von 0,07 und darunter besitzen, so muß auch unter dem Gesichtspunkt der Isolierwirkung die Verwendung von organischen Materialien stark beschränkt werden. Beispielsweise setzt der einzig wirklich vorteilhafte Wert der vorstehenden Zahlen 0,057 nicht nur die angegebene, für die in Frage stehende Temperatur sehr niedrige Wärmeleitzahl von 0,045 für das Isoliermaterial voraus, sondern auch eine

Unterstrichmasse mit der Wärmeleitzahl von 0,0675, die jedenfalls zu dem Preise gewöhnlicher Wärmeschutzmassen heute nicht erhältlich ist.

Dipl.-Ing. v. Pazsiczky-Hamburg: Hinsichtlich der Bewährung der Glasgespinstisolierung hätte ich noch folgendes zu bemerken. Als bester Beweis hierfür gelten die 6 Jahre lang andauernden Versuche der Deutschen Reichsbahn mit allen möglichen Isoliermitteln, wobei als Resultat der Versuche die Verwendung der Glasgespinstisolierung für die Waggonheizleitungen, Lokomotivleitungen usw. bei der Deutschen Reichsbahn vorgeschrieben wurden.

Ziv.-Ing. Romann: Ich wollte dasselbe sagen. Bei der Eisenbahn wird vielleicht gesagt werden können: Es treten kurze, scharfe Schläge und Stöße auf, da springt das Glas entzwei; das ist nicht der Fall. — Andererseits ist der Einwurf gemacht worden, daß in elektrischen Zentralen, bei der Turbinenleitung durch die Vibrationen und Erschütterungen viel eher diese Isolierung zermürbt würde als bei groben Schlägen. Da ist der beste Beweis, daß dies nicht zutrifft, der, daß in der Beuthschule, die von der Stadt Berlin gebaut worden ist, eine Leitung seit 15 Jahren liegt, deren Glasgespinstisolierung noch so frisch ist wie am ersten Tag. Ich habe die Dampfleitung auf Veranlassung des Leiters des Maschinenlaboratoriums, des Herrn Obering. Bender, aufgemacht und war erstaunt, das Glasgespinst von der Leitung abnehmen zu können, als wenn man es neu aus dem Schrank nimmt.

Ing. Schanze: Ich muß bemerken, daß es möglich ist, auch ohne den Schmidtschen Wärmeflußmesser die Güte einer Isolierung zu prüfen. Ich verstehe, daß man nicht bei jeder kleinen Heizanlage mit dem Wärmeflußmesser herumhantieren kann, sondern ich habe ihn nur für große Anlagen empfohlen. Es ist nachgewiesen, ich habe mich selbst davon überzeugt durch Dutzende von Untersuchungen, daß bei den verschiedenartigsten Materialien die Wärmeleitzahl vom Gewicht der Isolierung im verarbeiteten Zustande abhängig ist. Da haben Sie schon eine Kontrollmöglichkeit. Sie brauchen sich nur ein Gefäß zu machen von der Größe eines Kubikdezimeters und füllen es mit Isoliermaterial, nehmen es heraus, trocknen und wiegen es und stellen das Gewicht fest, und Sie werden überrascht sein, daß wir zu 90% Isolierungen in Deutschland haben, die nicht 550 kg/cbm wiegen, sondern 800 und 1000 kg und noch darüber hinaus.

Ing. Hülsmeyer-Düsseldorf: In den Leitsätzen finden sich zwei Angaben, und zwar einmal: Die Kondensleitung soll aus Kupfer bestehen, und: Die Anlage soll mit abgekochtem Wasser aufgefüllt werden. Diese Maßnahmen gegen Korrosionen sind an sich kaum ausreichend. Es scheint mir neben der Verteuerung durch die Kupferrohre nicht genügend das Atmen der Anlagen berücksichtigt zu sein. Wir haben schon von Herrn Oberingenieur Tilly gehört, daß die Anrostungen in den Heizleitungen in erster Linie auf den Sauerstoffgehalt des Kondenswassers zurückzuführen sind. Die Aktivität von Sauerstoff in reinem Wasser ist bedeutend höher als in Rohwasser, weil der Sauerstoff im Rohwasser andere Verbindungen eingehen kann. Da es nicht gelungen ist, Sauerstoffaufnahmen irgendwie zu verhindern, nicht einmal im Laboratorium — wir haben unlängst auf der Tagung der Großkesselbesitzer sogar gehört, daß es 5000 M. kosten würde, 1 cbm Wasser sauerstofffrei herzustellen — so scheint es mir, daß man mit der Anwendung von Kupferrohren nur das Angriffsfeld von den Rohren nach anderen Stellen hin verlegt, z. B. in die Kessel.

Ich habe in den letzten Jahren ein Verfahren entwickelt, das sog. Rostex-Verfahren, und zwar in der Weise, daß ich den Rostungsprozeß nach einer bestimmten Stelle und an bestimmtes Material hinzwinge, wohin ich ihn haben will. Ich nehme nämlich manganhaltige Stahlwolle oder Eisenpulver als Filtermaterial. Dieses Material führt eine Immunisierung des Wassers herbei, der Sauerstoff stürzt sich unmittelbar auf dieses fein verteilte Eisen und geht in die erste oder eine höhere Oxydationsstufe hinein. Zu dieser Wirkung der Immunisierung kommt die große Oberfläche der Stahlwolle bzw. des Eisenpulvers hinzu. Die meisten Herren wissen aus dem Eisenhüttenprozeß, daß Mangan zur Reduktion des Sauerstoffes benutzt wird. Nun haben 20 g Stahlwolle oder 3 g Eisenpulver bereits eine Oberfläche, die einer solchen von 1 qm Eisenblech gleich kommt. Man kann durch verhältnismäßig geringe Gewichtsmengen von diesem Material den Sauerstoff an bestimmte Stellen, wo man ihn haben will, hinzwingen.

Diese Filteranlagen sind nun nicht etwa bloß auf dem Papier oder im Laboratorium erprobt. Ein weit bedeutenderes Gebiet in bezug auf Korrosionen und Anrostungen sind Hochdruckanlagen. Zu früherer Zeit waren sehr viel schmiedeeiserne Economiser in Betrieb. Die Rohrleitungen von Kesseln usw. wurden stark zerfressen, und da war man genötigt, nach Mitteln zur Verhütung dieser Schäden zu suchen. Inzwischen sind bereits in Deutschland und auch im Auslande etwa 60 Anlagen in Betrieb, und zwar speziell zunächst für Hochdruckanlagen, weil sich bei diesen die Notwendigkeit für Rostschutzfilter besonders zeigte. Erst später bin ich auf das Gebiet der Heizung gekommen, weil mir dieses etwas entfernter lag, und es sind auch hierfür einige Anlagen in Betrieb. Im Laufe der nächsten Zeit hoffe ich in zweierlei Formen der Korrosionen Herr zu werden, einmal in gleicher Weise wie bei Hochdruckanlagen, und zweitens in der Art, daß wir in die Ent- und Belüftungsstellen ein sogenanntes Oxydationsfilter einbauen. Der Sauerstoff, der sonst an diesen Stellen ein- und ausgeatmet wird, wird in diesem Filter gebunden. Die Stahlwolle, die sich mit Schwaden beschlägt, geht beim Ein- und Ausatmen der Anlage sofort einen Oxydationsprozeß ein, und eine Bindung von Sauerstoff geht vor sich, so daß die Anlage nur Stickstoff atmet. Man kann dadurch an sich die ganze Anlage selbst schon schützen. Man muß allerdings damit rechnen, daß die Anlage irgendwelche Undichtigkeiten aufweist, was vielfach der Fall sein wird, und dann würde man in erster Linie die Anlageteile zu schützen haben, die speziell den Korrosionen ausgesetzt sind, und dies sind die Kondensleitungen und Kessel. In die Kondensleitung schaltet man solche Filter mit Stahlwolle bzw. Eisenpulver gefüllt ein, und der Prozeß geht ebenso rasch vor sich wie bei den Hochdruckanlagen, und wir kommen von einem normalen Gehalt von etwa 4 mg O_2 pro Liter Kondensat herunter auf 0,2—0,3 mg. Im Gegensatz hierzu haben andere Verfahren versucht, durch Vakuumentgasung den Sauerstoff aus dem Wasser zu entfernen. Diese Verfahren kommen durchschnittlich nur auf 1 mg O_2 pro Liter Kondensat herunter.

Ritter-Hannover: Ich habe über einige Punkte zu sprechen, welche sich in den Rahmen der bisher behandelten Leitsätze nicht recht einfügen ließen, die aber mit den „Gesetzlichen Bestimmungen" einige Berührung haben, weshalb ich sie an dieser Stelle vorbringe.

Ich möchte darauf hinweisen, daß die Verwaltungen oder Gesellschaften, gewissermaßen als Inhaber der von ihnen geschaffenen Stadtheizungen, häufig in die Lage kommen werden, Bestimmungen zu treffen, die als Ergänzungen zu den bereits bestehenden gesetzlichen Bestimmungen aufzufassen sind. Wenn nun schon die gesetzlichen Bestimmungen für die Heizungsfirmen eine höchst unwillkommene Belastung darstellen, so muß dieses in noch viel höherem Grade mit Bestimmungen der Fall sein, welche über das gesetzliche Maß hinausgehen. Die Stadtheizwerke werden gut daran tun, in dieser Beziehung die äußerste Zurückhaltung zu üben, wenn sie sich nicht eine Gegnerschaft großziehen wollen, die ihnen, trotz ihrer Monopolstellung, unbequem werden kann. Sie sollten auch davon absehen, Arbeiten an den bestehenden Anlagen in eigener Regie auszuführen, sondern diese den Heizungsfirmen überlassen, überhaupt sich von jeder Tätigkeit zurückzuhalten, welche über die Verwaltung der Heizwerke hinausgeht.

Dann noch ein Punkt, welcher sich im Rahmen der Leitsätze nicht recht unterbringen ließ. Es ist trotz der Fülle des bisher vorgebrachten Materials noch nichts gesagt worden über die Finanzierung der Werke.

Abweichend von den sonstigen Gepflogenheiten im Heizungsfache, daß die Heizungsfirmen eben nur die Heizungsanlagen übernehmen (wenn Stadtheizungen in Frage kommen, also die Herstellung der Fernleitungen und die Ausgestaltung der Zentralen), sollen die Heizungsfirmen bei den Stadtheizungen auch die Herstellung der Rohrkanäle mit allem Risiko übernehmen, und möglichst auch noch das Kapital besorgen, damit solche Werke überhaupt gebaut werden können. Dafür soll ihnen dann allerdings ein Teil des Ausbeutungsrechts an den Werken eingeräumt werden. Diese Entwicklung erscheint mir in höchstem Maße unerwünscht nicht nur für die Werke selbst, sondern auch für die Unternehmer, also in diesem Falle die Heizungsfirmen. Letztere kommen hierbei mit Angelegenheiten in Berührung, welche sich von vornherein nicht übersehen lassen und große Gefahren in sich schließen.

Der Ausschuß, welcher das Ergebnis der Tagung zu bearbeiten haben wird, sollte auch diesem Punkt seine Aufmerksamkeit zuwenden und dahin zu wirken suchen, daß die Ausführung von Stadtheizungen nicht zum Monopol einiger weniger Firmen wird, welche im Verein mit der Verwaltung dieser Werke zur Beherrschung des Heizungsgeschäfts in den betreffenden Städten gelangen.

Direktor Rettig: Ich möchte darauf aufmerksam machen, da hier von Wärmemessung gesprochen wurde, und weil es bisher unmöglich war, die Wärme bei Fernheizungen wirklich durch Zähler zu messen, daß der Verband der Zentralheizungsindustrie ein Preisausschreiben veranstaltet zur Erlangung eines derartigen Wärmemessers, der uns leider noch fehlt. Das Preisausschreiben wird demnächst veröffentlicht, und es sind Preise von insgesamt 25000 M. ausgesetzt. Die Vorschläge sind bis zum 31. Dezember 1926 einzureichen.

Dipl.-Ing. Kassler: Ich möchte nur zu den Ausführungen des Herrn Dipl.-Ing. Ginsberg einige Worte hinzufügen. Er sagt, daß die großen Wärmemengen, die bei Diesel- und Gasmaschinen anfallen, zur Dampferzeugung zu verwenden seien. Ich möchte hinzufügen, daß auf Grund meiner Erfahrungen bei großen Gasmaschinen ungefähr 30% der ganzen Energie in Kühlwasser und weitere 30% in den Abgasen enthalten sind. In den Hüttenwerken sind schon in den Jahren 1920 und 1921 Versuche gemacht worden, um die Wärme der Abgase auszunutzen. Es stellte sich damals heraus, daß mit Hilfe von Abhitzekesseln je PS-Stunde ca. 1 kg Dampf (Hochdruckdampf) erzeugt werden kann. Ich kenne Fälle, wo je PS-Stunde 2—3 kg Dampf erzeugt werden. Doch liegt in diesem Falle meistens schlechte Ausnützung der Gasmaschine vor; die Verbrennung ist unvollkommen, schleichend, oder, wie ich in manchen Fällen an Zweitaktgasmaschinen erlebt habe, es gelangt bei der Spülung unverbranntes Frischgas in die Abgase. In den heißen Abgasen entzündet sich das noch brennbare Gemisch, und es erfolgt Nachverbrennung, und die Abgase treten mit hoher Temperatur in den Abhitzekessel. Ich möchte noch erwähnen, daß die Kesselanlage hinter der Gasmaschinenzentrale für diese eine Art Ausgleich bildet. Je schlechter die Gasmaschine, desto besser die Abhitzekesselanlage. Es kann auf diese Weise eine ganz alte und schlecht arbeitende Gasmaschinenzentrale wirtschaftlicher gemacht werden.

Herr Ginsberg erwähnt noch die Gasheizung und setzt hinzu, daß es sich hierbei wiederum um Einzelofenheizung handelt, und daß man mit der Einführung der Gasheizung eigentlich von dem großen Gedanken der zentralen Wärmeverteilung abginge. Mit der Zentralheizung will man bei rationaler Verbrennung eine gute Regulierung der Feuerstätte erzielen. Eine Gasheizung hat aber genau wie eine Dampffernheizung den großen Vorteil einer genauen und einfachen Handregulierung, man kann jedoch bei der Gasheizung noch weiter gehen und mit selbsttätiger Temperaturregelung arbeiten. Es sind deshalb bei der Gasheizung dieselben Ersparnisse zu erzielen, von denen Herr Obering. Kloos schon früher sprach, nämlich die Ersparnisse, die eine genaue Anpassung der Heizung an den Wärmebedarf bei verschiedenen Außentemperaturen bringt, und die Herr Kloos mit ca. 40% beziffert.

Bielenberg-Kiel: Meine Herren! Von verschiedenen Herren ist gewünscht worden, auch Betriebsergebnisse aus dem Fernheizwerk Kiel zu erfahren. Leider bin ich nicht in der Lage, diesen Wunsch ausreichend zu erfüllen, denn das Kieler Fernheizwerk wird nicht von der Stadt betrieben, sondern liegt in privater Hand. Es ist in drei Teile gegliedert, wenn ich das Ganze von der Verfeuerung der Kohle bis zur Abnahme der Wärme als zum Fernheizwerk gehörig bezeichnen darf. Die Wärme wird von dem Elektrizitätswerk geliefert, von dem Fernheizwerk in Form von Abdampf abgenommen und von diesem an die einzelnen privaten und behördlichen Abnehmer abgegeben. Es dürfte vielleicht für den einen oder anderen Herrn von Interesse sein, einmal etwas über die Betriebsergebnisse in einem der angeschlossenen Gebäude zu erfahren, z. B. über das Rathaus in Kiel. Das Rathaus ist im Jahre 1911 erbaut und mit einer Schwerkraftwarmwasserheizungsanlage in Betrieb genommen worden. Diese Anlage ist als eine der ersten an das Fernheizwerk angeschlossen worden, und es liegen von mehreren Jahren Betriebsergebnisse vor mit eigener Kesselanlage und ebenfalls von mehreren Jahren mit Fernheizbetrieb. Die Kesselanlage ist bestehen geblieben, um sie an kalten Tagen vor Inbetriebsetzung oder nach Stillegung des Fernheizwerkes noch zu betreiben. Ich habe eine Zusammenstellung gemacht über die Jahre 1913—1916, also 3 Betriebsjahre mit eigener Kesselheizung, und ebenfalls über 3 Betriebsjahre (1922—1926) aus der Zeit, wo das Rathaus im Anschluß an das Fernheizwerk geheizt wurde. Ich werde mir erlauben, der Kürze halber nur die geldlichen Endsummen vorzutragen. Sie sind auf gleicher Grundlage errechnet, so daß sie ohne weiteres einen Vergleich ermöglichen. Im Jahre 1913/14, wo mit der Schwerkraftwarmwasserheizung und eigener Kesselanlage geheizt wurde, haben die Heizungskosten für das Rathaus 27 500 M. betragen. Es sind hierin nicht nur die Kosten für Koks, Holz u. dgl., sondern auch die Löhne usw. enthalten, jedoch nichts für Verzinsung, Tilgung, Instandhaltung u. dgl. Die mittlere Temperatur während der Heizzeit betrug in diesem Winter +7° C, nach Angabe der Kieler Sternwarte. Im Jahre 1914/15 beliefen sich die Heizungskosten auf rund 29 300 M. bei einer mittleren Außentemperatur von +5,7° C, und im Jahre 1915/16 auf rund 27 900 M. bei einer mittleren Außentemperatur von +5,56° C. Die entsprechenden Zahlen für die Fernheizung betrugen im Jahre

1922/23 26 100 M. bei +5,08° C Außentemperatur, im Jahre 1923/24 32 000 M. bei +4,59° C Außentemperatur, und im Jahre 1924/25 28 900 M. bei +6,62° C Außentemperatur. Ich könnte die inneren Zusammenhänge zwischen diesen Zahlen noch näher erläutern, doch muß ich mich in Anbetracht der vorgeschrittenen Zeit auf das Gesagte beschränken. (Beifall.)

Dipl.-Ing. Otto Ginsberg, beratender Ingenieur, Hannover: (Zu IV.) Ich hatte gleich zu Anfang unserer Tagung den Abschnitt V herangezogen, um einige Betriebsergebnisse zu errechnen, und da wurde mir entgegengehalten, daß das keine allgemein gültigen Zahlen seien, sondern daß sie sich nur auf das Dresdener Fernheizwerk bezögen, das seit dem Jahre 1903 besteht. Es sollen also in diesem Kapitel allgemein gehaltene Angaben gemacht sein, die für andere Fälle gar nicht zutreffen. Bei den Anlagekosten heißt es da, daß sie nur auf das Dresdener Fernheizwerk Bezug haben, aber alles andere scheint doch allgemein gelten zu sollen. (Widerspruch.) Dresden hat ein staatliches Fernheizwerk, das soundsoviel Beamte beschäftigt, die nicht unter Verwaltungskosten gehen. Es liegt immerhin die Befürchtung nahe, daß bei anderen Fernheizwerken die Verwaltungskosten noch höher werden, und es ist auch im Laufe der Aussprache die Bemerkung gefallen, daß für Kohlen nicht 40%, sondern nur 33% oder noch weniger der Gesamtkosten aufgewendet worden sind. Ich glaube, es ist eine dankenswerte Aufgabe für den Ausschuß, diese Zahlen zu ergänzen auf Grund näherer Betriebsergebnisse und diese Zahlen der Allgemeinheit dann zugänglich zu machen.

Vorsitzender: Wir werden uns sehr gern dieser von Ihnen angeregten Aufgabe unterziehen, wenn uns die Kollegenschaft das Material und die Unterlagen zur Erlangung solcher statistischen Zahlenwerte etwas reichlicher zufließen lassen würde, als das bisher geschehen ist. Die statistischen Zahlen, die wir hier angeführt haben, sollten nur einen Anreiz bieten für diejenigen Kollegen und Leiter der zur Zeit im Betrieb befindlichen Fernheizwerke und Städteheizungen, um nun endlich einmal ihr Betriebsbuch aufzumachen und uns in uneigennütziger Weise und um die ganze Frage der Städteheizung zu fördern, dieses Material zugehen zu lassen. Wenn Herr Kollege Ginsberg uns dazu hilft, sagen wir ihm schon im voraus herzlichen Dank. (Heiterkeit.) Wenn ich ihm das hiermit anbiete und wenn ihm das noch einen kleinen Anreiz bietet für weiteren herzlichen Dank, dann wären wir mit dem Ergebnis unserer heutigen Tagung recht zufrieden. Unterstützen Sie unseren Ausschuß, der dieses Heftchen verfaßt hat, damit wir unseren Plan, aus diesen Leitsätzen heraus ein zusammenfassendes Werk zu schaffen, verwirklichen können.

Regierungsbaumeister Dr.-Ing. Kuhberg-Berlin (schriftlicher Beitrag): Die ganze Anfangsentwicklung der Fernheizung in Deutschland zeigt, daß sehr bald in den meisten Großstädten und auch in anderen Städten die Versorgung der Häuser mit Wärme als ebenso selbstverständlich gelten wird wie die bestehende Versorgung mit Wasser, Gas und Elektrizität.

Die Tatsache, daß der Hauptträger „Dampf" kilometerweit in Leitungsnetzen in die Häuser verschickt werden kann, hier für alle möglichen Zwecke: Heizen, Kochen, Waschen, Reinigen u. a. m. zu verwenden ist und durch Uhren genau berechnet werden kann, haben sich noch wenige Menschen bei uns vergegenwärtigt. Es wird die Zeit kommen, wo sie den Bezug von Wärme ebenso selbstverständlich betrachten wie heute den Bezug von Wasser, Gas und Elektrizität.

Aber auch Hand in Hand mit dieser neuzeitlichen Entwicklung der städtischen Versorgungs-, besonders der Dampfadern, müßte nun die brennende Frage der Verkehrsentwicklung gefördert werden, zumal beide aufeinander angewiesen sind.

Es ist schade, daß die Fehler, die wir heute alle noch bei der Entwicklung der Gas-, Wasser- und Elektrizitätsversorgung erleben, auch schon mit ganzem Ausmaß bei den Wärmeversorgungsadern einsetzen. Bei einem Gang durch die Straßen der Städte — besonders in Berlin — erkennt man, daß diese groben Fehler der bisherigen Entwicklung der gesamten Versorgungs- und Verkehrsadern sich immer unangenehmer bemerkbar machen und durch das noch heute übliche Flicksystem immer stärker werden. Ob man Fußgänger ist, ob man auf einem öffentlichen Verkehrsmittel oder im eigenen Auto sitzt, an jeder zweiten Straßenecke muß man minutenlang wegen Wühlarbeiten, Verkehrshindernissen oder Verkehrsregelungen warten. Welche Arbeitszeit wird in einer Millionenstadt täglich nutzlos vergeudet! Mit diesem System muß restlos aufgeräumt werden. Ob die alten oder neuen Versorgungsleitungen dem Verkehr oder dem Einwohner dienen, ob sie dem Staat, der Bahn, der Post, der Stadt oder der Industrie gehören, alle müssen gemeinsam behandelt werden.

Bei den durch die neue Versorgungs- und Verkehrstechnik bedingten Änderungen der Straßenquerschnitte mit der erforderlich werdenden Erweiterung sämtlicher Bahnlinien (besonders der Untergrundbahnen: ich denke an die von weitsichtigen Ingenieuren ausgearbeiteten Projekte der zükünftigen Verkehrsentwicklung Berlins, wenn bei uns der Hauptweg dereinst in der Zukunftsentwickelung Europas von Ost nach West führt), wären sofort alle Bedingungen zu erfüllen, die die Zukunft erfordert. Es sind überall, vor allen Dingen an den Hauptverkehrsplätzen und in den Hauptstraßen genügend große Tunnels und Schächte anzulegen, welche die Möglichkeit geben, alle zukünftigen Versorgungsleitungen und Verkehrsadern, namentlich auch die der zukünftigen Bahnlinien, aufzunehmen, um die Wühlarbeiten ein für allemal zu beseitigen und so ein stets glatt fließendes Geschäftsleben, besonders im Herzen der Stadt, zu gewährleisten.

Möge diese Tagung dazu führen, nicht nur das Problem der Städte-heizung in günstige Bahnen zu bringen, möge sie mit dieser Aufgabe auch der gesamten Verkehrs- und Versorgungsentwicklung eine bessere Zukunft bereiten. Hierzu wird erforderlich sein, daß sich nicht Ingenieure der Wärme- und Kraftfakultät in den Haaren liegen, sondern daß aus allen Interessenkreisen eine zusammengesetzte Energie-zentrale geschaffen wird, welche in den Stand gesetzt wird, überall Ver-sorgungs- und Verkehrsadern zu regulieren bzw. zu schaffen, nicht nach dem Wunsch einzelner, sondern zum Wohle der Ge-meinden und des ganzen Staates. Welche ungeahnten Energie- und Arbeitskräfte werden dann für solche Zwecke frei, welche dem Staat zum Aufstieg verhelfen.

Diese Energiezentrale muß ohne Parteieinfluß, ohne kleinliche Grenzen, ein bedeutender Träger unserer Kulturfortschritte sein, um die Sehnsucht der Menschen nach gesunden Wohnungen, nach billigen Lebensmitteln, nach guten Verkehrsmitteln und letzten Endes nach den Reizen der Natur zu befriedigen.

Ing. Krämer-Stettin: Wer Fernheizwerke zu bauen beabsichtigt, der ist vielleicht nicht ganz befriedigt worden. Aber trotz des Pessimis-mus, der zu Anfang der Tagung vorhanden war, möchte ich, da es zum Schluß geht, betonen: Städteheizung ist ein Wort, das faszinierend wirkt, wenigstens auf den wirtschaftlich denkenden Ingenieur. Wir wollen von der Versammlung weggehen mit dem Wunsche, daß möglichst viele Städteheizungen in kürzester Frist entstehen mögen, in welcher Form und Ausführung, das werden wir heute nicht entscheiden können. Aber daß wir in 10 oder 20 Jahren eine Reihe von großen Fernheizwerken haben werden, dessen bin ich fest überzeugt. (Bravo!)

Dr. Marx (Schlußwort): Die Tagesordnung ist hiermit erschöpft und unsere Tagung nähert sich dem Ende! Ich kann für ihren Abschluß aber keine besseren Worte gebrauchen als mein Herr Vorredner, und erlaube mir daher nur den kleinen Zusatz, daß es nicht 10 oder 20 Jahre dauern möge, sondern daß wir schon in wenigen Jahren über Hunderte von Städteheizungen verfügen mögen. — Damit schließe ich die Tagung über Städteheizung. Schluß 4,10 Uhr.

Schlußbemerkung der Herausgeber.

1. Der Zweck, den der Ausschuß für Städteheizung des V. D. H.-I. mit der Tagung verfolgte, nämlich aus den vielen von allen Seiten angesponnenen Diskussionen zur Städteheizfrage zunächst den sachlichen Kern herauszuschälen, ist durch die Aussprache erfüllt worden, trotzdem auf der Tagung, wie es nicht anders zu erwarten war, mancherlei Nebensächliches breit ausgesponnen wurde.

Jeder vorurteilsfreie Leser der vorstehenden Reden wird den Eindruck gewinnen, daß 1. diejenigen Enthusiasten, die auf den Wärmefang ausgingen und immer nur das Bild der durch die Schornsteine usw. entfliehenden Wärme vor Augen hatten, ohne sich zu fragen, was der Apparat kosten kann, mit dem sie eingefangen werden sollte, in die Wirklichkeit zurückgerufen worden sind; 2. ist aber die Gegnerschaft, die der Städteheizung, namentlich unter einem Teil der Leiter von Elektrizitätswerken erwachsen war, in die Schranken verwiesen worden. Das beste und objektivste, was in Beziehung auf die kombinierten Werke gesagt worden ist, ist in der Rede des Herrn Prof. Pauer enthalten. Der von ihm vorgezeichnete Weg ist auch bereits beschritten, so z. B. von den Berliner Elektrizitätswerken, die damit den ablehnenden Standpunkt, den sie noch vor wenigen Monaten eingenommen, erfreulicherweise verlassen haben.

Das von den meisten Menschen (manchmal unbewußt) beobachtete Verfahren, wenn sie vor Fragen von allgemeiner Bedeutung gestellt werden, nämlich die Gegenfrage zu stellen: Was kommt dabei für mich heraus? ist natürlich auch aus einem großen Teil der vorstehenden Reden herauszulesen. Aber es ist für die Allgemeinheit kein Schade, daß der einzelne hierbei sein eigenes Interesse konsultiert; wird doch hierdurch die rücksichtslose Kritik am sichersten herausgefordert.

Aus solchen persönlichen Interessen heraus erklärt sich der oftmals ganz einseitige Standpunkt gegenüber dem reinen Prinzip der Städteheizung sowohl von Befürwortern als Gegnern. Es darf aber nicht verkannt werden, daß, wenn z. B. Vertreter der Industrie den Bau irgendwelcher Anlagen befürworten, und wenn es hundertmal aus persönlichem Interesse geschieht, die Grundidee schon eine gewisse Reife erlangt haben muß, ehe sie sie überhaupt in den Kreis ihrer Erwägungen ziehen. Was ist aber in der Grundidee der Städteheizung wirksam? — Zweierlei: erstens das Streben nach Komfort und nach Vereinfachung der Arbeitsmethoden. Diese Bewegung hat schon lange vor 1914 eingesetzt. Zweitens der Gedanke, daß wir mit Wärme sparen müssen. Diese Erwägung, obwohl auch nicht ganz neuen Datums, hat doch ihre Prägnanz erst infolge des Krisenzustandes erlangt, in dem wir seit einer Reihe von Jahren leben. Es ist versucht worden, einen Gegensatz zwischen beiden Gesichtspunkten zu konstruieren. Wir hoffen, daß die Tagung diese Auffassung widerlegt hat.

Beide Gesichtspunkte sind durchaus geeignet, den Städteheizungen den Weg zu bahnen; niemand braucht den einen vor dem anderen zu vernachlässigen. Es ist aber auch nicht gesagt, daß beide unweigerlich in jedem Fall der Errichtung eines Werkes vollständig gleich zu bewerten sind.

Es muß jedem Interessenten überlassen bleiben, wie er diejenigen Vorteile der Städteheizung einschätzen will, die sich nicht unmittelbar in Geldeswert ausdrücken lassen. Die Tagung hat zur richtigen Einschätzung dieses Faktors erheblich beigetragen. Die Verminderung der Rauch- und Rußplage mit ihren Folgen für die Gesundheit der Bewohner und für die Haltbarkeit der Baulichkeiten, die Entlastung der Straßendecke, die Möglichkeit zur Heranziehung von Industrien durch Angebot wohlfeilen Stromes, Heiz- und Fabrikationsdampfes und vieles andere sind Gesichtspunkte, die für die Stadtverwaltungen wichtig genug sind, um sie neben den beiden oben genannten für den Bau von Städteheizungen zu berücksichtigen.

Beachtenswert ist die Kritik, die von mehreren Rednern an einigen in jüngster Zeit entstandenen Werken geübt worden ist, bei welchen stillgelegte Elektrizitätszentralen durch Anhängung einer Fernheizung wieder betriebsfähig gemacht werden sollten. Der maßgebliche Standpunkt in dieser Frage ist der folgende: Wenn in der Nähe einer noch guterhaltenen und ökonomisch arbeitenden Kesselanlage Wärmeabnehmer in genügender Zahl vorhanden sind, so benutze man die Kesselanlage in Gottes Namen für ein reines Heizwerk. Es ist ein Trugschluß, wenn man annimmt, daß die von dem Dampf in den alten Maschinen geleistete Arbeit die Ökonomie einer solchen Anlage verbessere. Der Dampfverbrauch des Gesamtkomplexes: Kraft und Heizung übersteigt in diesem Falle, d. h. bei der Benutzung minderwertiger Maschinen, den Dampfverbrauch getrennter Anlagen (Heizung und hochwertige Maschinen). Die Amortisationsverhältnisse sprechen ebenfalls nicht für diese Art des Betriebes. Der Hinweis des Herrn Dipl.-Ing. Ginsberg auf die Hamburger Verhältnisse ist in dieser Beziehung sehr lehrreich.

Es ist zu begrüßen, daß die Tagung den Städteverwaltungen ein genaues Material in die Hände gegeben hat, das ihnen gestattet, unabhängig von der Beeinflussung durch den Geschäftsgeist gewisser Industrieller, sich ein eigenes Urteil über die Zweckmäßigkeit der Errichtung solcher Anlagen zu bilden.

In den zahlreichen Städten, wo verhältnismäßig kleine Elektrizitätswerke bestehen und der Anschluß an Überlandzentralen aus irgendwelchen Gründen nicht möglich ist, können Fernheizwerke nach Art der in Barmen gewählten Ausführung zu einer Verbesserung der Rentabilität führen.

Die Frage der reinen Fernheizwerke konnte, wie sich von selbst versteht, durch die Diskussion nicht entschieden werden. Daß der Bau solcher Anlagen wohl ins Auge gefaßt werden kann, beweist die Praxis, insbesondere die amerikanische. Man hört allerdings: was für Amerika gilt, ist für uns beinahe deswegen schon auszuschließen. Doch das sind Redensarten. Man kann nur durch ein eingehendes Projekt in jedem Einzelfalle entscheiden, ob ein reines Fernheizwerk möglich ist.

2. Die Gasfernleitung wurde von einigen Rednern in das Feld der Besprechung gezogen, obwohl, wie Herr Dipl.-Ing. Ginsberg mit Recht betonte, es sich hierbei eigentlich um eine Brennstoffverteilung und nicht um den Transport des Heizmittels handelt, demnach die Gasfernleitung nicht in das Kapitel Fernheizung gehört.

Als Anregung waren diese Betrachtungen erwünscht, große praktische Erfolge darf man sich gegenwärtig davon nicht versprechen[1]). Ebenso ist es mit den Bestrebungen, die Abwärme von Gasanstalten für Fernheizwerke nutzbar zu machen. Bei diesen ist das Hauptaugenmerk auf den abfallenden Koksgrus, der gegenwärtig schwer verkäuflich ist, und auf die Wärmegewinnung durch ein verbessertes Kokslöschverfahren zu legen. Immer wird man hiermit nur bescheidene Fernheizungen betreiben können, die sich auf einen bestimmten Umkreis erstrecken. Ähnlich verhält es sich mit der Abwärme der Dieselmotoren. Die Abhitzekessel liefern außerdem manchmal unliebsame Überraschungen, besonders wenn die Abgase zu weit heruntergekühlt werden. Da die Benutzung des Kühlwassers von manchen Konstrukteuren verworfen wird, bleibt diese Frage noch zu klären.

Die Heißkühlung der Großgasmaschinen befindet sich im Versuchsstadium. Da aber durch dieses Verfahren erhebliche Wärmemengen gewonnen werden können, verdient es, bei der Anlage neuer Werke wohl erwogen zu werden.

3. Für die Klärung rein technischer Fragen hat die Tagung im Grunde genommen weniger gewirkt als für die Prinzipienfragen. Bei-

---

[1]) Seitdem in Essen eine „Ferngasversorgungs-A.-G." gegründet worden ist, wird das Für und Wider lebhaft erwogen. Es darf nicht verkannt werden, daß es sich hierbei noch um ein Problem handelt, während die Fernheizung über die ersten praktischen Versuche längst hinaus ist..

nahe bei jedem Gegenstande erhob sich Meinung gegen Meinung. Wir bemerkten dies in Beziehung auf die Wahl des Transportmittels der Wärme: hie Dampf, hie Wasser; bei der Frage der Kanäle: begehbare oder unbegehbare Kanäle; bei der Frage der Dampfleitungen: höher oder niedriger Druck usw. Auch hierzu muß gesagt werden, daß die Klärung solcher Fragen mehr durch die stille Arbeit des Ingenieurs erzielt werden muß als durch laute Diskussion.

In Beziehung auf die technische Ausgestaltung hat infolgedessen die Diskussion kaum die in den Erläuterungen zu den Leitsätzen hervorgehobenen Punkte präzisiert, aber sie hat gewiß manchem Teilnehmer Anregungen für seine stille Weiterarbeit gegeben, was schließlich auch einer der Zwecke war, die der Ausschuß mit der Tagung im Auge hatte.

Die Diskussion förderte mehrere Beschreibungen von Dampffernheizungen zutage. Um den Interessenten Gelegenheit zu geben, auch eine größere Warmwasserfernheizung kennenzulernen, haben wir eine Beschreibung des Stadtheizwerkes Neukölln aufgenommen, die uns von Herrn Obering. Pasch zur Verfügung gestellt worden ist.

Bezüglich der Kanalgestaltung mußte es auffallen, daß die Ausführungsformen, welche in Amerika gebräuchlich sind und die verschiedenen Teilnehmern an der Tagung gewiß bekannt waren, nicht dargestellt worden sind. Die Eröterungen, die sich an den Zellbeton knüpften, lagen allein in dieser Richtung. Die Verlegung des mit solider Isolierung versehenen Rohres direkt in die Erde ist jedenfalls das wohlfeilste Verfahren und bürgert sich in Amerika mehr und mehr ein.

Bezüglich der Kondensleitung bei Ferndampfverteilung herrscht noch große Unsicherheit. Wenn auch dem einen Redner, Herrn Baurat Oslender, zugegeben werden kann, daß die Isolierung der Kondensleitung unnötig ist, so muß doch gesagt werden, daß die Gesamtkosten für die Zurückführung des Kondenswassers, nämlich für die Kanäle, Pumpen, Motoren, automatischen Schalter und zuletzt für das teure Kupfer (falls es wirklich nötig ist, dieses Material für solche Leitungen anzuwenden), doch so erheblich sind, daß die Frage nicht abzuweisen ist, ob es nicht zweckmäßiger ist, das Kondenswasser an den Bildungsstellen einfach weglaufen zu lassen. Eine allgemeine Diskussion kann hierüber natürlich keine Aufklärung bringen; man muß die Frage im besonderen Falle durch Aufstellung einer Rentabilitätsberechnung entscheiden.

Der Vorschlag des Herrn Ingenieur Hülsmeyer, in jede Belüftungsstelle einen sauerstoffverzehrenden Apparat einzubauen, würde nur eine Scheinsicherheit geben, da es unmöglich ist, die in die Hunderte gehenden Stellen beständig instandzuhalten.

Bezüglich der Lagerung der Rohre konnte eine eigentliche Klärung nicht herbeigeführt werden. Jeder Redner hielt an seiner Konstruktion fest. Als leitenden Gesichtspunkt muß man betrachten, daß die einfachere Konstruktion, wenn sie dasselbe praktische Ergebnis zeitigt wie die teurere, dieser vorzuziehen ist. Man muß jedoch auch bedenken, daß im unbegehbaren Kanal nicht dieselbe Konstruktion angewandt werden kann wie im begehbaren. Die Anregungen des Herrn Stadtbaumeisters Schilling scheinen uns wertvoll zu sein und sollten beachtet und weiter verfolgt werden.

Ein wichtiger Punkt scheint uns die Frage der Schmutzbeseitigung aus den neu verlegten Rohren. Die Ausführungen des Herrn Stadtbaumeister Schilling zur Lösung dieser Frage sind beachtenswert. Es empfiehlt sich, Schmutzfänge sowohl in Dampf- wie in Warmwasserleitungen einzubauen.

Bezüglich der Behandlung der Isolierung weisen wir auf den Beitrag des Herrn Dr.-Ing. S. Cammerer hin.

4. Eine Sache, die häufig zu Irrtümern Veranlassung gibt, ist auf der Tagung nur gestreift worden: Wer hat die Hausanschlüsse zu bezahlen — der Lieferer oder der Abnehmer der Wärme?

Rein theoretisch könnte dies gleichgültig erscheinen, da, wenn der Abnehmer sie bezahlt, ihm die Wärme natürlich zu einem wohlfeileren Preise geliefert werden müßte. Jedoch würde dieses Verfahren der Willkür bezüglich der Preisgestaltung zu große Handhabe bieten. Es muß deshalb darauf gehalten werden, daß der Abnehmer nichts weiter als den Lieferungspreis für die Wärme zu bezahlen hat. Dabei ist natürlich Voraussetzung, daß seine Anlage in allen Teilen aufnahmefähig für das besondere Heizmedium ist, das ihm geliefert wird. Hat er z. B. in Teilen seiner Gebäude noch Luftheizung oder Öfen, so würden die Kosten des Umbaues dieser Teile ihm zukommen. Mit der Fernanlage als solcher hat dies nichts zu tun.

Was hat uns die Tagung bezüglich der Rentabilität bestehender Werke gelehrt? Leider müssen wir hierzu sagen, daß die Daten, welche in den Reden der Herren Rheineck, Bloess, Krob, Bielenberg enthalten sind, über diese Frage keinen Aufschluß zu geben vermögen. Teils sind sie nur ganz allgemeiner Art, teils beziehen sie sich überhaupt nicht auf das Ergebnis des Fernheizwerkes (Kiel), teils sind sie in einer Form gegeben, die nicht nachprüfbar ist (Aussig). Der Ausschuß ist der Meinung, daß von den Leitern bestehender Werke hierüber keine allgemein gültigen Aufschlüsse zu erlangen sind. Die für die Rentabilität maßgebenden Verhältnisse sind jedoch durch die Diskussion in das rechte Licht gerückt worden. Den Ingenieuren und sonstigen Interessenten wird bei eingehendem Studium des hier mitgeteilten Materials klarwerden, worauf es ankommt. Wir glauben, daß das Material genügt, um fortan Projekte, die keine genügende materielle Grundlage haben, auszuschließen.

Für die dann übrigbleibenden ernsthaften Projekte wird die Kapitalbeschaffung nicht die Schwierigkeiten bieten, die vielfach von den Rednern befürchtet worden ist. Es liegt nicht im Rahmen der Aufgaben des Ausschusses, ein Urteil darüber abzugeben, ob es angemessen ist, die erforderlichen Kapitalien aus öffentlichen oder aus privaten Mitteln zu beschaffen und ob es den Vorzug verdient, die Verwaltungen solcher Werke Behörden oder Privaten in die Hand zu geben. Damit würde ein Gebiet gestreift werden, das weit über den technisch-volkswirtschaftlichen Bereich hinausgeht.

Die Schwierigkeiten des Verkehrs zwischen Wärmeabnehmer und Wärmelieferer werden von einigen Rednern überschätzt. Für den ersteren kommt es im wesentlichen nicht darauf an, ob er die Wärme pauschal oder nach Maß bezahlt. Wichtig ist für ihn in gegenwärtiger Zeit, daß er sie wohlfeiler erhält als er sie selber herstellt. Dabei wird natürlich der eine Abnehmer etwas anders rechnen als der andere, je nachdem, ob er die nicht durch Rechnung unmittelbar zu erfassenden Werte höher oder geringer einschätzt. Ferner muß er sich die Lieferung auf lange Zeit zu verhältnismäßig gleichbleibenden Bedingungen sichern.

Es kann nicht verschwiegen werden, daß bezüglich der Betriebskosten der Hausheizungen sehr wenig authentisches Material aufzutreiben ist. Im allgemeinen neigt man dazu, sich die Kosten geringer vorzustellen als sie sind, weil selten, selbst in großen Betrieben, gesondert Buch geführt wird über solche Ausgaben wie Kesselreparaturen, Heizerlöhne und sonstige Ausgaben für die Heizung. Auch werden die Rücklagen für die Kesselanlagen meist mit einer gewissen Nachlässigkeit behandelt. So kommt es, daß man von verschiedenen Seiten Angaben über die Heizungskosten erhält, die leicht um 100% voneinander abweichen.

Für den Lieferer kommt es darauf an, daß bei pauschaler Zahlungsweise nicht mehr Wärme als nötig geliefert wird. Er kann sich bei Warmwasserverteilung dagegen durch sorgfältige, in der Zentrale vorgenommene Temperaturregelung schützen, bei Dampfverteilung dagegen nicht.

Dampfverteilung erfordert also die Messung der gelieferten Wärme bei den einzelnen Abnehmern. Der erzieherische Einfluß, den die Zahlung nach Maß auf den Abnehmer ausübt, kommt dann zur Wirkung, wenn die Gelegenheit zur Verschwendung vorliegt. Dies trifft bei Dampfverteilung in höherem Maße zu als bei Warmwasserverteilung. Immerhin sind die Bestrebungen, einen einwandfreien, direkt wirkenden Wärmemesser zu finden, sehr zu begrüßen. Es wäre jedoch verkehrt, von seinem Dasein den Bau eines Städteheizwerkes abhängig zu machen.

Inzwischen sind weitere Städteheizwerke gebaut worden oder im Entstehen begriffen. Soweit wir von ihnen Kenntnis erhalten haben, sind die in der Tagung berührten Gesichtspunkte hierbei berücksichtigt. Die Bewegung für den Bau von Städteheizwerken ist unaufhaltsam; möge die Tagung dazu beitragen, daß nur solche Werke ausgeführt werden, deren Erfolg verbürgt ist.

Teilnehmerverzeichnis.

Adomeit, Obering. der Feuerungstechn. Beratungsstelle des Mitteldeutschen Braunkohlensyndikats, Leipzig, Nordplatz 11/12.
Alisch, Otto †, Zivil-Ing., Berlin SW, Hornstraße 8.
Althoff, Fritz, städt. Ing., Bez.-Amt Mitte, Berlin, Elbinger Straße 56.
Ambrosius, Richard, Dr.-Ing., Direktor der Firma Käuffer & Co., Mainz.
Angrick, E., Frankfurt a. M.-Süd, Schweizer Straße 44.
Arend, Franz †, Dipl.-Ing., Berlin, Putlitzstraße 22.
Arend, Dipl.-Ing. (K. & Th. Möller), Brackwede.
Arnoldt, Dr.-Ing., Magistrats-Baurat, Dortmund, Landgrafenstraße 121.
Augustin, Ernst, Ing., Magdeburg, Schillerstraße 13.

Baer, Dipl.-Ing., V. D. I., Berlin NW 7.
Behrendt, Friedr., Ing., Berlin, Raumerstraße 15.
Behrens, Paul, Ing., Berlin, Gleditschstraße 26.
Below, Fritz, Ing., Bielefeld, Herforder Straße 41.
Benker, W., Ing., Amsterdam, Hobbemakade 29.
Bergmann-Elektrizitätswerke, Aktiengesellschaft, Berlin.
Berlowitz, Max, Dr.-Ing., Berlin, Kurfürstenstraße 106.
Bernhardt, Otto, Ing. und Fabrikant, Hamburg.
Bernhardt, Walter, Dipl.-Ing., Hamburg.
Berthold, Direktor, Zoppot, Kronprinzenstraße 19.
Bertram, A., Ing., Braunschweig, Wendenmaschstraße 2.
Beutner, K., Ing., V. d. C. I., Lankwitz.
Bielenberg, Stadt-Obering., Kiel, Gutenbergstraße 16.
Bierotte, Max, Direktor der Fa. Oldenbourg, Berlin, Dörnbergstraße 1.
Birkholz, Fritz, Ing., Berlin, Weichselstraße 15.
Bjerregard, I. K., Ing., Kopenhagen, Frydendalsvej 32.
Bleyert, Dipl.-Ing., Berlin, Köthener Straße 44.
Bloess, W., Obering., Bln.-Friedenau, Wilhelmshöher Straße 3.
Bobsin, H., Städt. Ing., Berlin O 34, Petersburger Straße 18.
Bock, Dipl.-Ing., Dresden.
Boehmer, v., Geh. und Ober-Reg.-Rat, Gr.-Lichterfelde, Hans-Sachs-Straße 3.
Bohn, Fabrikant, Berlin, Culmstraße 7/8.
Borchert, W., Fabrikant, Bln.-Südende, Berliner Straße 20.
Boese, Karl, Direktor, Berlin, Rathenower Straße 3.
Böttcher, G., Städt. Ing., Bez.-Amt Köpenick, Steglitz, Körnerstraße 49.
Bousse, Obering., Berlin, Schützenstraße 11/12.
Braat, G. I., Ing., Haag, Ernst-Casimirlaan 9.
Brandt, E., Direktor, Hermsdorf, Waldseestraße 5.
Braun, Stadtrat, Stadtbetriebsamt, Aschaffenburg.
Brockmann, Bernard, Ing. und Fabrikant, Bln.-Charlottenburg, Spreestraße 17.
Brockmann, Hans, Ing., Bln.-Charlottenburg, Spreestraße 17.

Brockmann, Hugo, Ing., Bln.-Neukölln, Nogat Sraße 32.
Brückner, Ing., Berlin, Nürnberger Straße 13.
Brune, H., Magistrats-Baurat, Halle a. d. S., Alte Promenade 1 a.
Brusendorff, Post-Bauinspektor, Telegraphentechnisches Reichsamt, Steglitz, Brandenburgische Straße 22.
Burkhardt, Carl, Fabrikant, Gr.-Lichterfelde, Hortensienstraße 10.

Clauss, G., Inhaber der Firma Sachsse & Co., Halle a. d. S., Bugenhagenstraße 12.

Dallach, W., städt. Heiz.-Ing., Magdeburg, Weinfaßstraße 9.
Degen, Georg, Ing. und Fabrikant, Berlin W 62, Kurfürstenstraße 131.
Deutschmann, Arthur, Städt. Ing. im Bez.-Amt Reinickendorf, Bln.-Reinickendorf, Residenzstraße 118.
Dieterich, G., Verbands-Direktor, V. d. C. I., Berlin, Linkstraße 29.
Dieterich, G., Ing. und Fabrikant, Bln.-Dahlem, Gelfertstraße 11.
Dieterich, Hans, Dipl.-Ing., Bln.-Steglitz, Grunewaldstraße 43.
Dietze, Karl, Ing., Berlin, Bergmannstraße 22.
Doebel, Fr., Obering., Bln.-Neukölln, Roseggerstraße 9.
Dormeyer, Ing. und Fabrikant, Berlin, Nostizstraße 40.
Dreusch, P., Stadtbaumeister a. D., Bln.-Friedenau, Kaiserallee 106 II.
Drexler, Magistratsbaurat, Frankfurt a. M.-Süd, Mörfelderlandstraße 126.
Dubbick, Wilh., Eberswalde, Kirchstraße 25.
Dupont, Obering., i. Fa. Reinh. Müller G. m. b. H., Stettin, Pladrinstraße 7/9.

Ebersbach, Stadtbaurat, Zwickau i. Sa.
Eggers, Hans, Obering., Harburg a. d. Elbe, Buxtehuder Straße 92.
Eglau, Otto, Obering., Berlin, i. Fa. J. L. Bacon.
Eglinger, Stadtbaudirektor, Karlsruhe.
Ehlert, Direktor der Bergbau-A.-G. Lothringen, Berlin.
Eicke, Alfred, Bln.-Wilmersdorf, Hohenzollerndamm 187.
Ernst, A. Gustav, ber. Ing., Gr.-Lichterfelde, Roonstraße 35.

Fichtl, I., Dipl.-Ing., Mag.-Baurat, Berlin, Köpenicker Straße 96/97.
Fischbach, R., Berlin N 50, Gaudystraße 24.
Fischel, Obering. d. Rheinischen Werke.
Fischer, Franz, Städt. Ing. im Bez.-Amt Treptow, Bln.-Baumschulenweg, Scheiblerstraße 26.
Fischer, G., Fabrikant, Berlin, Frobenstraße 3.
Fischer, P. & Co., Frankfurt a. M.
Fischer, Direktor, Elektr. A.-G. vorm. Schuckert & Co., Nürnberg.
Fränkel, I., Obering., Breslau 13, Kürassierstraße 22.
Frenckel, Dr.-Ing., Bochum, Marienplatz 5.
Freydank, Paul, Potsdam, Charlottenstraße 37.
Fröhlich, O., Ing., Berlin, Boppstraße 3.
Früh, Karl, Dipl.-Ing., Dessau, Antoinettenstraße 12.
Fuchs, A., Ing., Berlin, Seestraße 114.
Fuchs, Georg, Ing., Berlin, Frankfurter Allee 269.
Fuchs, L., Dipl.-Ing., Bln.-Friedenau, Südwest-Corso 75.
Fuchs, Obering., Berlin, Bellermannstraße 8/10.

Gaertner, Th., ber. Ing., Berlin S 14, Dresdener Straße 47.
Gentzsch, Obering., Frankfurt a. M., Im Trutz 30.
Gerlach, Dipl.-Ing., Magistrat, Hindenburg O.-S., Kronprinzenstraße 127.
Geyer, Reichsbank-Baurat, Berlin.
Ginsberg, Otto, Dipl.-Ing., Hannover, Rühmkorffstraße 8.

Gleichmann, Obering., Siemens-Schuckertwerke, Berlin.
Göhmann & Einhorn, Dresden-N., Antonstraße 29.
Goertz, Otto, Ing., Bln.-Charlottenburg, Eislebener Straße 7.
Gott, W., Direktor, Bln.-Lankwitz, Kurfürstenstraße 12.
Göttel, Fritz, Obering., Ludwigshafen, Heinigstraße 46/52.
Grabitz, Ludw., cand. ing., Hettstedt, Südharz.
Grahl de, Baurat, Dr.-Ing., Bln.-Zehlendorf, Hermannstraße 11a.
Gramme, Architekt, Reichenbach i. Schles.
Gross-Blotekamp, Obering., V. d. I., Berlin NW 7.
Grüder, Magistrats-Oberbaurat, Bez.-Amt Wilmersdorf.
Grunow, Magistrats-Baurat, Breslau, Finkenweg 4.
Gundlach, Fritz, Ing., Berlin, Brückenallee 29.
Günther, Reg.-Baumstr., Wirtschaftliche Vereinigung deutscher Gaswerke, Gas-
  kokssyndikat, Aktienges., Berlin.

Haase, K., Ing., Magdeburg, Helmstädter Straße 7.
Hagen, Dipl.-Ing., Betriebs-Dir., Maschinenamt, Bonn.
Haltenhoff, Dr., Stadtrat, Magistrat, Frankfurt a. d. O.
Hamann, P., Fabrikant, Dresden, Förstereistraße 21.
Hartmann, Siegfried, Obering., Bln.-Wilmersdorf, Berliner Straße 14.
Hascha, A., Betriebs-Direktor, Berlin, Rudolf-Virchow-Krankenhaus.
Haupt, Bernh., Ing., Leipzig, Scharnhorststraße 39.
Haupt, Reichsbank-Baurat, Berlin.
Haupt, Ing., Spandau.
Hedtstück, A., Direktor der Buderusschen Handelsgesellschaft m. b. H., Ber-
  lin W, Köthener Straße 44.
Heineken, Marine-Baurat, Kanalbauamt, Bremen.
Heise, Aug., Obering., München, Gotzingerstraße 29.
Hennings, Walter, Ing., Bln.-Friedenau, Ortrudstraße 5.
Hennings, Gemeinde-Elektrizitätswerk, Sassnitz.
Hensel, Paul, Ing., Bln.-Wilmersdorf, Zähringerstraße 14.
Herbst, W., Dr., Dipl.-Ing., Magdeburg, Breiteweg 239.
Hermann, Reg.-Rat, Dipl.-Ing., Reichs-Patentamt, Berlin.
Herzog, Ing., Bethel.
Hesse, Georg, Obering., Stuttgart, Schwabstraße 130.
Hoffstädt, Georg, Ing., Berlin, Fehmarnstraße 7.
Hogrefe, A., Ing., Bln.-Wilmersdorf, Mannheimer Straße 28.
Holzer, Oberbaudirektor, Augsburg.
Hönig, Martin, Dr., Berlin, Lietzenburgerstraße 51.
Hülsmeyer, Chr., Ing., Maschinenfabrik, Düsseldorf, Richtweg 11.
Hünich, A., Fabrikant, Cossmannsdorf, Obernaundorfer Straße 13b.
Huntemüller, Reg.- und Baurat, Regierung, Stettin.
Hüttig, O., Professor, Dresden-A., Würzburger Straße 67.
Hüttner, Magistrats-Oberbaurat, Werkdeputation des Magistrats Berlin.
Huygen, L. B., Direktor, Amersfoort, Holland, Koninginnelaan 17.

Ilgen, Prof., Baurat, Techn. Hochschule, Berlin.

Jacobskötter, Rud., Ing., städt. Maschinenbauamt, Erfurt, Elisabethstraße 6.
Janeck, Willy, Ing., Berlin, Teltower Straße 16.
Janicki, Stadtbaumstr., Bez.-Amt Schöneberg, Rathaus.
Jelkmann, Dr.-Ing., Magistrats-Oberbaurat, Bez.-Amt Berlin-Mitte, Berlin.
Jesinghaus, Direktor, Elektrizitätswerk und Straßenbahn, Potsdam.
John, Fabrikant, Bln.-Neukölln, Juliusstraße 58.

Kassler, Dipl.-Ing., Zentrale f. Gasverwertung, Berlin, Am Karlsbad.
Katzky, I., Ing., Berlin, Wallnertheaterstraße 25.
Kaufmann, W., Ing., Spandau, Nonnendamm-Allee 60.
Keller, Erich, Ing., Bln.-Pankow, Elisabethweg 9.
Kelling, Emil, Leipzig, Fabrik f. Zentralheizungen.
Kiefer, F., Dipl.-Ing. und Fabrikant, i. Fa. Jos. Junk, Bln.-Friedenau, Sieg-
    lindenstraße 3.
Kilk, W., Ing., Amsterdam, Hobbemakade 29.
Kleinau, Reg.-Baumstr., Berlin.
Kleyböcker, H., Obering., Berlin, Katzbachstraße 21.
Kloos, Dipl.-Ing., Elektrizitätswerk und Straßenbahn-Aktienges. Braunschweig,
    Wilhelmstraße.
Klose, Dipl.-Ing., Berg. Elektrizitäts-Versorgungs-G. m. b. H., Elberfeld.
Knüppel, Redakteur, Berlin.
Kolb, Stadt-Baumeister, Bez.-Amt Neukölln.
Könitzer, Baurat, Augsburg.
Körbitz, A., Ing., Berlin, Gneisenaustraße 34.
Korbmacher, R., Obering., Dresden, Schubertstraße 13.
Korsten, I. G., Ing., Amsterdam, Koningsplein 5/7.
Kössl, Obering. d. Metallwerke Bruno Schramm, Erfurt.
Krämer, Obering., Gaskraftwerk Stettin, Aktiengesellschaft, Stettin, Französi-
    sche Straße 1.
Krause, Joh., Ing., Bad Oeynhausen, Herfordstraße 50.
Kreienfeld, Obering., Vereinigte Elektrizitätswerke Westfalen, G. m. b. H.,
    Dortmund.
Krob, E., Dr.-Ing., Aussig, Böhmen.
Kuhberg, Dr.-Ing., Reg.-Baumstr., Bln.-Charlottenburg 2, Hardenbergstraße 16.
Kuhne, Stadtbaumeister i. Bez.-Amt Wilmersdorf, Bln.-Lichterfelde, Zehlen-
    dorfer Straße 21.
Kühnert, Dipl.-Ing., Dresden-A., Reichsstraße 12 I.

Landsberg, Dr.-Ing., Reichsbahnrat, Deutsche Reichsbahn-Gesellschaft, Berlin.
Lang, N., Ing. und Fabrikant, Bln.-Weißensee, Rölckestraße 7.
Lange, Ing. und Fabrikant, Berlin, Nostizstraße 20.
Lastin, I., Direktor, Berlin, Möckernstraße 102.
Laurer, Viktor, Ing., Oberbaurat, Vertreter der Stadt Wien, Wien.
Leek, Dipl.-Ing., Landes-Obering., Halle a. d. S., Wilhelmstraße 49.
Lenze, Direktor, Maschinenamt, Bonn.
Limprecht, Dipl.-Ing., Bln.-Hermsdorf, Werderstraße 6.
Lindemann, Dipl.-Ing., Cottbus, Bahnhofstraße 56a.
Lochow, W., v., Dipl.-Ing., Berlin-Tegel.
Löffler, Hans, Dr., Wien XVIII, Anastasius Grüngasse 48.
Lohr, P., Obering., Amsterdam, Rathaus, Singel 3/4.
Losch, Hans, Obering. (Käuffer & Co.), Berlin, Linkstraße 29.
Loewenstein, F., Ing. und Fabrikant, Bln.-Charlottenburg 4, Clausewitzstraße 3.
Lubszynski, Oberbaurat, Magistrat, Crefeld.
Lucke, Stadtrat, Bez.-Amt Neukölln.

Magistrat Potsdam.
Mantel, I., Ing., Delft (Holland), H. Govertkade 10.
Manz, F., Obering., Berlin, Hochkirchstraße 10.
Marx, A., Dr. phil., Ing., Privatdozent, Bln.-Grunewald, Reinerzstraße 2.
Mathing, Erich, Obering., Berlin, Stephanstraße 8.
Mattick, F., Fabrikant, Dresden, Münchener Straße 30.

Mehring, H., Obering., Berlin SW 47, Katzbachstraße 14.
Meier, Direktor, Städt. Wasser- und Lichtwerke, Dieringhausen.
Menk, Heinr., Obering., Bln.-Lichtenberg, Irenenstraße 17.
Metzkow, K. N., Obering., Berlin, Bergmannstraße 56.
Meyer, L., Obering., Gr.-Lichterfelde, Parallelstraße 21.
Meyer, Stadtbaurat, Städt. Maschinenbauamt, Köln a. Rh.
Michaelis, Magistrats-Oberbaurat, städt. Baupolizei, Berlin.
Moellerke, W., Stadt-Obering., Bez.-Amt Steglitz, Gr.-Lichterfelde, Schiller-
    straße 10.
Monglowski, Dahlem, Ladenburgstraße 1.
Morneburg, K., Dipl.-Ing., städt. Oberbaurat, Nürnberg, Sulzbacher Straße 91.
Müller-Adamy, Ing. (I. L. Bacon), Wien.
Müller, K., Ing., Kiel, Düppelstraße 77.
Müller, Ministerial-Rat, Reichsbauverwaltung, Berlin.
Müller, Max, Obering., Cottbus, Berliner Straße 19.
Müller, Ober-Masch.-Mstr., Bln.-Charlottenburg.
Müntzlaff, Stadtbaumeister, Stettin.
Muth, Aug., Direktor, Köln a. Rh., Filzengraben 2.

Nägele, Obering., Bln.-Treptow, Plesserstraße 9.
Nehls, W., Ing., Berlin, Hochkirchstraße 20.
Nerger, Conrad, Dipl.-Ing., Bln.-Charlottenburg, Röntgenstraße 7.
Neubacher, Ing., Essen a. d. Ruhr, Kölner Straße 49.
Neumann, F., Ing. und Fabrikant, Berlin W, Freisingerstraße 4.
Neumann, Otto, Stadt-Obering. i. Bez.-Amt Neukölln, Bln.-Weißensee, Al-
    bertinenstraße 19.
Nitze, Dr.-Ing., Reichsbank-Baudirektor, Berlin.
Nohl, Jakob, Darmstadt, Martinstraße 24.
Noske, Altona-Ottensen.
Noth, R., Obering., Mainz, Bebelring 63.

Oberschlesische Rohrbau-Ges., Berlin W 35, Potsdamer Straße 111.
Ohaus, H., Dipl.-Ing., Magistrat Berlin, Kaiser-Friedrich-Straße 3.
Ohlmüller, Obering. d. Siemens-Schuckertwerke, G. m. b. H., Berlin.
Opitz, K., Obering., Berlin, Wittelsbacherstraße 12.
Opländer, Louis, Fabrikant, Dortmund, Hohestraße 190.
Ortel, Rob., Ing., Bln.-Charlottenburg, Neue Christstraße 8.
Ortmann, Direktor, Fernheiz- und Elektr.-Werk, Dresden.
Oslender, Provinzial-Baurat, Düsseldorf, Deichstraße 14.
Ostermeyer, A., Ing. und Fabrikant, Bln.-Charlottenburg, Galvanistraße 18.
Ottenser Eisenwerk, Altona-Ottensen.

Pasch, A., Obering., Bln.-Steglitz, Mommsenstraße 57.
Passler, Walter, Ing., Chemnitz, Müllerstraße 14.
Parsiczky, G. v., Hamburg-Wandsbek, Wilhelmstraße 33.
Pauer, Prof., Dr.-Ing., Techn. Hochschule, Dresden, Eisenstuckstraße 18 II.
Peckmann, A., Ing., Neukölln, Bürknerstraße 25.
Peters, Dipl.-Ing., Danzig-Langfuhr, Königstalerweg 30.
Petri, Th., Ing., Dessau, Cöthener Straße 27.
Pfannenbecker, Robert, Stadtbaumeister a. D., Berlin, Cottbusser Ufer 65.
Pfeiffer, Stadtbaudirektor, Leipzig.
Pfuhl, Dr., Postbaurat, Telegraphentechnisches Reichsamt, Bln.-Charlotten-
    burg 4, Pestalozzistraße 36.

Piltz, Max, Ing. (I. L. Bacon), Berlin.
Pintsch, Jul., Aktiengesellschaft, Berlin O.
Plohn, Robert, Bln.-Halensee, Johann-Georg-Straße 21.
Pölitz, Ing., Dresden, Walderseeplatz 9, II.
Pooch, Obermaschinenmstr. im Fernheizwerk Pankow.
Pradel, Dipl.-Ing., Reg.-Rat, Reichs-Patentamt, Berlin.
Presse: Berliner Lokal-Anzeiger, Berlin.
    Berliner Tageblatt, Berlin.
    Der Baumarkt, Leipzig.
    Deutsche Allgemeine Zeitung, Berlin.
    Die Wärme, Berlin.
    Elektrotechnische Zeitschrift, Berlin.
    Vorwärts, Berlin.
    Zeitschrift für Kommunalwirtschaft, Berlin.
Preuss, Kuno, Ing., Königsberg i. Pr., Brahmsstraße 40.
Puch, O., Direktor, Bln.-Charlottenburg, Uhlandstraße 183.
Puls, Obering., Berlin, Geibelstraße 6.
Purschian, jr., Ernst, Fabrikant, Berlin, Königin-Augusta-Straße 9.

Rahn, Regierungs- und Baurat, Regierung, Stettin.
Ranzi, Louis, i. H. Aug. Römer, Löbau i. Sa., Goethestraße 1.
Rascher, Ober-Regierungsrat, Reichs-Patentamt, Berlin SW.
Reger, Karl, ber. Ing. f. Wärmewirtschaft, Mannheim H. 7, 24.
Rehmer, General-Direktor, Berl. städt. Elektr.-Werke, Berlin.
Reimann, Rob., Ing., Neukölln, Reuterstraße 22.
Rettig, E., Direktor, Bln.-Friedenau, Hedwigstraße 5.
Rettig, E. R., Fabrikant, Berlin, Zimmerstraße 98.
Rheineck, Obering., Wasser- und Licht-Werke, Barmen.
Richter, A., Obering. d. Fa. Sachsse & Co., Halle a. d. S., Beesenerstraße 49.
Richter, Bruno, Ing., Gera, Reuß.
Ridden, Direktor, Ges. f. Hochdruck-Rohrleitungen, Berlin.
Riedel, Herm., Ing. und Fabrikant, Lichtenrade, Wrangelstraße 45.
Ritter, I., Obering., Hannover, Grasweg 32.
Rittershausen, Regierungs-Baurat, Stettin.
Rodemann, G., Direktor, Berlin, Brandenburger Straße 81.
Röder, W., Obering., Leipzig-Marienbrunn, Dohnaweg 18.
Rödler, Obering., Leipzig-Schleußig, Jähnstraße 21.
Rohr, Emil, Betr.-Obering., Bln.-Charlottenburg, Sophie-Charlotte-Straße 116.
Rohr, Frithjof, cand. ing., Bln.-Charlottenburg.
Roellig, Regierungs-Baurat, Landes-Bauverwaltung, Berlin.
Romann, Albrecht, Ziviling., Bln.-Niederschönhausen, Bismarckplatz 1.
Rossel, Carl, Neukölln, Kaiser-Friedrich-Straße 60.
Rothenburg, P., Direktor, Mannheim, M. 5. 7.
Röver, M., Obering., Berlin W, Heilbronner Straße 10.
Rudel, Obering., Heidelberg, Kaiserstraße 68.
Rühl, Jos., Frankfurt a. M., Hermannstraße 11.
Rümelin, Dipl.-Ing., Elberfeld, Hohenzollernstraße 19.
Runge, Bruno, Fabrikant, Stettin.
Rütten, Dipl.-Ing., Bez.-Amt Kreuzberg, Berlin.

Sackermann, W., Obering., V. d. C. I., Bln.-Neukölln, Selchowerstraße 23/4.
Samtleben, Carl, Direktor, Bln.-Neukölln, Ganghoferstraße 3/5.
Sandel, Oscar, Ing., Bln.-Charlottenburg, Hebbelstraße 8.

Sauerheimer, Oberbaurat, Berlin.
Saupe, Reinhard, Obering., Bln.-Mariendorf, Tempelhoferstraße 68.
Sausse, Stadtbau-Direktor, Dresden-A., Städt. Betriebs-Amt.
Seefeld, Albert, Ing., Berlin, Siboldstraße 5.
Seelig, W., Dipl.-Ing., V. d. C. I., Berlin.
Sellien, W., Regierungs- und Bau-Rat, Bln.-Steglitz, Schildhornstraße 85.
Simon, Ernst, Stettin, Kreckowerstraße 24.
Simon, Dipl.-Ing., Großkraftwerk Stettin, Aktiengesellschaft Stettin, Französische
    Straße 1.
Sittig, Rud., Hamburg 23, Eilbüttel 84.
Smets, Fréd. C., S.-Gravenhage, Paleisstr. 3.
Sohr, R., Ing., Bln.-Schöneberg, Ebersstraße 15.
Sprenger, Ing., Bergmann-Elekrt.-Werke, Bln.-Rosenthal.
Srbek, F., Dr.-Ing., Prag-Smichow, Svandsoa ul 7.
Sulzer, Gebr., Winterthur.
Schäfer, Direktor, Berlin.
Schäffer & Budenberg, Berlin.
Schambach, Obering., i. H. Bruno Runge, Stettin.
Schanze, Direktor, Frankfurt a. M., Blumenstraße 15.
Scheffel, Heinr., Ing., Bln.-Steglitz.
Schilling, Stadt-Baumeister, Barmen, Schubertstraße 19.
Schindowski, Dr., Ministerial-Rat, Pr. Finanz-Ministerium und Arbeitsgemein-
    schaft f. Brennstoffersparnis, Bln.-Charlottenburg 1, Berliner Straße 98.
Schleissing, Dipl.-Ing., Siemens-Schuckertwerke G. m. b. H., Berlin.
Schlumberger, Carl, Ing., Bln.-Schöneberg, Königsweg 12.
Schmid, Herm., Betriebs-Direktor, Pforzheim.
Schmidt, Karl, Stadtamts-Baurat i. R., Dresden-A. 24, Bayreuther Straße 40.
Schmidt, Karl, Ing., Bln.-Charlottenburg, Horstweg 41.
Schmidt, Magistrats-Baurat, Bez.-Amt Charlottenburg, Bln.-Charlottenburg,
    Lohmeyerstraße 19.
Schmidt, Stadt-Baurat, Amt f. Maschinenwesen, Mainz.
Schmidt, Obering., Berlin, Bellermannstraße 8/10.
Schmidt, Prokurist.
Schmidtsche Heißdampf-Ges. m. b. H., Cassel-Wilhelmshöhe, Rolandstraße 2.
Schmitz, Obering., Körtingsdorf b. Hannover.
Schnoes, Direktor, Bergmann-Elektrizitäts-Werke Aktiengesellschaft, Berlin N, 65.
Schönert, Direktor, Elektrizitätswerk, Zwickau i. Sa.
Schröder, A., Obering., Berlin, Turmstraße 24.
Schröder, A., Ing., Berlin, Tilsiter Straße 7.
Schubert, R., Obering., Dessau, Marktstraße 9.
Schuller, Prokurist, Hilden, Rheinland.
Schulz, W., Ing. und Fabrikant, Berlin, Kürassierstraße 9.
Schulz, Obering. (Maffei-Schwartzkopff-Werke), Berlin.
Schulz, Gaswerksdirektor, Magistrat Hindenburg O.-S., Kronprinzenstraße 138.
Schwand, techn. Reg.-Insp. i. Landesfinanzamt, Berlin.
Schyma, E., Direktor, Breslau 1, Karlstraße 43.
Stack, Magistrats-Baurat, Hannover.
Stärk, L., Ing., Königsberg i. Pr., Simsonstr. 11.
Stegemann, W., Obering. i. H. Kohl, Neels & Eisfeld, Stettin, Vulkanstraße 37.
Steinbrück, H., Ing., Gr.-Lichterfelde, Mommsenstraße 1.
Steinecke, Hans, Ing., Gr.-Lichterfelde, Gélieustraße 8.
Stender, Dr., Obering., Siemens-Schuckertwerke G. m. b. H., Berlin.
Stiebing, H., Ing., Beuthen, Kaiserstraße. 5.
Stiegler, Baurat, Dortmund, Olpe 19.

Stratemeyer, Dr., Mitinh. d. Fa. Käuffer & Co., Mainz.
Strich, P., Stadting., Bez.-Amt Tempelhof, Kaiserstraße 127.

Tag, F., Obering., Hannover, Hirtenweg 22.
Taubert, A., Obering., Bln.-Tempelhof, Kaiser-Wilhelm-Straße 4.
Thurow, Direktor, Städt. Elektr.-Werk, Plauen i. V.
Tietze, Post-Baurat, Bln.-Schöneberg, Gothaer Straße 15.
Tietze, Reg.- und Bau-Rat, Bln.-Wilmersdorf, Barstraße.
Tilly, H., Landes-Obering., Bln.-Zehlendorf, Camphausenstraße 16.
Tilly, A. v., Bln.-Friedenau, Rubensstraße 45.
Tinius, H., Stadting., Bez.-Amt Wedding, Bln.-Reinickendorf, Hoppestraße 32.
Tonnemacher, Obering., Berl. Städt. Elektr.-Werke, Berlin.

Uhtmann, Obering., Magdeburg, Wissmannstraße 10.

Veenstro, A. V., Direktor, Amersfoort, Holland.
Victor, F., Ing. und Fabrikant, Köln-Zollstock, Vorgebirgsstraße 115.
Viebach, Martin, Ing., Essen a. d. Ruhr, Langenbeckstraße 12.
Vocke, Wilh., Dipl.-Ing., Dresden-A., Hohestraße 54.
Volckmar, Stadtbaudirektor, Mannheim.
Voss, Stadtbaurat, Quedlinburg.

Wagner, A., Stadtbaumeister, Berlin, Braunsberger Straße 14.
Wagner, Obering., Köln-Ehrenfeld, Ehrenfeldgürtel 139.
Walther, Conrad, Berlin, Neue Grünstraße 1.
Warrelmann, Direktor, Märk. Elektr.-Werke, Berlin, Keithstraße 15.
Wasserzier, Obering., Berl. Städt. Elektr.-Werke, Berlin.
Weber, Karl, Ing., Merseburg, Hallische Straße 46.
Weeren, Bln.-Tempelhof.
Weichbrodt, Stadtbaurat, Magistrat, Erfurt.
Wendler, Reg. und Bau-Rat, Bernburg.
Wendt, H., Dipl.-Ing., Bielefeld, Detmolder Straße 177.
Westernhagen, v., Stadting., Bez.-Amt Prenzlauer Berg, Berlin, Chodowiecki-
    straße 29.
Wetzel, Eduard, Ing., Tempelhof, Ringbahnstraße 4.
Wiedeburg, Hans, Ing. und Fabrikant, Berlin, Bautzener Straße 10.
Wiegmann, Direktor, Bln.-Friedenau, Gosslerstraße 21.
Wiehler, Dipl.-Ing., Siemens-Schuckertwerke G. m. b. H., Leipzig.
Wierz, Dr., Dipl.-Ing., Erster Assistent an der Technischen Hochschule Berlin-
    Charlottenburg.
Wiesermann, Ing., Hagen i. Westf.
Wilberz, Joh., Obering., Hilden, Rheinl., Luisenstraße 14.
Wilsch, Wasserwerks-Direktor, Harburg a. d. Elbe.
Winterstein, Stadtbaurat, Bez.-Amt Charlottenburg.
Wittner, E., Dipl.-Ing., Berlin, Gossowstraße 3.
Wolff, G., Direktor, Bln.-Dahlem, Fontanestraße 16.
Wolff, P., Ing., Berlin, Großbeerenstraße 45.
Woude, D., v. d., Ing., Groningen, Pelsterstr. 38.
Wreschinsky, Ing., Hamburg.

Zibale, K., Ing., Berlin.
Zierold, O., Ing., Bln.-Schöneberg, Mühlenstraße 9.
Zillmer, Stadtrat, Magistrat, Breslau.

www.ingramcontent.com/pod-product-compliance
Lightning Source LLC
Chambersburg PA
CBHW081540190326
41458CB00015B/5608